W0258174

Ingo Janiszczak
Reinhard Knörr
Gerhard O. Michler

Lineare Algebra
für
Wirtschaftsinformatiker

Ingo Janiszczak
Reinhard Knörr
Gerhard O. Michler

Lineare Algebra für Wirtschaftsinformatiker

Ein algorithmen-orientiertes Lehrbuch mit Lernsoftware

Die Deutsche Bibliothek - CIP-Einheitsaufnahme

Janiszczak, Ingo:
Lineare Algebra für Wirtschaftsinformatiker : ein algorithmen-
orientiertes Lehrbuch mit Lernsoftware / Ingo Janiszczak ;
Reinhard Knörr ; Gerhard O. Michler. - Braunschweig ;
Wiesbaden : Vieweg, 1992

NE: Knörr, Reinhard:; Michler, Gerhard O.:

Druck und buchbinderische Verarbeitung: Langelüddecke, Braunschweig
Gedruckt auf säurefreiem Papier

ISBN-13: 978-3-528-05277-5   e-ISBN-13: 978-3-322-84176-6
DOI: 10.1007/978-3-322-84176-6

Vorwort

In den Wirtschaftswissenschaften werden oft praktische Probleme mit Hilfe von mathematischen Modellen analysiert, die aus Systemen von linearen Gleichungen oder Ungleichungen bestehen. Da in der Praxis Systeme mit einer großen Anzahl von Unbekannten und vielen linearen Gleichungen auftreten, die nicht von Hand, sondern mit Hilfe von Computern gelöst werden, wird im vorliegenden Buch der mathematische Stoff der linearen Algebra und linearen Optimierung vom algorithmischen Standpunkt aus behandelt. Um das Verständnis für die Implementationen der behandelten Algorithmen zu fördern, wird jedes wichtige Rechenverfahren in Form von Flußdiagrammen dargestellt, in denen der logische Ablauf und das Zusammenwirken der verwendeten Unterprozeduren schematisch beschrieben sind.

Diese Flußdiagramme können zur direkten Übertragung der behandelten Algorithmen in ein Computerprogramm in einer höheren Programmiersprache (z.B. Pascal, C, Fortran) benutzt werden. Sie können aber auch in die Syntax von Computeralgebrasystemen wie MATHEMATICA oder MAPLE übersetzt werden, die den Studenten und Universitätsangehörigen heute schon an vielen Hochschulen über Campus-Lizenzen für wenig Geld zur Verfügung stehen. Diese Computeralgebrasysteme haben den Vorzug, daß sie u. a. über äußerst leistungsfähige Arithmetiken für das Rechnen mit ganzen, rationalen, reellen oder komplexen Zahlen verfügen. Zusätzlich ist man bei ihnen auch in der Lage, interaktiv und symbolisch zu rechnen.

Im Anhang dieses Buches befindet sich eine Diskette. In den darauf enthaltenen Programmen sind die Algorithmen für das Lösen von Gleichungssystemen und linearen Optimierungsproblemen implementiert. Dieses Programmsystem "WIMAT" läuft auf allen IBM-AT- oder XT-kompatiblen Rechnern ab MS DOS 3.3. Es hat die Funktion eines Lernprogramms. Zu den meisten Algorithmen des Buches gibt es in WIMAT Demonstrationen, die jeden einzelnen Schritt erläutern. Man kann WIMAT aber auch als "Taschenrechner für die Lineare Algebra" verwenden.

Alle Rechnungen werden in dem Programmsystem WIMAT mit Hilfe einer rationalen Zahlarithmetik durchgeführt. Sie hat den Vorteil, daß man mit ihr exakt rechnen kann. Es treten keine Rundungsfehler auf. Außerdem hilft sie dem Benutzer, die einzelnen Rechenschritte - insbesondere bei den Demonstrationen - besser nachvollziehen zu können. Da WIMAT vorrangig den Charakter eines Lernprogramms hat, dürften die Nachteile dieser Arithmetik gegenüber einer Fließkomma-Arithmetik nicht zu sehr ins Gewicht fallen; denn die hierdurch verursachte geringere Rechengeschwindigkeit und Einschränkung des Speicherplatzes führen noch nicht zu Problemen im Bereich der in diesem Buch gewählten Beispiele und Rechenaufgaben. Im 18. Abschnitt wird ein Beispiel aus den Ernährungswissenschaften behandelt, das aus 23 Ungleichungen mit 13 Unbestimmten besteht. WIMAT findet die gesuchte optimale Lösung in weniger als einer Minute auf einer IBM PS2.

Im ersten Teil des Buches wird eine Einführung in die lineare Algebra gegeben.

Dabei werden im wesentlichen nur die Teile behandelt, die für die Berechnung der Lösungsgesamtheit eines linearen Gleichungssystems und der Eigenwerte und -vektoren einer Matrix benötigt werden. Dazu werden in den Abschnitten 2 und 3 die Rechenregeln für den Umgang mit Vektoren und Matrizen dargestellt. In den Abschnitten 4, 5, 6 und 7 werden die grundlegenden Begriffe "Unterraum", "Basis", "Dimension" und "lineare Abbildung" eingeführt und die für spätere Anwendungen benötigten Ergebnisse bewiesen.

Im Abschnitt 8 werden der Gauß-Algorithmus, das Pivotieren und der Gauß-Jordan-Algorithmus ausführlich dargestellt. Mit diesen Algorithmen wird im 9. Abschnitt die Konstruktion der Lösungsgesamtheit eines linearen Gleichungssystems beschrieben. Der Abschnitt 10 enthält einige Anwendungen der Theorie der linearen Gleichungssysteme in den Wirtschaftswissenschaften. Insbesondere wird die Modellbildung mittels des Gozinto-Graphen in mehreren Beispielen behandelt.

Im Abschnit 11 wird die Theorie der Determinanten entwickelt. Hiermit werden im anschließenden Abschnitt 12 die wichtigsten Sätze über Eigenwerte und -vektoren bewiesen. Ihre Bedeutung für die Wirtschaft wird an konkreten Beispielen dokumentiert. Mit dem anschließenden Abschnitt "Gram-Schmidt'sches Orthogonalisierungsverfahren und Hauptachsentheorem" endet der erste Teil des Buches.

Der zweite Teil des Buches behandelt die Theorie der linearen Optimierung. Wiederum steht der algorithmische Aspekt im Vordergrund. Auf die sonst übliche geometrische Behandlung mit Hilfe von konvexen Mengen wird hier verzichtet. Die zum Simplexverfahren gehörenden Eckenfindungs-, Eckenaustausch- und Positive-Gewinn-Algorithmen werden ohne die Einführung von "Schlupfvariablen" in den Abschnitten 15 und 16 behandelt, weil es aus Speicherplatzgründen zweckmäßig ist, die umfangreichen Rechnungen zur Lösung einer Optimierungsaufgabe auf das wesentliche zu beschränken. Dadurch gewinnt aber auch die Darstellung des mathematischen Stoffs an Klarheit. Der Abschnitt 14 enthält die Grundbegriffe über lineare Ungleichungssysteme. Außerdem werden dort die Problemstellung einer linearen Optimierungsaufgabe und erste Lösungsansätze behandelt. Im Abschnitt 17 wird mittels der in den früheren Abschnitten dargestellten Algorithmen ein allgemein anwendbares Verfahren zur Bestimmung einer Lösung eines linearen Ungleichungssystems gegeben. Der letzte Abschnitt des zweiten Teils enthält drei Anwendungsbeispiele der linearen Optimierung bei ökonomischen Problemstellungen.

Zu jedem Abschnitt gehören eine Reihe von Aufgaben, mit denen die behandelte Theorie vertieft und die dargestellten Algorithmen angewendet werden sollen. Textaufgaben aus der Ökonomie zeigen den Praxisbezug des behandelten Stoffs. Zur Verbesserung der Programmierfertigkeiten des Lesers wird auch auf die Erstellung von Flußdiagrammen Wert gelegt. Zu den wichtigsten Aufgaben befinden sich im Anhang A3 ausführliche Musterlösungen. Von den meisten anderen Aufgaben werden dort die Ergebnisse angegeben. Eine Gebrauchsanweisung für WIMAT befindet sich im Anhang A4.

Im Anhang A1 wird das wichtigste allgemeine mathematische Beweisprinzip, die vollständige Induktion, dargestellt. Im Anhang A2 werden die wesentlichen Regeln für das Rechnen mit Ungleichungen zusammengestellt. Am Ende des Buches befinden sich ein Literatur- sowie ein Namens- und Stichwortverzeichnis.

Das Buch entstand aus einer Vorlesung "Lineare Algebra für Wirtschaftsinformatiker", die der an dritter Stelle genannte Autor im Wintersemester 1991/92 an der Universität GH Essen gehalten hat. Allen daran beteiligten Mitgliedern des Instituts für Experimentelle Mathematik schulden wir Dank, insbesondere Herrn Dr. H. Gollan für die Abfassung der Musterlösungen und Herrn Dr. R. Staszewski für die Unterstützung bei der Erstellung von WIMAT.

Dem Vieweg-Verlag danken die Autoren an dieser Stelle für seine Unterstützung. Unser besonderer Dank gilt Frau S. van Ackern und Frau B. Ebinger für ihre große Mühe bei der Erstellung des druckfertigen Manuskripts.

Essen, 15. Mai 1992

I. Janiszczak
R. Knörr
G. Michler

Inhaltsverzeichnis

1. Lineare Gleichungssysteme

Lineare Gleichungssysteme mit wenigen Unbekannten sind dem Leser sicherlich bekannt. Ein Beispiel hierfür folgt:

Der Besitzer einer Trinkhalle möchte für DM 1000,– Mineralwasser, Cola und Bier einkaufen. Mineralwasser kostet DM 5,–, Cola DM 10,– und Bier DM 20,– je Kiste. Leider kann der Lagerraum nur insgesamt 100 Kisten aufnehmen. Wieviel Kisten Mineralwasser, Cola und Bier muß der Trinkhallenbesitzer kaufen, wenn er die Kapazität des Lagerraums voll ausnutzen und insgesamt 1400 Flaschen lagern möchte? Hierbei enthält eine Kiste Mineralwasser bzw. Cola 12 Flaschen und eine Kiste Bier 20 Flaschen. Die DM 1000,– sollen vollständig aufgebraucht werden.

Sei M, C und B jeweils die Anzahl der Kisten Mineralwasser, Cola und Bier. Dann kann man dieses Problem auch mathematisch darstellen:

$$(T) \quad \begin{array}{rll} \text{(a)} & 5 \cdot M + 10 \cdot C + 20 \cdot B = 1000 \\ \text{(b)} & 1 \cdot M + 1 \cdot C + 1 \cdot B = 100 \\ \text{(c)} & 12 \cdot M + 12 \cdot C + 20 \cdot B = 1400 \end{array}$$

Nun sind M, C und B so zu bestimmen, daß alle drei Gleichungen (a), (b), (c) erfüllt sind. Dazu benutzen wir folgende Eliminationsmethode: Wir subtrahieren fünfmal Gleichung (b) von (a) und zwölfmal Gleichung (b) von (c) und erhalten ein neues Gleichungssystem:

$$(T') \quad \begin{array}{rll} \text{(a')} & 0 \cdot M + 5 \cdot C + 15 \cdot B = 500 \\ \text{(b')} & 1 \cdot M + 1 \cdot C + 1 \cdot B = 100 \\ \text{(c')} & 0 \cdot M + 0 \cdot C + 8 \cdot B = 200 \end{array}$$

Aus Gleichung (c') folgt sofort $B = \frac{200}{8} = 25$. Setzt man in Gleichung (a') $B = 25$ ein, so folgt $5 \cdot C + 375 = 500$ und somit $C = \frac{125}{5} = 25$. Mit diesen Werten liefert nun Gleichung (b') $1 \cdot M + 1 \cdot 25 + 1 \cdot 25 = 100$ und es folgt $M = 50$.

Der Trinkhallenbesitzer muß also 50 Kisten Mineralwasser, 25 Kisten Cola und 25 Kisten Bier kaufen.

(T) ist ein Beispiel für ein lineares Gleichungssystem.

Definition: Ein <u>lineares Gleichungssystem</u> mit n Unbekannten und m Gleichungen hat folgende Form:

$$(G): \quad \begin{array}{ccccccccc} a_{11} \cdot x_1 & + & a_{12} \cdot x_2 & + & \cdots & + & a_{1n} \cdot x_n & = & d_1 \\ a_{21} \cdot x_1 & + & a_{22} \cdot x_2 & + & \cdots & + & a_{2n} \cdot x_n & = & d_2 \\ \vdots & & & & & & \vdots & & \vdots \\ a_{m1} \cdot x_1 & + & a_{m2} \cdot x_2 & + & \cdots & + & a_{mn} \cdot x_n & = & d_m \end{array} \quad ,$$

wobei im folgenden die <u>Koeffizienten</u> a_{ij} und die <u>absoluten Glieder</u> d_i stets Elemente aus F sind. Dabei ist F entweder der Körper der rationalen Zahlen $\mathbf{Q}$ oder der reellen Zahlen $\mathbf{R}$; m und n sind natürliche Zahlen. Die Menge der natürlichen Zahlen wird mit $\mathbf{N}$ bezeichnet. Man schreibt dann a_{ij}, $d_i \in F$ und $m, n \in \mathbf{N}$. Die <u>Unbekannten</u> des Gleichungssystems sind $x_1, \ldots, x_n$.

In unserem Beispiel (T) sind $x_1 = M$, $x_2 = C$, $x_3 = B$, $a_{11} = 5$, $a_{12} = 10$, $a_{13} = 20$, $a_{21} = 1$, $a_{22} = 1$, $a_{23} = 1$, $a_{31} = 12$, $a_{32} = 12$, $a_{33} = 20$, $d_1 = 1000$, $d_2 = 100$ und $d_3 = 1400$.

<u>Definition:</u> Das geordnete n-Tupel $c = (c_1, ..., c_n)$, wobei $c_1, ..., c_n \in F$, heißt <u>Lösung</u> von (G), wenn jede Gleichung von (G) durch Einsetzen der c_i für x_i erfüllt wird. Die <u>Lösungsmenge</u> von (G) ist die Menge, die aus allen Lösungen von (G) besteht.

<u>Bemerkung 1.1:</u> a) Gibt es keine Lösung von (G), so ist die Lösungsmenge von (G) die leere Menge, welche mit $\emptyset$ bezeichnet wird.

Im Beispiel (T) gibt es nur eine Lösung, nämlich $(50, 25, 25)$. Die Lösungsmenge von (T) besteht somit nur aus dem Element $(50, 25, 25)$.

b) Ist $m > n$ in (G), d.h. gibt es mehr Gleichungen als Unbekannte, so bedeutet das <u>nicht</u>, daß es keine Lösung zu (G) gibt, wie folgendes Beispiel mit Lösung $(1, 1)$ zeigt:

$$
\begin{aligned}
x_1 + x_2 &= 2 \\
x_1 - x_2 &= 0 \\
x_1 + 2x_2 &= 3
\end{aligned}
$$

<u>Definition:</u> Sei (H) das lineare Gleichungssystem, das aus (G) entsteht, wenn man $d_i = 0$ für $i = 1, \ldots, m$ setzt. (H) heißt das zu (G) gehörige <u>homogene</u> <u>lineare</u> <u>Gleichungssystem</u>.

<u>Beispiel:</u> Das zu (T) gehörige homogene lineare Gleichungssystem ist

$$
\begin{aligned}
5 \cdot M + 10 \cdot C + 20 \cdot B &= 0 \\
1 \cdot M + 1 \cdot C + 1 \cdot B &= 0 \\
12 \cdot M + 12 \cdot C + 20 \cdot B &= 0
\end{aligned}
$$

Übungsaufgaben

1.1.   Ein Händler kauft insgesamt 300 Einzelstücke der Produkte A, B und C und gibt dafür DM 2.000,- aus. A und B kosten im Einkauf jeweils DM 5,-, C kostet DM 10,- pro Stück. Die Gewinnspanne liegt bei 60 % für A, 80 % für B und 50 % für C. Durch den Verkauf nimmt der Händler DM 3.300,- ein.

(a) Bestimmen Sie das Gleichungssystem.
(b) Bestimmen Sie die Anzahl von A, B und C.

1.2   Zeigen Sie, daß das folgende Gleichungssystem für alle ganzen Zahlen d, die von 2 verschieden sind, nicht lösbar ist.

$$(G) \qquad \begin{aligned} x + y - 3v &= 0 \\ x + 3y - v &= d \\ y + v &= 1 \end{aligned}$$

2. Vektoren

Betrachten wir nun noch einmal das Gleichungssystem (T). Es hat drei verschiedene
Bestandteile:
1) Die Unbekannten M, C und B.
2) Die absoluten Glieder der rechten Seite der drei Gleichungen: 1000, 100, 1400.
3) Die Koeffizienten der Unbekannten in allen drei Gleichungen.

Wir isolieren zunächst 2) aus (T) und erhalten folgendes 3-Tupel mit reellen Einträgen:

$$d \;=\; \begin{pmatrix} d_1 \\ d_2 \\ d_3 \end{pmatrix} \;=\; \begin{pmatrix} 1000 \\ 100 \\ 1400 \end{pmatrix}$$

Dies gibt Anlaß zu folgender

Definition: Die Menge, die aus allen geordneten n-Tupeln $(t_1, \ldots, t_n)$, mit
$t_1, \ldots, t_n \in F$ besteht, bezeichnen wir mit F^n. Zwei Tupel $(t_1, \ldots, t_n)$ und $(s_1, \ldots, s_n)$
sind also genau dann gleich, wenn $t_i = s_i$ für alle $i = 1, \ldots, n$ gilt. Die Elemente
$t = (t_1, t_2, \ldots, t_n) \in F^n$ heißen <u>Vektoren</u>. Einen Vektor $t \in F^n$ kann man als
Zeilenvektor $t = (t_1, \ldots, t_n)$ oder aber als Spaltenvektor

$$t = \begin{pmatrix} t_1 \\ \vdots \\ t_n \end{pmatrix}$$

schreiben.

Beispiel: $d = \begin{pmatrix} 1000 \\ 100 \\ 1400 \end{pmatrix}$ ist ein Vektor aus $\mathbf{R}^3$.

Definition: Im Vektorraum F^n heißt das n-Tupel $e_i = (0, \ldots, 0, 1, 0, \ldots, 0)$ mit
einzigem von 0 verschiedenen Eintrag 1 an der i-ten Stelle der <u>i-te Einheitsvektor</u>.

In F^n gibt es also die Einheitsvektoren $e_1, e_2, \ldots, e_n$.

Beispiel: Eine Bank mit drei Filialen möchte sich einen Überblick über hre
Devisenbestände in Dollar, Pfund, Schweizer Franken und Yen verschaffen. Die
erste Filiale hat 100 \$, 50 $\pounds$, 1.000 SF und 50.000 Yen. Die entsprechenden Zahlen
für die zweite bzw. dritte Filiale lauten 0 \$, 150 $\pounds$, 500 SF und 10.000 Yen, bzw.
300 \$, 0 $\pounds$, 200 SF und 0 Yen. Diese Informationen lassen sich auch kompakter als

Vektoren schreiben, nämlich $d_1 = (100, 50, 1000, 50000)$, $d_2 = (0, 150, 500, 10000)$, $d_3 = (300, 0, 200, 0)$. Daher hat die Bank insgesamt $100 + 0 + 300$ \$, $50 + 150 + 0$ £, $1.000 + 500 + 200$ SF und $50.000 + 10.000 + 0$ Yen. Also werden die Komponenten der Vektoren d_1, d_2 und d_3 addiert, d.h. der Devisenvektor ist $d = d_1 + d_2 + d_3 = (400, 200, 1700, 60000)$.

Definition: Die <u>Summe</u> zweier Vektoren $a = (a_1, \ldots, a_n)$ und $b = (b_1, \ldots, b_n)$ aus F^n ist $a + b = (a_1 + b_1, \ldots, a_n + b_n)$.

Bemerkung: Zwei Vektoren können nur dann addiert werden, wenn sie gleich "lang" sind. So kann man die Vektoren $v = \begin{pmatrix} 1 \\ 2 \end{pmatrix} \in F^2$ und $w = \begin{pmatrix} 1 \\ 0 \\ 1 \end{pmatrix} \in F^3$ nicht addieren.

Beispiel: Sei $a = \begin{pmatrix} 2 \\ 1 \\ 0 \end{pmatrix}$, $b = \begin{pmatrix} -1 \\ 0 \\ 1 \end{pmatrix} \in F^3$, dann ist

$$a + b = \begin{pmatrix} 2 \\ 1 \\ 0 \end{pmatrix} + \begin{pmatrix} -1 \\ 0 \\ 1 \end{pmatrix} = \begin{pmatrix} 2 - 1 \\ 1 + 0 \\ 0 + 1 \end{pmatrix} = \begin{pmatrix} 1 \\ 1 \\ 1 \end{pmatrix} \in F^3 \, .$$

Eine Bäckerei benötigt zur Herstellung eines Kuchens 500 g Mehl, 200 g Butter, 200 g Zucker, 100 g Schokolade, 3 Eier und 5 g Backpulver. Dieser Bedarf läßt sich wieder als Vektor schreiben: $b = (500, 200, 200, 100, 3, 5)$. Bei einer Produktion von 20 Kuchen ergibt sich ein Bedarf von

$$20 \cdot b = (20 \cdot 500, \ 20 \cdot 200, \ 20 \cdot 200, \ 20 \cdot 100, \ 20 \cdot 3, \ 20 \cdot 5).$$

Dies führt zu folgender

Definition: Das <u>Produkt des Vektors</u> $a = (a_1, a_2, \ldots, a_n) \in F^n$ <u>mit dem Körperelement</u> $\lambda \in F$ ist der Vektor $a \cdot \lambda = (a_1 \cdot \lambda, a_2 \cdot \lambda, \ldots, a_n \cdot \lambda)$. Ein Element $\lambda \in F$ heißt auch <u>Skalar</u>.

Bemerkung: Analog erklärt man $\lambda \cdot a = (\lambda \cdot a_1, \lambda \cdot a_2, \ldots, \lambda \cdot a_n)$. Da $\lambda \cdot a_i = a_i \cdot \lambda$ für $1 \leq i \leq n$ gilt, ist $\lambda \cdot a = a \cdot \lambda$. Im allgemeinen werden Skalare λ in diesem Buch rechts von den Vektoren $a \in F^n$ geschrieben. Gelegentlich wird hiervon abgewichen.

Beispiel: Wenn $a = \begin{pmatrix} 2 \\ 1 \\ 0 \end{pmatrix}$ und $\lambda = 3$, dann ist

$$3 \cdot a = 3 \cdot \begin{pmatrix} 2 \\ 1 \\ 0 \end{pmatrix} = \begin{pmatrix} 3 \cdot 2 \\ 3 \cdot 1 \\ 3 \cdot 0 \end{pmatrix} = \begin{pmatrix} 6 \\ 3 \\ 0 \end{pmatrix} \, .$$

Definition: Die Menge F^n mit der oben definierten Addition und Multiplikation mit Skalaren nennen wir den Vektorraum F^n.

Um die grundlegenden Eigenschaften von F^n in Satz 2.2 beweisen zu können, brauchen wir Eigenschaften der Addition und Multiplikation in F. Diese stellen wir ohne Beweis zusammen:

Satz 2.1:   In den Körpern $\mathbf{Q}$ der rationalen Zahlen und $\mathbf{R}$ der reellen Zahlen sind eine Addition $+$ und eine Multiplikation $\cdot$ so erklärt, daß für alle $a, b, c \in F$ und $F \in \{\mathbf{Q}, \mathbf{R}\}$ die folgenden Rechengesetze erfüllt sind:

1) $a + b = b + a$.
2) $a \cdot b = b \cdot a$.
3) $(a + b) + c = a + (b + c)$.
4) $(a \cdot b) \cdot c = a \cdot (b \cdot c)$.
5) Es gibt $0 \in F$ mit $a + 0 = a$ für alle a.
6) Es gibt $1 \in F$ mit $a \cdot 1 = a$ für alle a.
7) Es gibt $-a$ mit $a + (-a) = 0$.
8) Wenn $a \neq 0$, dann gibt es $a^{-1} \in F$ mit $a \cdot a^{-1} = 1$.
9) $(a + b) \cdot c = a \cdot c + b \cdot c$.

Der Vollständigkeit wegen sei erwähnt, daß in der Mathematik jede Menge F ein Körper genannt wird, auf der eine Addition $+$ und eine Multiplikation $\cdot$ so erklärt sind, daß die Rechengesetze 1) bis 9) des Satzes 2.1 gelten. Sind in einer Menge S alle Rechengesetze von Satz 2.1 bis auf 8) erfüllt, so heißt S ein kommutativer Ring.

Beispiele: a)   Die Menge $\mathbf{Z}$ der ganzen Zahlen $0, \pm 1, \pm 2, \ldots$ ist ein Ring.

b)   Sei F ein Körper und X eine Unbestimmte. Ein Ausdruck der Form $f(X) = a_0 + a_1 X + a_2 \cdot X^2 + \ldots + a_n \cdot X^n$ mit $a_i \in F$ für $i = 0, 1, \ldots, n$ heißt Polynom in der Unbestimmten X mit Koeffizienten a_i aus F. Ist $a_n \neq 0$, so heißt n der Grad von $f(X)$. Die Polynome vom Grad Null sind die Konstanten $0 \neq a_0 \in F$. Lediglich das Nullpolynom 0 hat keinen Grad. Die Menge aller Polynome $f(X)$ mit Koeffizienten aus dem Körper F wird mit $F[X]$ bezeichnet. Auf der Menge $F[X]$ sind eine Addition $+$ und Multiplikation $\cdot$ erklärt durch:

$$(a_0 + a_1 \cdot X + \ldots + a_n \cdot X^n) + (b_0 + b_1 \cdot X + \ldots + b_n \cdot X^n) =$$
$$(a_0 + b_0) + (a_1 + b_1) \cdot X + \ldots + (a_n + b_n) \cdot X^n,$$
$$(a_0 + a_1 \cdot X + \ldots + a_m \cdot X^m) \cdot (b_0 + b_1 \cdot X + \ldots + b_n \cdot X^n) =$$
$$a_0 \cdot b_0 + (a_0 \cdot b_1 + b_0 \cdot a_1) \cdot X + (a_0 \cdot b_2 + a_1 \cdot b_1 + b_0 \cdot a_2) \cdot X^2 + \ldots + a_m \cdot b_n \cdot X^{n+m}$$

Es folgt, daß $F[X]$ alle Rechengesetze von Satz 2.1 bis auf die Existenz eines multiplikativen Inversen erfüllt, d.h. bis auf 8). $F[X]$ ist der Polynomring über F in einer Unbestimmten X.

Satz 2.2:   Für alle a, b, c des Vektorraumes F^n und λ, μ des Körpers F gelten die folgenden Rechengesetze:

a) $a + b = b + a$.
b) $a + (b + c) = (a + b) + c$.

c) F^n besitzt ein "neutrales" Element bzgl. der Vektoraddition. Dies ist der Vektor $\mathcal{O} = (0, \ldots, 0) \in F^n$, denn $\mathcal{O} + a = a + \mathcal{O} = a$.

d) Zu jedem Vektor $a = (a_1, \ldots, a_n) \in F^n$ existiert ein Vektor $-a = (-a_1, \ldots, -a_n)$, so daß gilt $a + (-a) = \mathcal{O}$. $-a$ ist das "negative" Element von a bzgl. der Vektoraddition.

e) $(a + b) \cdot \lambda = a \cdot \lambda + b \cdot \lambda$.

f) $a \cdot (\lambda + \mu) = a \cdot \lambda + a \cdot \mu$.

g) $(a \cdot \lambda) \cdot \mu = a \cdot (\lambda \cdot \mu)$.

h) $a \cdot 1 = a$.

<u>Beweis:</u>   a)   Seien $a = (a_1, a_2, \ldots, a_n), b = (b_1, b_2, \ldots, b_n) \in F^n$. Dann folgt aus der Definition von $a + b$ und Rechengesetz 1) von Satz 2.1:

$$a + b = (a_1 + b_1, a_2 + b_2, \ldots, a_n + b_n) = (b_1 + a_1, b_2 + a_2, \ldots, b_n + a_n) = b + a.$$

Analog folgt b) aus Rechengesetz 3) von Satz 2.1. Die Aussagen c) und d) ergeben sich aus 5) bzw. 7) von Satz 2.1.

$$
\begin{aligned}
\text{e)} \quad (a + b) \cdot \lambda &= (a_1 + b_1, a_2 + b_2, \ldots, a_n + b_n) \cdot \lambda \\
&= ([a_1 + b_1] \cdot \lambda, [a_2 + b_2] \cdot \lambda, \ldots, [a_n + b_n] \cdot \lambda) \\
&= (a_1 \cdot \lambda + b_1 \cdot \lambda, a_2 \cdot \lambda + b_2 \cdot \lambda, \ldots, a_n \cdot \lambda + b_n \cdot \lambda)
\end{aligned}
$$

nach 9) von Satz 2.1. Der Vektor auf der rechten Seite ist aber auch gleich $a \cdot \lambda + b \cdot \lambda$ nach den beiden Definitionen der Summe und des Produktes mit einem Skalar.

$$
\begin{aligned}
\text{f)} \quad a \cdot (\lambda + \mu) &= (a_1, a_2, \ldots, a_n) \cdot (\lambda + \mu) \\
&= (a_1 \cdot [\lambda + \mu], a_2 \cdot [\lambda + \mu], \ldots, a_n \cdot [\lambda + \mu]) \\
&= (a_1 \cdot \lambda + a_1 \cdot \mu, a_2 \cdot \lambda + a_2 \cdot \mu, \ldots, a_n \cdot \lambda + a_n \cdot \mu)
\end{aligned}
$$

nach 2) und 9) von Satz 2.1

$$= a \cdot \lambda + a \cdot \mu$$

nach der Definition der Summe von zwei Vektoren

$$
\begin{aligned}
\text{g)} \quad a \cdot (\lambda \cdot \mu) &= (a_1, a_2, \ldots, a_n)(\lambda \cdot \mu) \\
&= (a_1 \cdot [\lambda \cdot \mu], a_2 \cdot [\lambda \cdot \mu], \ldots, a_n \cdot [\lambda \cdot \mu]) \\
&= ([a_1 \cdot \lambda] \cdot \mu, [a_2 \cdot \lambda] \cdot \mu, \ldots, [a_n \cdot \lambda] \cdot \mu
\end{aligned}
$$

nach 4) von Satz 2.1

$$= (a_1 \cdot \lambda, a_2 \cdot \lambda, \ldots, a_n \cdot \lambda) \cdot \mu$$

nach der Definition des Produkts mit einem Skalar

$$= (a \cdot \lambda) \cdot \mu$$

nach derselben Definition.

h)   ist eine unmittelbare Folge von Rechengesetz 6) des Satzes 2.1.

Hiermit ist Satz 2.2 bewiesen.

<u>Bemerkung:</u>   Aus schreibtechnischen Gründen wird das Symbol $\mathcal{O}$ des <u>Nullvektors</u> von Satz 2.2 im folgenden durch die Zahl 0 ersetzt, d. h.

$$0 = (0, \ldots, 0).$$

Bemerkung: Eine Menge V, in der Addition $+$ und Multiplikation $v \cdot \lambda$ von Elementen $v \in V$ und Körperelementen $\lambda \in F$ erklärt sind, heißt F-Vektorraum oder Vektorraum, wenn alle Rechengesetze a) bis h) von Satz 2.2 erfüllt sind.

Beispiel: Der Polynomring $V = F[X]$ ist ein F-Vektorraum.

Die Multiplikation eines Vektors aus F^n mit einem Skalar und die Addition zweier Vektoren aus F^n wollen wir jetzt als Prozedur mit Flußdiagramm darstellen. Diese Prozedur kann auf einem Computer implementiert werden, und das Flußdiagramm soll die Implementation erleichtern, da es den Prozedurablauf in allen Einzelheiten beschreibt. Bei Flußdiagrammen in späteren Abschnitten greifen wir immer wieder auf früher schon beschriebene Prozeduren zurück.

Wir nennen die Multiplikation eines Vektors mit einem Skalar $sklmul\ [v, \lambda]$, wobei in den eckigen Klammern die Eingabeparameter $\lambda \in F$ und $v \in F^n$ stehen. Dann erhalten wir folgendes Flußdiagramm:

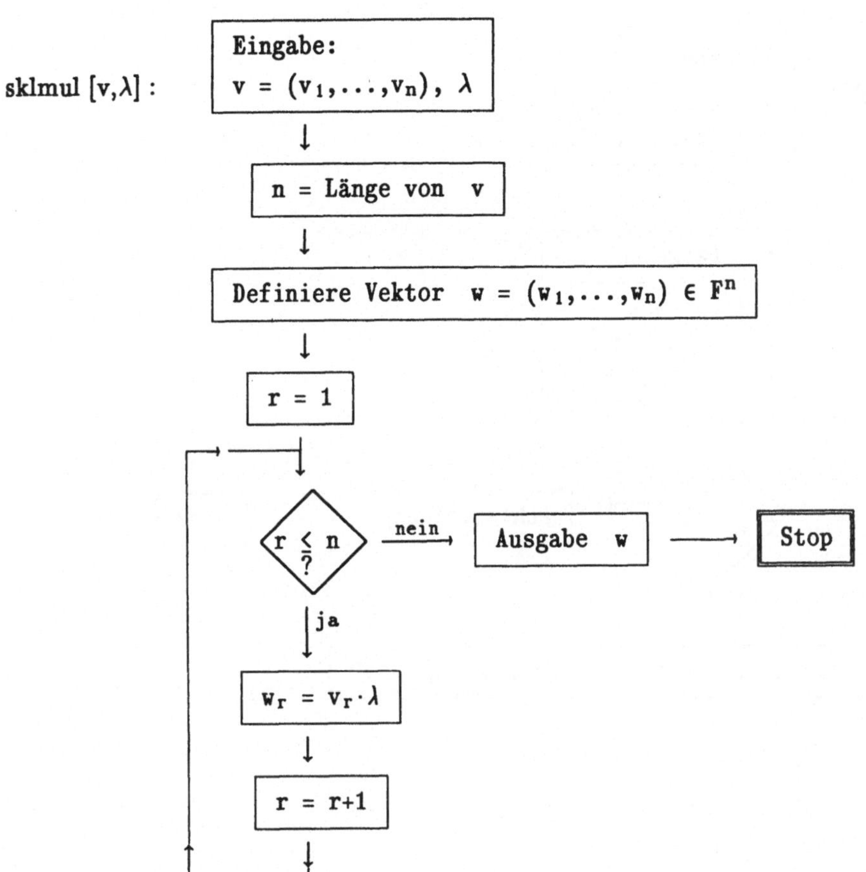

sklmul $[v,\lambda]$:

Mit vecadd [v,w] bezeichnen wir die Prozedur, die zwei Vektoren v und $w \in F^n$ addiert. Das Flußdiagramm hat folgende Form:

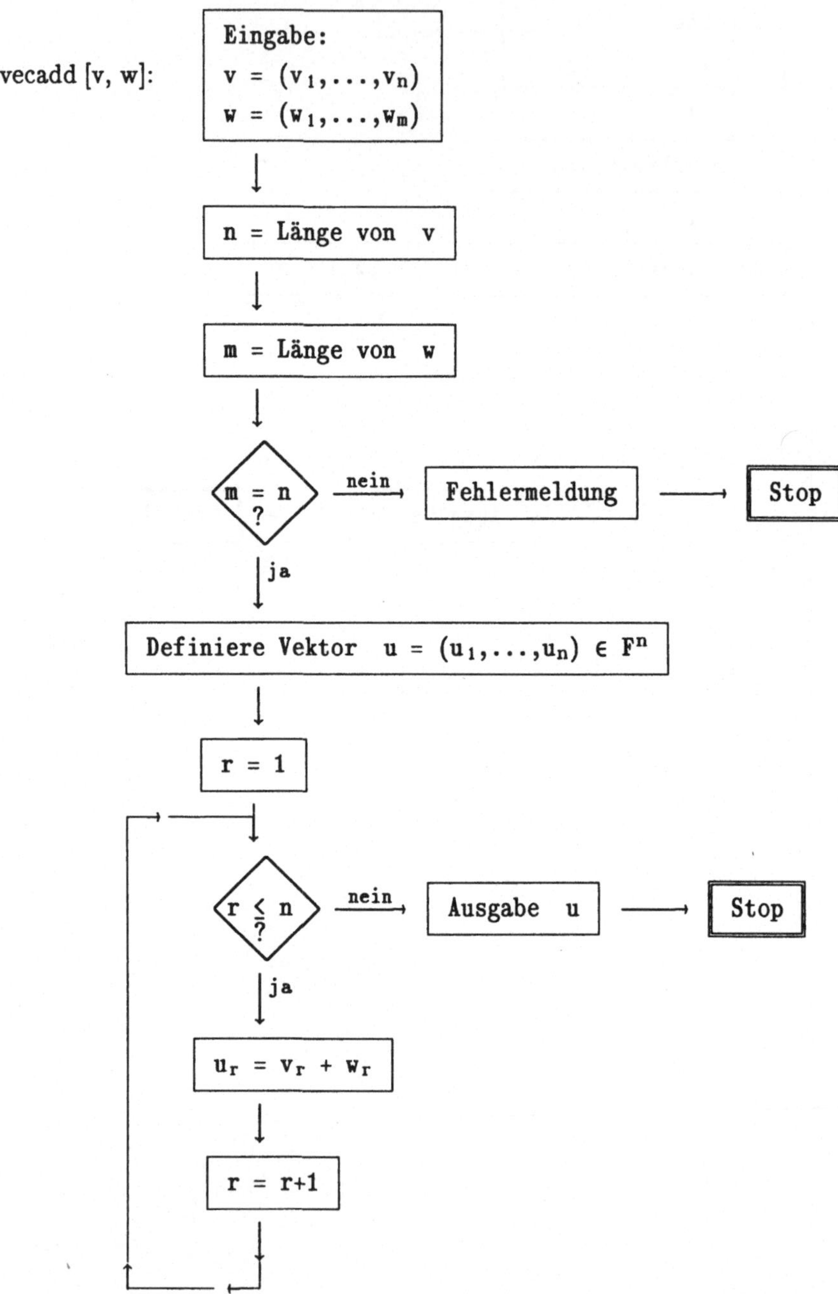

Beispiel: Mit dem Devisenvektor $d = (400, 200, 1700, 60000)$ sei der Devisenbestand an US \$, $\pounds$, SF und Yen einer Bank beschrieben. Es soll der DM-Wert des Devisenbestandes bei folgenden Wechselkursen berechnet werden:

$$
\begin{aligned}
1 \ \text{US \$} &= 1.700 \ \text{DM} \\
1 \ \pounds &= 3.000 \ \text{DM} \\
1 \ \text{SF} &= 1.200 \ \text{DM} \\
1 \ \text{Yen} &= 0{,}014 \ \text{DM}
\end{aligned}
$$

Damit ergibt sich der "Wechselkursvektor" $w = (1.7, \ 3, \ 1.2, \ 0.014)$. Der Gesamtwert der Devisen in DM beträgt:

$$W = 400 \cdot 1.7 + 200 \cdot 3 + 1700 \cdot 1.2 + 60000 \cdot 0.014 = 4160 \ .$$

Diese Rechnung zeigt die praktische Bedeutung der folgenden

Definition: Seien $a = (a_1, \ldots, a_n)$, $b = (b_1, \ldots, b_n) \in F^n$ zwei Vektoren, dann ist ihr <u>Skalarprodukt</u> das Element $a \cdot b = a_1 \cdot b_1 + \ldots + a_n \cdot b_n \in F$. Symbolisch kürzt man diese Summe ab durch $a \cdot b = \sum_{i=1}^{n} a_i \cdot b_i$.

Beispiel: $v = (1, 0, 1, -1, 0)$, $w = (0, 1, 1, 0, 1) \in F^5$, $v \cdot w = 1 \cdot 0 + 0 \cdot 1 + 1 \cdot 1 - 1 \cdot 0 + 0 \cdot 1 = 1$.

Bemerkungen: (1) Das Skalarprodukt und das Produkt mit einem Skalar dürfen nicht miteinander verwechselt werden! Das erste macht aus zwei Vektoren einen Skalar, das zweite aus einem Vektor und einem Skalar einen Vektor.

(2) Man kann nur dann das Skalarprodukt zweier Vektoren $a \in F^m$ und $b \in F^n$ bilden, wenn $m = n$ ist; z.B. kann man die Vektoren $(0, 1, 1)$ und $(2, 3)$ nicht multiplizieren.

(3) Man kann die linke Seite einer linearen Gleichung $a_1 \cdot x_1 + \ldots + a_n \cdot x_n = b$ als Skalarprodukt des Koeffizientenvektors $a = (a_1, \ldots, a_n)$ und des Unbestimmtenvektors $x = (x_1, \ldots, x_n)$ lesen.

Satz 2.3: a) Das Skalarprodukt ist kommutativ, d. h. $a \cdot b = b \cdot a$ für je zwei Vektoren $a, b \in F^n$.

b) $a \cdot a \geq 0$ für alle $a \in F^n$ und $a \cdot a = 0$ genau dann, wenn $a = 0$.

Beweis: a) folgt unmittelbar aus der Definition und der Kommutativität des Körpers F. Da nach Bemerkung 6 von Anhang 2 Quadrate reeller Zahlen stets nicht negativ sind, gilt b).

Das Skalarprodukt wird in der Geometrie verwendet, um Winkel und Längen zu definieren.

Definition: Die <u>Länge</u> eines Vektors $a = (a_1, \ldots, a_n) \in \mathbf{R}^n$ ist

$$\|a\| = \sqrt{a_1^2 + a_2^2 + \ldots + a_n^2} = \sqrt{a \cdot a}.$$

Beispiel: Für $a = (3,4) \in \mathbf{R}^2$ ist $\|a\| = \sqrt{3^2 + 4^2} = 5$.

Bemerkung: (a) Weil $a \cdot a \geq 0$ gilt, ist $\sqrt{a \cdot a}$ definiert nach Satz 8 im Anhang 2.

(b)   Diese Definition sollte den Leser an den Satz des Pythagoras erinnern.

(c)   Es ist $\|a\| \geq 0$ für alle $a \in \mathbf{R}^n$ und $\|a\| = 0$ genau dann, wenn $a = 0$ gilt.

Wir beschreiben jetzt die Prozedur des Skalarprodukts zweier Vektoren $sklprod[v, w]$ im folgenden Flußdiagramm:

sklprod [v, w] :

Eingabe:
v = (v_1,...,v_n)
w = (w_1,...,w_m)
n = Länge von v
m = Länge von w
m = n ?
nein
Fehlermeldung
Stop
ja
r = 1
t = 0
r ≤ n ?
nein
Ausgabe t
Stop
ja
t = t + v_r·w_r
r = r+1

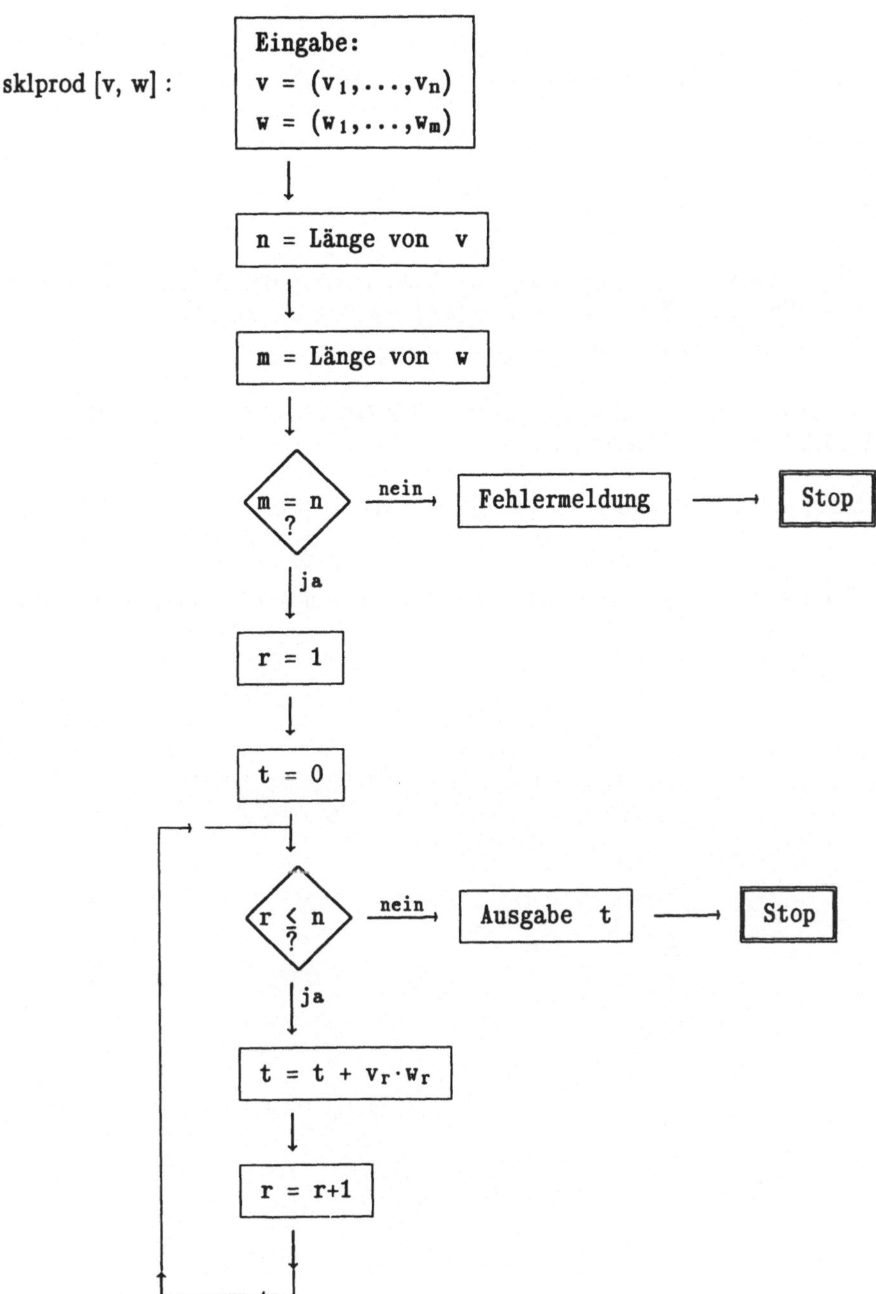

Übungsaufgaben

2.1. Erstellen Sie ein Flußdiagramm zur Berechnung des arithmetischen Mittels

$$A_n = \frac{1}{n}(a_1 + a_2 + \ldots + a_n)$$

von n Zahlen $a_1, a_2, \ldots, a_n$.

2.2. Zeigen Sie mittels vollständiger Induktion nach n, daß für alle natürlichen Zahlen n und alle reellen Zahlen $a \geq -1$ stets $(1 + a)^n \geq 1 + na$ gilt.
(Hinweis: Zur vollständigen Induktion vgl. Anhang 1)

2.3. Berechnen Sie $(1, 2, 3, 4, 5) - 2 \cdot (6, 7, 8, 9, 10) + 2 \cdot (11, 12, 13, 14, 15) - 2 \cdot (16, 17, 18, 19, 20) + (21, 22, 23, 24, 25)$.

2.4. Seien $a, b, c \in F^n$ und $\lambda \in F$. Zeigen Sie, daß $a \cdot (b + c \cdot \lambda) = a \cdot b + (a \cdot c) \cdot \lambda$ gilt.

2.5. Sei $a \in F^n$. Zeigen Sie, daß $a \cdot b = 0$ für alle $b \in F^n$ genau dann, wenn $a = 0$.

3. Matrizen

Isoliert man die Koeffizienten der Unbekannten aus jeder Gleichung des Beispiels (T), dann erhält man folgendes Schema:

$$\mathcal{D} = \begin{pmatrix} 5 & 10 & 20 \\ 1 & 1 & 1 \\ 12 & 12 & 20 \end{pmatrix} ,$$

$\mathcal{D}$ ist eine "Matrix" im Sinne der folgenden

Definition: Eine $\underline{m \times n\text{-Matrix}\ \mathcal{A}\ \text{über}\ F}$ ist ein rechteckiges Schema, das aus Elementen des Körpers F besteht.

$$\mathcal{A} = \begin{pmatrix} a_{11} & a_{12} & \cdots & a_{1n} \\ a_{21} & a_{22} & \cdots & a_{2n} \\ \vdots & \vdots & & \vdots \\ a_{m1} & a_{m2} & \cdots & a_{mn} \end{pmatrix}$$

Man schreibt $\mathcal{A} = (a_{ij})$. Die Matrix $\mathcal{A}$ hat m $\underline{\text{Zeilen}}$ und n $\underline{\text{Spalten}}$. Der Vektor $z_i = (a_{i1}, \ldots, a_{in}) \in F^n$ ist der $\underline{i\text{-te Zeilenvektor}}$ von $\mathcal{A}$ und der Vektor

$$s_j = \begin{pmatrix} a_{1j} \\ \vdots \\ a_{mj} \end{pmatrix} \in F^m$$

ist der $\underline{j\text{-te Spaltenvektor}}$ von $\mathcal{A}$. Den Parameter n bezeichnet man auch als $\underline{\text{Zeilen-}}$ $\underline{\text{länge}}$ bzw. m als $\underline{\text{Spaltenlänge}}$. Wenn $m = n$ ist, dann ist $\mathcal{A}$ eine $\underline{\text{quadratische}}$ Matrix.

Beispiele: (1) Die Vektoren

$$\begin{pmatrix} 5 \\ 1 \\ 12 \end{pmatrix} , \begin{pmatrix} 10 \\ 1 \\ 12 \end{pmatrix} , \begin{pmatrix} 20 \\ 1 \\ 20 \end{pmatrix} \in \mathbf{Q}^3$$

sind die Spaltenvektoren der Matrix $\mathcal{D}$ und $(1, 1, 1) \in \mathbf{Q}^3$ ist der zweite Zeilenvektor von $\mathcal{D}$.

(2)   Für jedes n kann man die $n \times n$-Matrix betrachten, deren i-te Zeile gerade der i-te Einheitsvektor e_i ist. Die Matrix heißt die <u>Einheitsmatrix</u>

$$\mathcal{E} = \begin{pmatrix} 1 & & 0 \\ & \ddots & \\ 0 & & 1 \end{pmatrix}$$

(3)   Eine Matrix, deren sämtliche Einträge gleich 0 sind, wird als <u>Nullmatrix</u> bezeichnet.

Wie Vektoren kann man auch $m \times n$-Matrizen gleichen Formats addieren und mit einem Skalar multiplizieren.

Definition: Seien $\mathcal{A} = (a_{ij})$ und $\mathcal{B} = (b_{ij})$ zwei $m \times n$-Matrizen und $\lambda \in F$. Dann ist $\mathcal{A} + \mathcal{B} = (a_{ij} + b_{ij})$ und $\mathcal{A} \cdot \lambda = (a_{ij} \cdot \lambda)$ für alle $1 \leq i \leq m$ und $1 \leq j \leq n$.

Beispiel:

$$\mathcal{A} = \begin{pmatrix} 1 & -2 \\ 0 & 1 \end{pmatrix}, \quad \mathcal{B} = \begin{pmatrix} 2 & 2 \\ 1 & -1 \end{pmatrix}$$

$$\mathcal{A} + \mathcal{B} = \begin{pmatrix} 1+2 & -2+2 \\ 0+1 & 1-1 \end{pmatrix} = \begin{pmatrix} 3 & 0 \\ 1 & 0 \end{pmatrix},$$

$$\mathcal{A} \cdot 3 = \begin{pmatrix} 1 \cdot 3 & (-2) \cdot 3 \\ 0 \cdot 3 & 1 \cdot 3 \end{pmatrix} = \begin{pmatrix} 3 & -6 \\ 0 & 3 \end{pmatrix}.$$

Bemerkungen: (1)   Man kann zwei Matrizen nur dann addieren, wenn sie genau das gleiche Format haben. So ist es z.B. nicht möglich, die Matrizen

$$\mathcal{A} = \begin{pmatrix} 1 & 0 \\ 1 & 1 \\ 0 & 1 \end{pmatrix} \quad \text{und} \quad \mathcal{B} = \begin{pmatrix} 2 & 2 \\ 2 & 1 \end{pmatrix}$$

zu addieren, da $\mathcal{A}$ eine 3×2-Matrix und $\mathcal{B}$ eine 2×2-Matrix ist.

(2)   Die $m \times n$-Matrizen bilden mit oben definierter Addition und Multiplikation mit Skalaren einen Vektorraum. Es gelten nämlich alle Aussagen von Satz 2.2.

Beispiel: Man betrachte folgendes Problem: Ein Bäcker will zwei verschiedene Sorten Torte herstellen. Für die erste Sorte braucht er pro Stück 200 g Mehl, 100 g Zucker, 3 Eier, 100 g Schokolade und 250 g Sahne. Für die zweite Sorte lauten die entsprechenden Zahlen 200 g Mehl, 150 g Zucker, 2 Eier und 100 g Butter; Sahne und Schokolade werden hierfür nicht benötigt. Die zwei "Bedarfsvektoren" sind also: $v_1 = (200, 100, 3, 100, 250, 0)$ für Torte 1 und $v_2 = (200, 150, 2, 0, 0, 100)$ für Torte 2. Der Bäcker möchte von der ersten Torte fünf und von der zweiten sieben Stück herstellen. Sein "Gesamtzutatenvektor" ist dann $d = v_1 \cdot 5 + v_2 \cdot 7 =$

$(2400, 1550, 29, 500, 1250, 700)$. Statt den Bedarf pro Tortenart durch zwei "Bedarfsvektoren" zu beschreiben, kann man eine "Bedarfsmatrix" $\mathcal{B}$ aufstellen, deren Spalten die Vektoren v_1 und v_2 sind. Also ist

$$\mathcal{B} = \begin{pmatrix} 200 & 200 \\ 100 & 150 \\ 3 & 2 \\ 100 & 0 \\ 250 & 0 \\ 0 & 100 \end{pmatrix},$$

d.h. $d = (1.\ \text{Spalte von } \mathcal{B}) \cdot 5 + (2.\ \text{Spalte von } \mathcal{B}) \cdot 7$. Allgemeiner gilt, daß sich der "Gesamtzutatenvektor" zur Herstellung von x Torten der ersten Sorte und y Torten der zweiten Sorte ergibt durch

$$(1.\ \text{Spalte von } \mathcal{B}) \cdot x + (2.\ \text{Spalte von } \mathcal{B}) \cdot y.$$

Definition: Sei $\mathcal{A}$ eine $m \times n$-Matrix mit Spaltenvektoren $s_1, \ldots, s_n$ und $v = (v_1, \ldots, v_n) \in F^n$. Dann ist das <u>Produkt von $\mathcal{A}$ mit v</u> definiert durch

$$\mathcal{A} \cdot v = s_1 \cdot v_1 + s_2 \cdot v_2 + \ldots + s_n \cdot v_n.$$

Bemerkung: Für eine $m \times n$-Matrix ist das Produkt $\mathcal{A} \cdot v$ mit einem Vektor v nur dann definiert, falls $v \in F^n$ ist. $\mathcal{A} \cdot v$ ist dann ein Vektor aus F^m.

Beispiele: (1) $\mathcal{A} = \begin{pmatrix} 1 & 0 \\ -2 & 1 \\ 0 & 1 \end{pmatrix}, v = \begin{pmatrix} 2 \\ 3 \end{pmatrix},$

$$\mathcal{A} \cdot v = \begin{pmatrix} 1 \\ -2 \\ 0 \end{pmatrix} \cdot 2 + \begin{pmatrix} 0 \\ 1 \\ 1 \end{pmatrix} \cdot 3 = \begin{pmatrix} 2 \\ -1 \\ 3 \end{pmatrix}.$$

(2) Kommen wir wieder auf unser Gleichungssystem (T) zurück. Wir können (T) in einer neuen vereinfachten Form darstellen: Sei

$$\mathcal{A} = \begin{pmatrix} 5 & 10 & 20 \\ 1 & 1 & 1 \\ 12 & 12 & 20 \end{pmatrix}, \quad x = \begin{pmatrix} M \\ C \\ B \end{pmatrix}, \quad d = \begin{pmatrix} 1000 \\ 100 \\ 1400 \end{pmatrix},$$

dann kann man (T) als <u>Matrixgleichung</u> $\mathcal{A} \cdot x = d$ schreiben, denn $\mathcal{A} \cdot x$ ist die linke Seite der Gleichungen von (T).

(3) Für die $n \times n$-Einheitsmatrix $\mathcal{E}$ und jedes $v \in F^n$ gilt $\mathcal{E} \cdot v = v$.

Bemerkung: Jedes Gleichungssystem (G) mit Koeffizientenmatrix $\mathcal{A} = \begin{pmatrix} a_{11} & \cdots & a_{1n} \\ \vdots & & \vdots \\ a_{m1} & \cdots & a_{mn} \end{pmatrix}$, Unbestimmtenvektor $x = \begin{pmatrix} x_1 \\ \vdots \\ x_n \end{pmatrix}$ und Konstantenvektor $d = \begin{pmatrix} d_1 \\ \vdots \\ d_m \end{pmatrix}$ läßt sich schreiben als $\mathcal{A} \cdot x = d$.

Eine andere Methode zur Berechnung von $\mathcal{A} \cdot v$ liefert der folgende

Satz 3.1:   Sei $\mathcal{A} = (a_{ij})$ eine $m \times n$-Matrix mit Zeilen $z_1, \ldots, z_m$. Sei $v = (v_1, \ldots, v_n) \in F^n$ und $w_i = z_i \cdot v$ das Skalarprodukt von z_i mit v für $1 \leq i \leq m$. Sei $w = (w_1, w_2, \ldots, w_m) \in F^m$. Dann gilt

$$\mathcal{A} \cdot v = w.$$

<u>Beweis:</u>   Sei s_j die j-te Spalte von $\mathcal{A}$, dann ist

$$s_j = \begin{pmatrix} a_{1j} \\ \vdots \\ a_{mj} \end{pmatrix}.$$

Somit ist die i-te Komponente des Vektors $s_j \cdot v_j$ gerade gleich $a_{ij} \cdot v_j$. Die i-te Komponente von $\mathcal{A} \cdot v$ ist daher

$$\sum_{j=1}^{n} a_{ij} \cdot v_j = (a_{i1}, \ldots, a_{in}) \cdot (v_1, \ldots, v_n) = z_i \cdot v = w_i.$$

Beispiel: Sei $\mathcal{A} = \begin{pmatrix} 1 & 1 & -1 \\ 0 & 1 & 1 \\ 2 & 1 & 0 \end{pmatrix}$ und $v = \begin{pmatrix} 1 \\ -1 \\ 2 \end{pmatrix}$, dann gilt

$$\mathcal{A} \cdot v = (1 \cdot 1 + 1 \cdot (-1) + (-1) \cdot 2,\ 0 \cdot 1 + 1 \cdot (-1) + 1 \cdot 2,\ 2 \cdot 1 + 1 \cdot (-1) + 0 \cdot 2) = (-2, 1, 1).$$

Wir beschreiben nun die Prozedur der Multiplikation einer Matrix $\mathcal{A}$ mit einem Vektor v als Flußdiagramm und bezeichnen sie mit *matvec* $[\mathcal{A}, v]$:

matvec $[A,v]$:

Eingabe:
$A = (a_{ij})$ mit Zeilen $z_1,\dots,z_m$
$v = (v_1,\dots,v_t)$
m, n = Spalten- bzw. Zeilenlänge von A
t = Länge von v
t = n ?
nein
Fehlermeldung
Stop
ja
Definition des Vektors $w = (w_1,\dots,w_m) \in F^m$
r = 1
$r \lessgtr m$?
nein
Ausgabe w
Stop
ja
$w_r = $ sklprod $[z_r, v]$
r = r+1

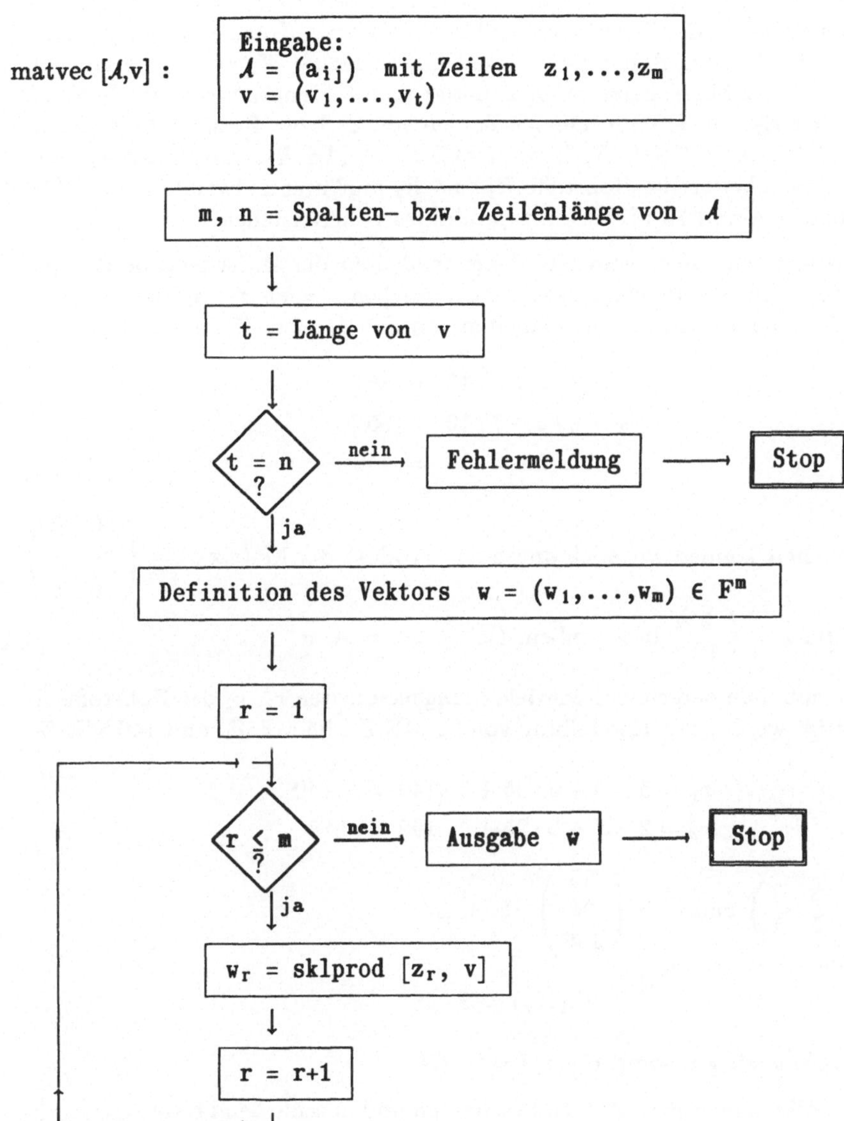

Der Definition des Produkts zweier Matrizen wird das folgende Beispiel aus den Wirtschaftswissenschaften vorangestellt:

Beispiel: Ein Unternehmen stellt zwei verschiedene Endprodukte A und B und drei Zwischenprodukte Z_1, Z_2 und Z_3 her. Zur Produktion einer Mengeneinheit A benötigt man 3, 5 bzw. 10 Mengeneinheiten Z_1, Z_2 bzw. Z_3. Man braucht 2, 7 bzw. 9 Mengeneinheiten der Zwischenprodukte Z_1, Z_2 bzw. Z_3 zur Herstellung einer Mengeneinheit B. Aus den Rohstoffen R_1 und R_2 werden Z_1, Z_2 und Z_3 hergestellt. Zur Produktion einer Mengeneinheit Z_1 benötigt man 5 Mengeneinheiten R_1 und 2 Mengeneinheiten R_2. Die entsprechenden Zahlen von Z_2 bzw. Z_3 sind (Mengeneinheit = ME): 3 ME R_1 , 5 ME R_2 bzw. 7 ME R_1, 1 ME R_2. Die Frage ist nun: Wieviele Mengeneinheiten der Rohstoffe R_1 und R_2 muß man aufwenden, um 5 ME des Endproduktes A und 10 ME des Endproduktes B herzustellen?

Zunächst überlegt man sich, wieviele Mengeneinheiten der Zwischenprodukte gebraucht werden, um das Produktionsziel zu erreichen. Seien z_1, z_2 bzw. z_3 die Anzahl der dazu benötigten Mengeneinheiten von Z_1, Z_2 bzw. Z_3, dann gilt:

$$z_1 = 3 \cdot 5 + 2 \cdot 10 \ = \ 35$$
$$z_2 = 5 \cdot 5 + 7 \cdot 10 \ = \ 95$$
$$z_3 = 10 \cdot 5 + 9 \cdot 10 \ = \ 140$$

Diesen Sachverhalt können wir auch durch das Produkt der Matrix $\mathcal{A} = \begin{pmatrix} 3 & 2 \\ 5 & 7 \\ 10 & 9 \end{pmatrix}$ mit dem Vektor $v = \begin{pmatrix} 5 \\ 10 \end{pmatrix}$ beschreiben: $(z_1, z_2, z_3) = \mathcal{A} \cdot v$.

Als nächstes muß man berechnen, wieviele Mengeneinheiten r_1, r_2 der Rohstoffe R_1 und R_2 benötigt werden zur Herstellung von 35 ME Z_1, 95 ME Z_2 und 140 ME Z_3. Es folgt

$$r_1 = 5 \cdot 35 + 3 \cdot 95 + 7 \cdot 140 \ = \ 1440$$
$$r_2 = 2 \cdot 35 + 5 \cdot 95 + 1 \cdot 140 \ = \ 685$$

Sei $\mathcal{B} = \begin{pmatrix} 5 & 3 & 7 \\ 2 & 5 & 1 \end{pmatrix}$ und $w = \begin{pmatrix} 35 \\ 95 \\ 140 \end{pmatrix}$, dann ist

$$(r_1, r_2) = \mathcal{B} \cdot w.$$

Da aber $w = \mathcal{A} \cdot v$ ist, gilt somit $(r_1, r_2) = \mathcal{B} \cdot (\mathcal{A} \cdot v)$.

Ist es immer nötig, zuerst $w = \mathcal{A} \cdot v$ zu bestimmen und anschließend $\mathcal{B} \cdot w$ auszurechnen, oder ist es möglich, aus $\mathcal{B}$ und $\mathcal{A}$ eine neue Matrix $\mathcal{C}$ herzuleiten, mit der man direkt r_1 und r_2 berechnen kann? Hierzu definiert man das Produkt zweier Matrizen:

Definition: Sei $\mathcal{A} = (a_{ij})$ eine $m \times n$-Matrix und $\mathcal{B} = (b_{jk})$ eine $n \times t$-Matrix. Ist a_i der i-te Zeilenvektor von $\mathcal{A}$ und b_k der k-te Spaltenvektor von $\mathcal{B}$, dann ist das Produkt $\mathcal{A} \cdot \mathcal{B}$ eine $m \times t$-Matrix $\mathcal{C}$ mit Koeffizienten $c_{ik} = a_i \cdot b_k$, wobei $a_i \cdot b_k$ das

Skalarprodukt der Vektoren $a_i, b_k \in F^n$ ist, d.h. $c_{ik} = a_{i1} \cdot b_{1k} + a_{i2} \cdot b_{2k} + \ldots + a_{in} b_{nk}$. Diese Summe wird symbolisch abgekürzt durch die Schreibweise $c_{ik} = \sum_{j=1}^{n} a_{ij} b_{jk}$.

Bemerkung: Das Produkt $\mathcal{A} \cdot \mathcal{B}$ zweier Matrizen $\mathcal{A}$ und $\mathcal{B}$ ist nur dann definiert, wenn die Anzahl der Spalten von $\mathcal{A}$ gleich der Anzahl der Zeilen von $\mathcal{B}$ ist. Ist z.B.

$$\mathcal{A} = \begin{pmatrix} 1 & 1 \\ 0 & 1 \end{pmatrix} \quad \text{und} \quad \mathcal{B} = \begin{pmatrix} 1 & 0 \\ 0 & 1 \\ 1 & 1 \end{pmatrix},$$

so ergibt $\mathcal{A} \cdot \mathcal{B}$ keinen Sinn, da $\mathcal{A}$ zwei Spalten und $\mathcal{B}$ drei Zeilen besitzt. Dagegen ist $\mathcal{B} \cdot \mathcal{A}$ definiert, denn $\mathcal{B}$ hat ebenso viele Spalten, wie $\mathcal{A}$ Zeilen.

Beispiele: (1) Die zwei Matrizen $\mathcal{B}$ und $\mathcal{A}$ aus unserem ökonomischen Modell kann man miteinander multiplizieren:

$$\mathcal{C} = \mathcal{B} \cdot \mathcal{A} = \begin{pmatrix} 5 & 3 & 7 \\ 2 & 5 & 1 \end{pmatrix} \cdot \begin{pmatrix} 3 & 2 \\ 5 & 7 \\ 10 & 9 \end{pmatrix} = \begin{pmatrix} 100 & 94 \\ 41 & 48 \end{pmatrix}$$

Ferner gilt $\mathcal{C} \cdot \begin{pmatrix} 5 \\ 10 \end{pmatrix} = (1440, 685) = (r_1, r_2)$.

(2) $\mathcal{A} = \begin{pmatrix} 1 & -2 & 0 \\ 0 & 1 & 1 \end{pmatrix}$, $\mathcal{B} = \begin{pmatrix} 2 & 1 & 1 \\ 1 & -1 & 0 \\ 0 & 0 & 1 \end{pmatrix}$,

$$\mathcal{A} \cdot \mathcal{B} = \begin{pmatrix} 1\cdot2+(-2)\cdot1+0\cdot0 & 1\cdot1+(-2)\cdot(-1)+0\cdot0 & 1\cdot1+(-2)\cdot0+0\cdot1 \\ 0\cdot2+1\cdot1+1\cdot0 & 0\cdot1+1\cdot(-1)+1\cdot0 & 0\cdot1+1\cdot0+1\cdot1 \end{pmatrix}$$
$$= \begin{pmatrix} 0 & 3 & 1 \\ 1 & -1 & 1 \end{pmatrix}$$

(3) $\mathcal{E} \cdot \mathcal{A} = \mathcal{A}$ und $\mathcal{A} \cdot \mathcal{E} = \mathcal{A}$ für jede Matrix $\mathcal{A}$, falls $\mathcal{E}$ eine Einheitsmatrix passender Größe ist.

Bemerkung: Im Gegensatz zu der Multiplikation im Körper F gilt im allgemeinen nicht $\mathcal{A} \cdot \mathcal{B} = \mathcal{B} \cdot \mathcal{A}$ für zwei $m \times m$-Matrizen $\mathcal{A}$ und $\mathcal{B}$, denn ist z.B.

$$\mathcal{A} = \begin{pmatrix} 1 & 1 \\ -1 & 2 \end{pmatrix} \quad \text{und} \quad \mathcal{B} = \begin{pmatrix} 1 & 1 \\ 0 & -1 \end{pmatrix}$$

dann gilt

$$\mathcal{A} \cdot \mathcal{B} = \begin{pmatrix} 1 & 0 \\ -1 & -3 \end{pmatrix} \quad \text{und} \quad \mathcal{B} \cdot \mathcal{A} = \begin{pmatrix} 0 & 3 \\ 1 & -2 \end{pmatrix}.$$

Wir nennen die Prozedur für die Multiplikation zweier Matrizen $\mathcal{A}$ und $\mathcal{B}$ *matmul*$[\mathcal{A}, \mathcal{B}]$. Das Flußdiagramm folgt:

matmul $[A, B]$:

Eingabe:
$A = (a_{ij})$, $B = (b_{ij})$

↓

m_1, n_1 = Spalten– bzw. Zeilenlänge von A

↓

m_2, n_2 = Spalten– bzw. Zeilenlänge von B

↓

$a_1, \ldots, a_{m_1}$ Zeilenvektoren von A
$b_1, \ldots, b_{n_2}$ Spaltenvektoren von B

↓

$n_1 = m_2$? —— nein ——→ Fehlermeldung ——→ Stop

↓ ja

Definition der $m_1 \times n_2$–Matrix $C = (c_{ij})$

↓

$r = 1$

↓

$r \underset{?}{\leq} m_1$ —— nein ——→ Ausgabe C ——→ Stop

↓ ja

$s = 1$

↓

$s \underset{?}{\leq} n_2$ —— nein ——→ $r = r+1$

↓ ja

$c_{rs} = \text{sklprod}\ [a_r, b_s]$

↓

$s = s+1$

Ist das Produkt von drei Matrizen erklärt, so gilt das Assoziativgesetz:

Satz 3.2: Seien $\mathcal{A} = (a_{ij})$ eine $m \times n$-, $\mathcal{B} = (b_{jk})$ eine $n \times t$- und $\mathcal{C} = (c_{kp})$ eine $t \times s$-Matrix. Dann gilt:

$$(\mathcal{A} \cdot \mathcal{B}) \cdot \mathcal{C} = \mathcal{A} \cdot (\mathcal{B} \cdot \mathcal{C}).$$

Beweis: Nach der Definition des Produktes zweier Matrizen gilt:

$$\mathcal{A} \cdot \mathcal{B} = (a_{ij}) \cdot (b_{jk}) = \left(\sum_{j=1}^{n} a_{ij} \cdot b_{jk} \right)$$

$$\mathcal{B} \cdot \mathcal{C} = (b_{jk}) \cdot (c_{kp}) = \left(\sum_{k=1}^{t} b_{jk} \cdot c_{kp} \right)$$

$$(\mathcal{A} \cdot \mathcal{B}) \cdot \mathcal{C} = \left(\sum_{j=1}^{n} a_{ij} \cdot b_{jk} \right) \cdot (c_{kp}) = \left(\sum_{k=1}^{t} (\sum_{j=1}^{n} a_{ij} \cdot b_{jk}) \cdot c_{kp} \right)$$

$$= \left(\sum_{k=1}^{t} \sum_{j=1}^{n} [a_{ij} \cdot b_{jk}] \cdot c_{kp} \right) \quad \text{nach Rechenregel 9) von Satz 2.1.}$$

$$\mathcal{A} \cdot (\mathcal{B} \cdot \mathcal{C}) = (a_{ij}) \cdot \left(\sum_{k=1}^{t} b_{jk} \cdot c_{kp} \right) = \left(\sum_{j=1}^{n} a_{ij} \cdot (\sum_{k=1}^{t} b_{jk} \cdot c_{kp}) \right)$$

$$= \left(\sum_{j=1}^{n} \sum_{k=1}^{t} a_{ij} \cdot [b_{jk} \cdot c_{kp}] \right) \quad \text{nach Rechenregeln 2) und 9) von Satz 2.1.}$$

Da nach 1) von Satz 2.1 die Reihenfolge des Summanden einer Summe beliebig ist und es auf die Klammerung nach 2.1.4) nicht ankommt, gilt

$$\sum_{j=1}^{n} \sum_{k=1}^{t} a_{ij} \cdot (b_{jk} \cdot c_{kp}) = \sum_{k=1}^{t} \sum_{j=1}^{n} (a_{ij} \cdot b_{jk}) \cdot c_{kp}$$

für alle i und p. Daher ist $(\mathcal{A} \cdot \mathcal{B}) \cdot \mathcal{C} = \mathcal{A} \cdot (\mathcal{B} \cdot \mathcal{C})$.

Bemerkung: Allgemeiner als Satz 3.2 gilt sogar, daß es bei Produkten von beliebig vielen Matrizen (sofern sie definiert sind) auf die Klammersetzung nicht ankommt. Bei geschicktem Klammern kann sich jedoch der Rechenaufwand erheblich vermindern.

Satz 3.3: a) Seien $\mathcal{A} = (a_{ij})$ eine $m \times n$-Matrix und $\mathcal{B} = (b_{jk})$ bzw. $\mathcal{C} = (c_{jk})$ jeweils eine $n \times t$-Matrix, dann gilt:

$$\mathcal{A} \cdot (\mathcal{B} + \mathcal{C}) = \mathcal{A} \cdot \mathcal{B} + \mathcal{A} \cdot \mathcal{C}.$$

b) Analog gilt auch für $m \times n$-Matrizen $\mathcal{A}$ und $\mathcal{B}$ und für eine $n \times t$-Matrix $\mathcal{C}$:

$$(\mathcal{A} + \mathcal{B}) \cdot \mathcal{C} = \mathcal{A} \cdot \mathcal{C} + \mathcal{B} \cdot \mathcal{C}.$$

<u>Beweis:</u>   Sei $\mathcal{D} = (d_{ij}) = \mathcal{A} \cdot (\mathcal{B} + \mathcal{C})$. Per Definition ist $\mathcal{B} + \mathcal{C} = (b_{jk} + c_{jk})$ eine $n \times t$-Matrix und somit ist $\mathcal{D}$ eine $m \times t$-Matrix. Für $1 \leq i \leq m$ und $1 \leq k \leq t$ gilt $d_{ik} = \sum_{j=1}^{n} a_{ij} \cdot (b_{jk} + c_{jk}) = \sum_{j=1}^{n} a_{ij} \cdot b_{jk} + \sum_{j=1}^{n} a_{ij} \cdot c_{jk}$.

Auf der anderen Seite sei $\mathcal{F} = (f_{ik}) = \mathcal{A} \cdot \mathcal{B} + \mathcal{A} \cdot \mathcal{C}$. Dann ist $\mathcal{F}$ wie $\mathcal{D}$ eine $m \times t$-Matrix und für $1 \leq i \leq m$ und $1 \leq k \leq t$ gilt $f_{ik} = \sum_{j=1}^{n} a_{ij} \cdot b_{jk} + \sum_{j=1}^{n} a_{ij} \cdot c_{jk}$. Somit ist $\mathcal{F} = \mathcal{D}$ und der Teil a) ist bewiesen. Analog zeigt man b).

Bemerkung 3.4:   (1)   Die etwas unklare Redeweise von "Zeilenvektoren" und "Spaltenvektoren" in Abschnitt 2 läßt sich mittels Matrizen präzisieren: einem Vektor $v \in F^n$, also einem n-Tupel $v = (v_1, \ldots, v_n)$, läßt sich ganz natürlich eine $n \times 1$-Matrix zuordnen, nämlich

$$\begin{pmatrix} v_1 \\ v_2 \\ \vdots \\ v_n \end{pmatrix}$$

und ebenso natürlich eine $1 \times n$-Matrix, nämlich $(v_1 v_2 \ldots v_n)$. Es sind diese Matrizen gemeint, wenn von v als Spalten- oder Zeilenvektor die Rede ist. In dieser Interpretation ist $\mathcal{A} \cdot v$ ein Spezialfall der Matrizenmultiplikation.

(2)   Die Matrizenmultiplikation wurde mit Hilfe des Skalarproduktes definiert. Man kann auch umgekehrt vorgehen: Wenn a und b in F^n sind, betrachte man die $1 \times n$- Matrix $\mathcal{A} = (a_1 \ldots a_n)$ (d.h. a als Zeilenvektor) und die $n \times 1$-Matrix

$\mathcal{B} = \begin{pmatrix} b_1 \\ \vdots \\ b_n \end{pmatrix}$ (d.h. b als Spaltenvektor). Das Produkt $\mathcal{A} \cdot \mathcal{B}$ ist dann eine 1×1-Matrix,

deren einziger Eintrag gerade das Skalarprodukt $a \cdot b$ ist.

Übungsaufgaben

3.1. Sei $matadd[\mathcal{A}, \mathcal{B}]$ die Prozedur, die die Matrizen A und B addiert. Beschreiben Sie diese Prozedur durch ein Flußdiagramm.

3.2. Zeigen Sie: Sei $\mathcal{A} = (a_{ij})$ eine $m \times n$-Matrix und $\mathcal{B} = (b_{ij})$ eine $n \times t$-Matrix. Sind b_i, $i = 1, \ldots, t$, die Spaltenvektoren von $\mathcal{B}$ und c_j, $j = 1, \ldots, t$, die Spaltenvektoren von $\mathcal{C} = \mathcal{A} \cdot \mathcal{B} = (c_{ij})$, dann gilt $\mathcal{A} \cdot b_k = c_k$ für alle $k = 1, \ldots, t$.

3.3. Gegeben seien die Matrizen $\mathcal{A} = \begin{pmatrix} 3 & 2 \\ -1 & 1 \\ 6 & 4 \end{pmatrix}$ und $\mathcal{B} = \begin{pmatrix} 2 & 1 & 0 \\ -1 & 3 & 2 \end{pmatrix}$.

Berechnen Sie (falls möglich):

a) $\mathcal{A} \cdot \mathcal{B}, \mathcal{B} \cdot \mathcal{A}$
b) $\mathcal{A} \cdot \mathcal{B} \cdot \mathcal{A}, \mathcal{B} \cdot \mathcal{A} \cdot \mathcal{B}$ und $\mathcal{B} \cdot \mathcal{A} \cdot \mathcal{A}$
c) $\mathcal{A} + \mathcal{B}, \mathcal{A} \cdot \mathcal{B} \cdot \mathcal{A} + \mathcal{B} \cdot \mathcal{A} \cdot \mathcal{B}, \mathcal{B} \cdot \mathcal{A} \cdot \mathcal{B} + \mathcal{B}, \mathcal{A} \cdot \mathcal{B} \cdot \mathcal{A} + \mathcal{A}$

3.4. Sei $\mathcal{A} = \begin{pmatrix} 1 & 2 \\ 0 & 1 \end{pmatrix}$. Finden Sie alle $\mathcal{B} = \begin{pmatrix} a & b \\ c & d \end{pmatrix}$ mit $\mathcal{A} \cdot \mathcal{B} = \mathcal{B} \cdot \mathcal{A}$.

3.5. Am 2. November 1991 tauschte die Deutsche Bank am Frankfurter Flughafen ausländische Noten zu folgenden Kursen in Deutsche Mark:

		Verkauf	**Ankauf**
1	US \$	1,725 DM	1,671 DM
1	Brit. £	3,000 DM	2,901 DM
100	Jap. Yen	1,300 DM	1,279 DM
100	Schwed. Kronen	28,200 DM	27,350 DM
1	Schweiz. Franken	1,154 DM	1,137 DM

Beim Umtausch von Fremdwährungen in andere Fremdwährungen tauscht die Bank zunächst in DM um und dann in die gewünschte Fremdwährung.

(a) Stellen Sie die 6×6-Matrix $\mathcal{A}$ auf, aus der sich alle möglichen Umtauschkurse zwischen den sechs Währungen ergeben. Dabei ist der Umtausch einer Währung in die gleiche Währung kostenlos.

(b) Ein Amerikaner kehrt von einer Reise aus den USA nach Japan, England, Schweden, die Schweiz und Deutschland wieder zurück. Vor seinem Rückflug von Frankfurt nach New York hat er 50.000 Yen, 100 £, 2.000 Schwedische Kronen, 500 Schweizer Franken und 4.000 DM bei der Deutschen Bank in US \$ umgetauscht. Wieviel US \$ hat er für diese Devisen bekommen? Führen Sie diese Rechnung mittels der Matrix $\mathcal{A}$ des Teils a) der Aufgabe durch, indem Sie $\mathcal{A}$ mit einem geeigneten Vektor multiplizieren.

3.6 Sei $\mathcal{A} = \begin{pmatrix} 1 & 2 \\ 0 & 1 \end{pmatrix}$.

(a) Berechnen Sie $\mathcal{A}^{20}$.

(b) Bestimmen Sie $\mathcal{A}^n$ für eine beliebige natürliche Zahl n.

3.7. Sei $\mathcal{A} = (a_{ij})$ eine $n \times n$-Matrix und k eine natürliche Zahl.

(a) Geben Sie ein Flußdiagramm für die Berechnung der k-ten Potenz $\mathcal{A}^k$ von $\mathcal{A}$ an.

(b) Ist es notwendig, $\mathcal{A}^2, \mathcal{A}^3, \mathcal{A}^4, \ldots, \mathcal{A}^9$ zu berechnen, um $\mathcal{A}^{10}$ zu bestimmen?

(c) Wie berechnen Sie $\mathcal{A}^{10}$ möglichst effektiv?

3.8. Sei $\mathcal{A}$ eine 100×5-Matrix, $\mathcal{B}$ eine 5×2000-Matrix und $\mathcal{C}$ eine 2000×2-Matrix. Wieviele Multiplikationen von Elementen aus F muß man zur Berechnung von $\mathcal{A} \cdot \mathcal{B} \cdot \mathcal{C}$ ausführen, wenn man

(a) erst $\mathcal{A} \cdot \mathcal{B}$ und dann $(\mathcal{A} \cdot \mathcal{B}) \cdot \mathcal{C}$ oder

(b) erst $\mathcal{B} \cdot \mathcal{C}$ und dann $\mathcal{A} \cdot (\mathcal{B} \cdot \mathcal{C})$

berechnet?

4. Unterräume

In diesem Abschnitt wird ein Kriterium für die Lösbarkeit eines Gleichungssystems

$$(G) \qquad\qquad \mathcal{A} \cdot x = d$$

angegeben. Außerdem wird gezeigt, daß man zur Beschreibung der Lösungsgesamtheit von (G) ein Verfahren zur Berechnung aller Lösungen x des zu (G) gehörigen homogenen Gleichungssystems

$$(H) \qquad\qquad \mathcal{A} \cdot x = 0$$

benötigt.

Für eine beliebige $m \times n$-Matrix $\mathcal{A}$ ist nach Abschnitt 3 das Produkt $\mathcal{A} \cdot v$ für jeden Vektor $v \in F^n$ ein Vektor $w \in F^m$. Die Multiplikation mit $\mathcal{A}$ bildet also einen Vektor $v \in F^n$ auf einen Vektor $w = \mathcal{A} \cdot v \in F^n$ ab. Dies schreiben wir auch als $v \to \mathcal{A} \cdot v = w$. Wir betrachten zunächst solche Abbildungen.

<u>**Satz 4.1:**</u> Die Abbildung $v \to w = \mathcal{A} \cdot v$ von F^n nach F^m hat folgende Eigenschaften:
a) $\mathcal{A} \cdot (v \cdot \lambda) = (\mathcal{A} \cdot v) \cdot \lambda$ für alle $\lambda \in F$ und $v \in F^n$.
b) $\mathcal{A} \cdot (u + v) = \mathcal{A} \cdot u + \mathcal{A} \cdot v$ für alle $u, v \in F^n$.

<u>Beweis:</u> Seien $s_1, s_2, ..., s_n$ die Spaltenvektoren von $\mathcal{A}$ und seien $v = (v_1, v_2, ..., v_n)$ und $u = (u_1, u_2, \ldots, u_n) \in F^n$. Dann gilt

$$\mathcal{A} \cdot v = \sum_{j=1}^{n} s_j \cdot v_j.$$

Für alle $\lambda \in F$ folgt daher nach Satz 2.2 und Satz 3.1:
a) $\quad (\mathcal{A} \cdot v) \cdot \lambda = (\sum_{j=1}^{n} s_j \cdot v_j) \cdot \lambda = \sum_{j=1}^{n} s_j \cdot (v_j \cdot \lambda) = \mathcal{A} \cdot (v \cdot \lambda)$.
Ebenso ergibt sich
b) $\quad \mathcal{A} \cdot (u + v) = \sum_{j=1}^{n} s_j \cdot (u_j + v_j) = \sum_{j=1}^{n} s_j \cdot u_j + \sum_{j=1}^{n} s_j \cdot v_j = \mathcal{A} \cdot u + \mathcal{A} \cdot v$.

Satz 4.1 zeigt, daß es sinnvoll ist, die folgende Definition einzuführen.

<u>**Definition:**</u> Eine Abbildung α von F^n nach F^m ist eine <u>lineare Abbildung</u> über dem Körper F, wenn die beiden folgenden Bedingungen erfüllt sind:
a) $\alpha(v_1 + v_2) = \alpha(v_1) + \alpha(v_2)$ für alle $v_1, v_2 \in F^n$.
b) $\alpha(v \cdot \lambda) = \alpha(v) \cdot \lambda$ für alle $v \in F^n$ und $\lambda \in F$.

31

Bemerkung 4.2: Für jede lineare Abbildung $\alpha : F^n \to F^m$ gilt $\alpha(0) = 0$; denn nach b) ist $\alpha(0) = \alpha(v \cdot 0) = \alpha(v) \cdot 0 = 0$ für alle $v \in F^n$.

Beispiele: a) Die Abbildung α von F^3 nach F mit der Eigenschaft $\alpha \begin{pmatrix} r_1 \\ r_2 \\ r_3 \end{pmatrix} = r_1 + r_2 + r_3$ ist eine lineare Abbildung. Denn sind $r = (r_1, r_2, r_s)$ und $s = (s_1, s_2, s_3)$ aus F^3, so gelten:

$$\alpha((r\lambda)) = \alpha \begin{pmatrix} r_1 & \cdot & \lambda \\ r_2 & \cdot & \lambda \\ r_3 & \cdot & \lambda \end{pmatrix} = r_1 \cdot \lambda + r_2 \cdot \lambda + r_3 \cdot \lambda = (r_1 + r_2 + r_3) \cdot \lambda = \alpha(r) \cdot \lambda$$

$$\alpha(r + s) = \alpha \begin{pmatrix} r_1 + s_1 \\ r_2 + s_2 \\ r_3 + s_3 \end{pmatrix} = (r_1 + s_1) + (r_2 + s_2) + (r_3 + s_3)$$

$$= (r_1 + r_2 + r_3) + (s_1 + s_2 + s_3) = \alpha(r) + \alpha(s)$$

b) Die Abbildung α von F^2 nach F^2, die den Vektor $\begin{pmatrix} r_1 \\ r_2 \end{pmatrix} \in \mathbf{R}^2$ nach $\begin{pmatrix} r_1 + 1 \\ r_2 + 1 \end{pmatrix}$ abbildet, ist <u>keine</u> lineare Abbildung, denn es gilt z.B.

$$\alpha\left(\begin{pmatrix} 1 \\ 1 \end{pmatrix}\right) \cdot 2 = \begin{pmatrix} 1 + 1 \\ 1 + 1 \end{pmatrix} \cdot 2 = \begin{pmatrix} 4 \\ 4 \end{pmatrix}, \text{ aber}$$

$$\alpha\left(\begin{pmatrix} 1 \\ 1 \end{pmatrix} \cdot 2\right) = \alpha \begin{pmatrix} 2 \\ 2 \end{pmatrix} = \begin{pmatrix} 2 + 1 \\ 2 + 1 \end{pmatrix} = \begin{pmatrix} 3 \\ 3 \end{pmatrix}.$$

Definition: Sei α eine lineare Abbildung von F^n nach F^m. Dann heißt die Menge $Im(\alpha) = \{\alpha(v) \in F^m \mid v \in F^n\}$ das <u>Bild</u> von α. Die Menge

$$Ker(\alpha) = \{v \in F^n \mid \alpha(v) = 0 \in F^m\}$$

ist der <u>Kern</u> von α.

Zur Beschreibung der Lösungsgesamtheit eines homogenen Gleichungssystems (H) $A \cdot x = 0$ benötigt man auch folgende

Definition: Eine nicht leere Teilmenge U eines Vektorraums F^n über dem Körper F heißt <u>Unterraum</u> von F^n, wenn die beiden folgenden Bedingungen erfüllt sind.

a) $v \cdot \lambda \in U$ für alle $\lambda \in F$ und $v \in U$.
b) $v_1 + v_2 \in U$ für alle $v_1, v_2 \in U$.
In diesem Fall schreibt man $U \leq F^n$.

Beispiele: a) Die Menge $\{(r, 0, 0) \mid r \in F\} \subseteq F^3$ ist ein Unterraum von F^3.
b) $\{(r, s, 0) \mid r, s \in F\} \subseteq F^3$ ist ebenso ein Unterraum von F^3.

c) $U = \{(r, 1, 0) \mid r \in F\}$ ist jedoch kein Unterraum von F^3.

d) F^n ist ein Unterraum von F^n.

e) $\{0\}$ ist ein Unterraum von F^n.

f) Man kann den Außenhandel zwischen den n am Welthandel beteiligten Ländern durch eine $n \times n$-Matrix $\mathcal{A} = (a_{ij})$ beschreiben, wobei a_{ij} den Wert (in Mrd. \$) des Exportes von Land i nach Land j ist. Dabei wird a_{ii} als der Wert der Güter gesetzt, die im Land i produziert werden und auch dort verbleiben. Jede solche Matrix mit nicht-negativen Einträgen beschreibt also einen möglichen Zustand der Handelsbeziehungen. Der Gesamtexport aus Land i ist dann $a_{i1} + \ldots + a_{in} - a_{ii}$. Der Gesamtimport in das Land i ist $a_{1i} + \ldots + a_{ni} - a_{ii}$. Daher haben alle Länder eine ausgeglichene Handelsbilanz genau dann, wenn die i-te Zeilensumme gleich der i-ten Spaltensumme ist für jedes i. Die Matrizen mit dieser Eigenschaft bilden einen Unterraum U des Raumes aller $n \times n$-Matrizen. Die Matrizen aus U mit nicht-negativen Einträgen beschreiben also genau die möglichen Zustände des Welthandels, in denen alle Länder eine ausgeglichene Handelsbilanz haben.

Satz 4.3: Ist α eine lineare Abbildung von F^n nach F^m, dann gilt:

a) $Ker(\alpha)$ ist ein Unterraum von F^n.

b) $Im(\alpha)$ ist ein Unterraum von F^m.

c) Wenn $\mathcal{A}$ eine $m \times n$-Matrix und $\mathcal{B}$ eine $n \times t$-Matrix ist, dann ist $Im(\mathcal{A} \cdot \mathcal{B}) \leq Im(\mathcal{A})$.

Beweis: a) Sei α eine lineare Abbildung von F^n nach F^m. Nach Bemerkung 4.2 ist $\alpha(0) = 0$, d.h. $0 \in Ker(\alpha)$. Wenn $v_1, v_2 \in Ker(\alpha)$, dann ist $\alpha(v_1 + v_2) = \alpha(v_1) + \alpha(v_2) = 0 + 0 = 0 \in F^m$. Also ist $v_1 + v_2 \in Ker(\alpha)$. Für alle $\lambda \in F$ und $v \in Ker(\alpha)$ ist $\alpha(v \cdot \lambda) = \alpha(v) \cdot \lambda = 0 \cdot \lambda = 0$. Daher ist $v \cdot \lambda \in Ker(\alpha)$, weshalb $Ker(\alpha)$ ein Unterraum von F^n ist.

b) Wegen $\alpha(0) = 0$ ist $0 \in Im(\alpha)$. Seien $w_1, w_2 \in Im(\alpha)$. Dann existieren $v_1, v_2 \in F^n$ mit $w_i = \alpha(v_i), i = 1, 2$. Also ist $w_1 + w_2 = \alpha(v_1) + \alpha(v_2) = \alpha(v_1 + v_2) \in Im(\alpha)$. Weiter gilt für jedes $\lambda \in F$, daß $w_1 \cdot \lambda = \alpha(v_1) \cdot \lambda = \alpha(v_1 \cdot \lambda) \in Im(\alpha)$. Damit ist b) bewiesen.

c) Sei $v \in Im(\mathcal{A} \cdot \mathcal{B})$, etwa $v = \mathcal{A} \cdot \mathcal{B} \cdot u$ für ein $u \in F^t$, dann ist $w = \mathcal{B} \cdot u \in F^n$ und $v = \mathcal{A} \cdot w$, also $v \in Im(\mathcal{A})$.

Definition: Seien $v_1, \ldots, v_r \in F^n$ und $\lambda_1, \ldots, \lambda_r \in F$. Dann ist die Summe $v = v_1 \cdot \lambda_1 + v_2 \cdot \lambda_2 + \ldots + v_r \cdot \lambda_r$ eine <u>Linearkombination</u> der $v_i, i = 1, \ldots, r$ über dem Körper F.

Beispiele: a) Seien $v_1 = \begin{pmatrix} 2 \\ -1 \\ 0 \end{pmatrix}$ und $v_2 = \begin{pmatrix} 1 \\ 1 \\ 0 \end{pmatrix}$ Elemente aus F^3. Dann ist

$v_3 = \begin{pmatrix} 5 \\ 8 \\ 0 \end{pmatrix} \in F^3$ eine Linearkombination von v_1 und v_2, denn $v_3 = v_1 \cdot (-1) + v_2 \cdot 7$.

b) Ist $v_4 = \begin{pmatrix} a \\ b \\ 0 \end{pmatrix} \in F_3$ mit beliebigen Elementen a und b, so gilt allgemeiner

$v_4 = v_1 \cdot \frac{a-b}{3} + v_2 \cdot \frac{a+2b}{3}$.

c) Seien v_1 und v_2 wie in a) und $w = \begin{pmatrix} 1 \\ 1 \\ 1 \end{pmatrix}$. Dann ist w <u>keine</u> Linearkombination von v_1 und v_2, weil für $\lambda_1, \lambda_2 \in F$ mit $w = v_1 \cdot \lambda_1 + v_2 \cdot \lambda_2$ die Gleichungen

$$
\begin{aligned}
2 \cdot \lambda_1 + \lambda_2 &= 1 \\
-\lambda_1 + \lambda_2 &= 1 \\
0 \cdot \lambda_1 + 0 \cdot \lambda_2 &= 1
\end{aligned}
$$

folgen, aber $0 \neq 1$ ist.

Diese Beispiele zeigen, daß die Menge aller Linearkombinationen von v_1 und v_2 gleich der Menge $\{(a, b, 0) \in F^3\}$ ist.

Satz 4.4: Seien $v_1, \ldots, v_r \in F^n$. Dann ist die Menge $L = \{\sum_{i=1}^{r} v_i \cdot \lambda_i \mid \lambda_i \in F\}$ aller Linearkombinationen der v_i ein Unterraum von F^n.

Beweis: Sicherlich ist $0 = v_1 \cdot 0 + v_2 \cdot 0 + \ldots + v_r \cdot 0 \in L$. Sind $w_1, w_2 \in L$, dann existieren $\lambda_1, \ldots, \lambda_r, \mu_1, \ldots, \mu_r \in F$ so, daß $w_1 = v_1 \cdot \lambda_1 + \ldots + v_r \cdot \lambda_r$ und $w_2 = v_1 \cdot \mu_1 + \ldots + v_r \cdot \mu_r$. Also ist

$$
w_1 + w_2 = v_1 \cdot (\lambda_1 + \mu_1) + \ldots + v_r \cdot (\lambda_r + \mu_r) \in L.
$$

Für jedes $\nu \in F$ ist $w_1 \cdot \nu = v_1 \cdot \lambda_1 \cdot \nu + \ldots + v_r \cdot \lambda_r \cdot \nu \in L$. Also ist L ein Unterraum von F^n.

Definitionen: (1) Seien $v_1, \ldots, v_r \in F^n$, dann ist der Unterraum $L = \{\sum_{i=1}^{r} v_i \cdot \lambda_i \mid \lambda_i \in F\}$, der aus allen Linearkombinationen der v_i besteht, das <u>Erzeugnis</u> der Vektoren v_i. Wenn $r = 0$ ist, setzt man $L = \{0\}$. Man schreibt auch $L = < v_i \mid 1 \le i \le r >$.

(2) Das Erzeugnis der Spaltenvektoren einer Matrix $\mathcal{A}$ heißt <u>Spaltenraum</u> von $\mathcal{A}$. Analog erklärt man den <u>Zeilenraum</u> von $\mathcal{A}$.

Nach Satz 4.1 ist die Multiplikation der Vektoren $v \in F^n$ mit einer $m \times n$-Matrix $\mathcal{A}$ eine lineare Abbildung von F^n nach F^m. Der folgende Satz beschreibt den Bildraum $Im(\mathcal{A})$ und den Kern $Ker(\mathcal{A})$ dieser linearen Abbildung.

Satz 4.5: Sei $\mathcal{A}$ eine $m \times n$-Matrix. Dann gilt:
a) Das Bild $Im(\mathcal{A})$ der linearen Abbildung $v \to \mathcal{A} \cdot v$ von F^n nach F^m ist der Spaltenraum von $\mathcal{A}$.
b) Der Kern $Ker(\mathcal{A})$ ist die Lösungsgesamtheit des homogenen Gleichungssystems

$$
(H) \qquad\qquad \mathcal{A} \cdot x = 0.
$$

Beweis: a) Seien $s_1, \ldots, s_n$ die Spaltenvektoren von $\mathcal{A}$. Für jeden Vektor $v = (v_1, v_2, \ldots, v_n) \in F^n$ gilt nach Definition $\mathcal{A} \cdot v = \sum_{j=1}^{n} s_j \cdot v_j$. Also ist $Im(\mathcal{A})$ das Erzeugnis der Spaltenvektoren s_j von $\mathcal{A}$. Die Aussage b) folgt sofort.

Der nächste Satz zeigt, wie man mit Hilfe der Lösungsgesamtheit $Ker(\mathcal{A})$ von (H) alle Lösungen von (G) finden kann, wenn man eine Lösung kennt.

Satz 4.6: Sei (H) $\mathcal{A} \cdot x = 0$ das zu (G) $\mathcal{A} \cdot x = d$ gehörige homogene lineare Gleichungssystem. Dann gilt: Ist a eine Lösung von (G), so ist

$$a + Ker(\mathcal{A}) := \{a + b \mid b \in Ker(\mathcal{A})\}$$

die Lösungsgesamtheit von (G).

Beweis: Sei $a \in F^n$ eine Lösung von (G) und b eine von (H). Dann ist $\mathcal{A} \cdot a = d$ und $\mathcal{A} \cdot (a + b) = \mathcal{A} \cdot a + \mathcal{A} \cdot b = d + 0 = d$. Also ist $a + b$ eine Lösung von (G). Ist nun $c \in F^n$ eine beliebige Lösung von (G), dann ist $c = a + (c - a)$. Sicherlich ist $b = c - a$ eine Lösung von (H), denn $\mathcal{A} \cdot b = \mathcal{A} \cdot c - \mathcal{A} \cdot a = d - d = 0$.

Satz 4.7: Sei (G) $\mathcal{A} \cdot x = d$ ein lineares Gleichungssystem mit Koeffizienten aus F. Dann gilt:
a) Wenn $d \notin Im(\mathcal{A})$, dann hat (G) keine Lösung.
b) Wenn $d \in Im(\mathcal{A})$ und $Ker(\mathcal{A}) = \{0\}$, dann hat (G) genau eine Lösung.
c) Wenn $d \in Im(\mathcal{A})$ und $Ker(\mathcal{A}) \neq \{0\}$, dann hat (G) unendlich viele Lösungen.

Beweis: Seien $s_j, 1 \leq j \leq n$ die Spaltenvektoren von $\mathcal{A}$. Weil $\mathcal{A} \cdot x = \sum_{j=1}^{n} s_j \cdot x_j$ ist, hat $\mathcal{A} \cdot x = d$ genau dann eine Lösung, wenn $d = \sum_{j=1}^{n} s_j \cdot \lambda_j$ für geeignete Skalare λ_j ist, d.h. genau dann, wenn d im Spaltenraum von $\mathcal{A}$ oder (nach 4.5) in $Im(\mathcal{A})$ ist. Die übrigen Aussagen in b) und c) ergeben sich aus 4.6, denn wenn $Ker(\mathcal{A}) \neq \{0\}$ ist, dann hat $Ker(\mathcal{A})$ als Unterraum von F^n unendlich viele Elemente, da F unendlich viele Elemente hat.

Übungsaufgaben

4.1. Bestimmen Sie, welche der folgenden Abbildungen $\alpha : F^3 \to F^2$ lineare Abbildungen zwischen den F-Vektorräumen F^3 und F^2 sind. Begründen Sie Ihre jeweilige Aussage.

a) $\alpha(x, y, z) = (2x - y, z)$ für alle $(x, y, z) \in F^3$.

b) $\alpha(x, y, z) = (x + z + 1, y + z)$ für alle $(x, y, z) \in F^3$.

c) $\alpha(x, y, z) = (x^2 + y^2 + z^2, x - z)$ für alle $(x, y, z) \in F^3$.

d) $\alpha(x, y, z) = (ax + by + cz, dx + ey)$ für alle $(x, y, z) \in F^3$, wobei $a, b, c, d, e \in F$ fest gewählte Zahlen von F sind.

4.2. Liegt der Vektor $(1, 1, 1, 1)$ im Bild der linearen Abbildung α, die zur Multiplikation mit der 4×3-Matrix

$$\mathcal{A} = \begin{pmatrix} 1 & 2 & 3 \\ 4 & 5 & 6 \\ 7 & 8 & 9 \\ 1 & 0 & 1 \end{pmatrix}$$

gehört?

4.3. Welche der folgenden Teilmengen von $F[X]$ sind Unterräume?

$$\begin{aligned}
U_1 &= \{p(x) \in F[X] \mid p(1) = p(3) = 0\} \\
U_2 &= \{p(x) \in F(X) \mid (\text{Grad von } p) \geq 5\} \cup \{0\} \\
U_3 &= \{p(x) \in F(X) \mid (\text{Grad von } p) \leq 5\} \cup \{0\} \\
U_4 &= \{X^5 \cdot p(x) \mid p(x) \in F[X]\}
\end{aligned}$$

4.4. Welche der Vektoren $u_1 = (-2, 1, 4, 1)$, $u_2 = (-2, 1, 4, 2)$, $u_3 = (-1, 1, 4, 1)$, $u_4 = (0, 0, 0, 0)$ sind Linearkombinationen von $v_1 = (1, 4, 7, 1)$, $v_2 = (2, 5, 8, 1)$ und $v_3 = (3, 6, 9, 1)$?

4.5. Zeigen Sie, daß $\{0\}$ der einzige Unterraum von F^n ist, der nur endlich viele Elemente enthält.

5. Basis und Dimension

Um die Lösungsgesamtheit $Ker(\mathcal{A})$ eines homogenen Gleichungssystems

$$(H) \qquad\qquad \mathcal{A}x = 0$$

bestimmen zu können, wird in diesem Abschnit gezeigt, daß jeder Unterraum U des Vektorraums F^n eine "Basis" besitzt, und je zwei "Basen" von B gleich viele Elemente besitzen. Dazu wird folgender Begriff benötigt:

Definition: Vektoren $v_1, \ldots, v_r \in F^n$ sind <u>linear unabhängig</u>, wenn aus

$$v_1 \cdot \lambda_1 + \ldots + v_r \cdot \lambda_r = 0 \in F^n$$

folgt, daß $\lambda_1 = \ldots = \lambda_r = 0$. Andernfalls sind sie <u>linear abhängig</u>. Insbesondere betrachtet man die leere Menge als linear unabhängig.

Beispiele: a) Die Einheitsvektoren $e_i \in F^n$, $1 \leq i \leq n$, sind linear unabhängig. Denn aus $0 = \sum_{i=1}^{n} e_i \cdot \lambda_i = (\lambda_1, \lambda_2, \ldots, \lambda_n)$ folgt $\lambda_i = 0$ für alle $i = 1, 2, \ldots, n$.

b) $\quad v_1 = \begin{pmatrix} 2 \\ 1 \\ 0 \end{pmatrix}, v_2 = \begin{pmatrix} 1 \\ 0 \\ 1 \end{pmatrix}, v_3 = \begin{pmatrix} 3 \\ 1 \\ 1 \end{pmatrix}$. Dann sind v_1, v_2 und v_3 linear abhängig; denn $v_1 + v_2 + v_3 \cdot (-1) = 0$.

Satz 5.1: Sei $\mathcal{A}$ eine $m \times n$-Matrix über F. Genau dann ist $Ker(\mathcal{A}) = \{0\}$, wenn die Spalten von $\mathcal{A}$ linear unabhängig sind.

Beweis: Seien s_j, $j = 1, \ldots, n$, die Spaltenvektoren von $\mathcal{A}$ und sei $v \in F^n$. Dann ist $\mathcal{A} \cdot v = \sum_{j=1}^{n} s_j \cdot v_j$, also $v \in Ker(\mathcal{A})$ genau dann, wenn $\sum_{j=1}^{n} s_j \cdot v_j = 0$ ist. Wenn die Spalten linear unabhängig sind, geht dies nur für $v_1 = \ldots = v_n = 0$, also $v = 0$. Es folgt $Ker(\mathcal{A}) = 0$. Sind die Spalten dagegen linear abhängig, dann gibt es $v_1, \ldots, v_n$, welche nicht sämtlich gleich 0 sind und für die $\sum_{j=1}^{n} s_j \cdot v_j = 0$. Damit ist $0 \neq v = (v_1, \ldots, v_n) \in Ker(\mathcal{A})$.

Beispiel: Die Vektoren $v_1 = (2, 1, 0)$, $v_2 = (1, 0, 1)$, $v_3 = (3, 1, 1)$ sind linear abhängig. Denn

$$(H) \qquad \begin{pmatrix} 2 & 1 & 3 \\ 1 & 0 & 1 \\ 0 & 1 & 1 \end{pmatrix} \cdot \begin{pmatrix} x_1 \\ x_2 \\ x_3 \end{pmatrix} = \begin{pmatrix} 0 \\ 0 \\ 0 \end{pmatrix}$$

hat die nicht triviale Lösung $x = (1, 1, -1)$.

Definition: Sei U ein Unterraum von F^n. Die Vektoren $v_1, \ldots, v_r$ von U bilden ein <u>Erzeugendensystem</u> von U, falls U das Erzeugnis $L = \{\sum_{i=1}^{r} v_i \cdot \lambda_i \mid \lambda_i \in F\}$ von $v_1, \ldots, v_r$ ist.

Definition: Sei U ein Unterraum von F^n. Dann bilden die Vektoren $v_1, v_2, \ldots, v_r$ von U eine <u>Basis</u> von U, falls

a) U von $v_1, v_2, \ldots, v_r$ erzeugt wird, und
b) die Vektoren $v_1, v_2, \ldots, v_r$ linear unabhängig sind.

Beispiele: a)   Die Einheitsvektoren $e_1, \ldots, e_n$ bilden eine Basis für F^n.

b) $v_1 = \begin{pmatrix} 1 \\ 1 \end{pmatrix}$, $v_2 = \begin{pmatrix} 1 \\ 2 \end{pmatrix}$, $v_3 = \begin{pmatrix} 2 \\ 1 \end{pmatrix} \in F^2$ sind ein Erzeugendensystem für F^2, aber sie bilden keine Basis für F^2. Hingegen bilden die Vektoren v_1 und v_2 eine Basis für F^2.

c)   Der Vektorraum $V = F[X]$ der Polynome hat eine Basis $\{1, X, X^2, \ldots\}$.

Die Beweise der folgenden Sätze beruhen wieder auf dem Prinzip der vollständigen Induktion.

Satz 5.2:   Jedes Erzeugendensystem $v_1, \ldots, v_s$ von U enthält eine Basis von U.

<u>Beweis:</u>   Induktion über s. Wenn $v_1, \ldots, v_s$ linear unabhängig sind, dann ist $v_1, \ldots, v_s$ eine Basis. Andernfalls gibt es eine Linearkombination $0 = v_1 \cdot \lambda_1 + \ldots + v_s \cdot \lambda_s$, bei der nicht alle Skalare gleich 0 sind. Bei geeigneter Nummerierung kann man $\lambda_s \neq 0$ annehmen. Dann ist $v_s = (v_1 \cdot \lambda_1 + \ldots + v_{s-1} \cdot \lambda_{s-1})(-\lambda_s^{-1})$ eine Linearkombination von $v_1, \ldots, v_{s-1}$. Also bilden $v_1, \ldots, v_{s-1}$ ein Erzeugendensystem von U, enthalten nach Induktionsvoraussetzung somit eine Basis.

<u>Satz 5.3:</u>   Seien $u_1, u_2, \ldots, u_r$ eine Basis von U. Dann sind jeweils $r+1$ Vektoren $v_1, v_2, \ldots, v_{r+1}$ von U linear abhängig.

<u>Beweis:</u>   Induktion über r. Jede Menge von Vektoren, die den Nullvektor enthält, ist linear abhängig. Daher kann man $v_1 \neq 0$ annehmen. Schreibt man v_1 als Linearkombination von $u_1, \ldots, u_r$, dann können also nicht alle Koeffizienten gleich 0 sein. Bei geeigneter Nummerierung der u_i's ist der Koeffizient bei u_1 von Null verschieden, also

$$v_1 = u_1 \cdot \lambda_1 + y_1$$

mit $\lambda_1 \neq 0$ und y_1 eine Linearkombination von $u_2, \ldots, u_r$, d. h. y_1 liegt im Unterraum U' mit Basis $u_2, \ldots, u_r$. Für $j = 2, \ldots, r + 1$ kann man ebenso

$$v_j = u_1 \cdot \lambda_j + y_j$$

mit einem Skalar λ_j und $y_j \in U'$ schreiben. Für $j = 2, \ldots, r + 1$ setzen wir

$$\begin{aligned}
w_j &= v_j \cdot \lambda_1 - v_1 \cdot \lambda_j \\
&= y_j \cdot \lambda_1 - y_1 \cdot \lambda_j \in U'.
\end{aligned}$$

Die r Vektoren $w_2, \ldots, w_{r+1}$ liegen alle im Unterraum U', der eine Basis $u_2, \ldots, u_r$ aus $r - 1$ Vektoren besitzt. Nach Induktionsannahme sind $w_2, \ldots, w_{r+1}$ linear abhängig, d. h. es gibt Skalare $\mu_2, \ldots, \mu_{r+1}$, welche nicht sämtlich gleich 0 sind, mit

$$0 = w_2 \cdot \mu_2 + \ldots + w_{r+1} \cdot \mu_{r+1}$$
$$= v_1 \cdot (-\lambda_2 \cdot \mu_2 - \ldots - \lambda_{r+1} \cdot \mu_{r+1}) + v_2 \cdot \lambda_1 \cdot \mu_2 + \ldots + v_{r+1} \cdot \lambda_1 \cdot \mu_{r+1}.$$

Für ein $j \geq 2$ ist der Koeffizient $\lambda_1 \cdot \mu_j$ bei v_j von Null verschieden, denn $\mu_j \neq 0$ und $\lambda_1 \neq 0$. Also sind $v_1, \ldots, v_{r+1}$ linear abhängig.

Satz 5.4: Seien wieder $u_1, \ldots, u_r$ linear unabhängige Vektoren in $U \leq F^n$ und sei $v_1, \ldots, v_s$ ein Erzeugendensystem von U. Dann ist $r \leq s$.

Beweis: Nach Satz 5.2 existieren unter den s Vektoren $v_1, v_2, \ldots, v_s$ eine Basis von U mit $t \leq s$ Vektoren. Durch Umnummerierung kann erreicht werden, daß $v_1, v_2, \ldots, v_t$ eine Basis von U bilden. Nach Satz 5.3 besteht die linear unabhängige Menge $u_1, \ldots, u_r$ aus höchstens t Vektoren, also $r \leq t \leq s$.

Hilfssatz 5.5: Seien $u_1, \ldots, u_r$ linear unabhängige Vektoren in F^n. Genau dann ist ein Vektor $v \in F^n$ eine Linearkombination der Vektoren u_i, wenn $v, u_1, \ldots, u_r$ linear abhängig sind.

Beweis: Wenn $v = u_1 \cdot \lambda_1 + \ldots + u_r \cdot \lambda_r$, dann ist $0 = v \cdot (-1) + u_1 \cdot \lambda_1 + \ldots + u_r \cdot \lambda_r$, und nicht alle Koeffizienten sind gleich 0. Also sind $v, u_1, \ldots, u_r$ linear abhängig. Wenn umgekehrt $0 = v \cdot \mu + u_1 \cdot \lambda_1 + \ldots + u_r \cdot \lambda_r$ und nicht alle Koeffizienten gleich 0 sind, dann ist $\mu \neq 0$, denn sonst wären $u_1, \ldots, u_r$ linear abhängig. Daher ist $v = u_1 \cdot (-\lambda_1/\mu) + \ldots + u_r \cdot (-\lambda_r/\mu)$ eine Linearkombination der Vektoren u_i.

Satz 5.6: Sei U ein Unterraum von F^n. Dann gilt:
(a) U hat eine Basis.
(b) Je zwei Basen von U haben gleich viele Elemente.

Beweis: (a) Wenn $u_1, \ldots, u_r$ linear unabhängige Vektoren in U sind, dann sind sie auch linear unabhängig in F^n. Da F^n ein Erzeugendensystem mit n Elementen hat, ist nach dem vorigen Satz $r \leq n$. Wähle nun $u_1, \ldots, u_r$ wie oben derart, daß r **maximal wird. Dann ist** $u_1, \ldots, u_r$ **auch ein Erzeugendensystem von** U, denn für jedes $v \in U$ ist $v, u_1, \ldots, u_r$ linear abhängig wegen der Maximalität von r. Also ist v eine Linearkombination von $u_1, \ldots, u_r$ nach Hilfssatz 5.5. Damit ist eine Basis von U gefunden.

(b) folgt sofort aus Satz 5.3.

Definition: Die Anzahl der Elemente in einer Basis von $U \leq F^n$ heißt die Dimension von U. Man schreibt dafür auch $dim\ U$ oder $dim\ _F U$.

Beispiele: a) $dim\ F^n = n$, denn $e_1, \ldots, e_n$ ist eine Basis von F^n.
b) Sei

$$U = \left\{ \begin{pmatrix} r \\ s \\ 0 \end{pmatrix} \in \mathbf{R}^3 : r, s \in \mathbf{R} \right\},$$

dann bilden die Vektoren

$$v_1 = \begin{pmatrix} 1 \\ 0 \\ 0 \end{pmatrix} \quad \text{und} \quad v_2 = \begin{pmatrix} 0 \\ 1 \\ 0 \end{pmatrix}$$

eine Basis von U. Daher ist $dim\ U = 2$.

c)   Wir kommen noch einmal auf das Beispiel des Außenhandels zurück. Eine Basis des Unterraums U, die noch dazu aus Matrizen mit nicht-negativen Einträgen besteht, kann man wie folgt beschreiben: Mit E_{ij} sei die Matrix bezeichnet, welche in der i-ten Zeile und der j-ten Spalte eine 1 hat und alle anderen Einträge 0. Dann bilden die Matrizen

$$
\begin{array}{lll}
E_{ii}, & i = 1, \ldots, n & \text{(autarke Situation)} \\
E_{in} + E_{ni}, & i = 1, \ldots, n-1 & \text{(bilateral ausgeglichene Handelsbilanz)}
\end{array}
$$
und $E_{ij} + E_{ni} + E_{jn}$, i, j, n verschieden (trilateral ausgeglichene Handelsbilanz)
eine Basis von U, wie man zeigen kann. Es gilt also:

$$dim\ U = n + (n-1) + (n-1)(n-2) = n^2 - n + 1.$$

Folgerung 5.7:   Sei $U \le V \le F^n$. Dann gilt:

(a) Wenn $d = dim\ U$ und $u_1, \ldots, u_d \in U$, dann sind äquivalent:
    (i) $u_1, \ldots, u_d$ ist eine Basis von U
    (ii) $u_1, \ldots, u_d$ sind linear unabhängig
    (iii) $u_1, \ldots, u_d$ ist ein Erzeugendensystem von U
    (iv) Jedes $u \in U$ hat eine eindeutige Darstellung $u = u_1 \cdot \lambda_1 + u_2 \cdot \lambda_2 + \ldots + u_d \cdot \lambda_d$
         mit $\lambda_i \in F$.

(b) $dim\ U \le dim\ V$.

(c) Wenn $dim\ U = dim\ V$, dann ist $U = V$.

Beweis: (a)   (i) $\Rightarrow$ (ii) ist trivial.

(ii) $\Rightarrow$ (iii)   Wegen $dim\ U = d$ sind jeweils $d + 1$ Vektoren $u_1, \ldots, u_d, u$ von U nach Satz 5.3 linear abhängig. Nach Hilfssatz 5.5 ist u eine Linearkombination von $u_1, \ldots, u_d$, also ist dies ein Erzeugendensystem.

(iii) $\Rightarrow$ (i)   Nach Satz 5.2 enthält $u_1, \ldots, u_d$ eine Basis. Da diese d Elemente hat, ist $u_1, \ldots, u_d$ selbst schon eine Basis von U.

(i) $\Rightarrow$ (iv)   Da $u_1, \ldots, u_d$ ein Erzeugendensystem von U ist, läßt sich jedes $u \in U$ als Linearkombination der $u_i's$ schreiben:

$$(*) \qquad u = u_1 \cdot \lambda_1 + \ldots + u_d \cdot \lambda_d.$$

Wenn auch $u = u_1 \cdot \mu_1 + \ldots + u_d \cdot \mu_d$, dann ist

$$
\begin{aligned}
0 &= u - u \\
&= u_1 \cdot (\lambda_1 - \mu_1) + \ldots + u_d \cdot (\lambda_d - \mu_d).
\end{aligned}
$$

Da die u_i's linear unabhängig sind, müssen alle Koeffizienten $\lambda_i - \mu_i$ gleich 0 sein, d. h. $\lambda_i = \mu_i$ für $i = 1, \ldots, d$. Die Darstellung (*) ist also eindeutig.

(iv) $\Rightarrow$ (iii)   ist trivial.

(b)   Wenn $u_1, \ldots, u_d$ eine Basis von U ist, dann sind $u_1, \ldots, u_d$ linear unabhängig in V. Daher ist $dim\ V \geq d = dim\ U$ nach Satz 5.3.

(c)   Wenn $dim\ V = d$, dann ist $u_1, \ldots, u_d$ wie in (b) schon eine Basis von V nach (a), also V das Erzeugnis von $u_1, \ldots, u_d$, d. h. $V = U$.

Satz 5.8 (Austauschsatz von Steinitz):   Seien $u_1, \ldots, u_r$ linear unabhängige Vektoren des Unterraums U von F^n und $v_1, \ldots, v_s$ eine Basis von U. Dann gilt:

a) $r \leq s$.
b) Bei geeigneter Nummerierung der Vektoren $v_1, v_2, \ldots, v_s$ ist auch $u_1, u_2, \ldots, u_r$, $v_{r+1}, \ldots, v_s$ eine Basis von U.

Man erhält also wieder eine Basis von U, indem man r geeignete unter den Vektoren $v_1, v_2, \ldots, v_s$ gegen die Vektoren $u_1, u_2, \ldots, u_r$ austauscht.

Beweis: a)   Nach Satz 5.3 ist $r \leq s$.

b)   Ist $r = s$, so ist $u_1, u_2, \ldots, u_r$ eine Basis von U nach Folgerung 5.7. Sei also $r \neq s$. Da $v_1, v_2, \ldots, v_s$ eine Basis von U ist, ist mindestens einer dieser Vektoren $v \in \{v_1, v_2, \ldots, v_s\}$ keine Linearkombination der Vektoren $u_1, u_2, \ldots, u_r$. Nach Umnummerierung kann angenommen werden, daß $v = v_{r+1}$ ist. Nach Hilfssatz 5.5 sind dann die Vektoren $u_1, u_2, \ldots, u_r, v_{r+1}$ linear unabhängig. Durch $(s - r)$-malige Wiederholung dieses Arguments folgt die Behauptung b); denn nach Satz 5.6 haben je zwei Basen von U gleich viele Elemente.

Für eine lineare Abbildung α haben wir in Satz 4.2 gezeigt, daß $Ker(\alpha)$ und $Im(\alpha)$ Unterräume sind. Für deren Dimensionen gilt der grundlegende

Satz 5.9:   Sei α eine lineare Abbildung von F^n in F^m. Dann ist

$$n = dim\ Ker(\alpha) + dim\ Im(\alpha) \text{ und } dim\ Im(\alpha) \leq m.$$

Beweis: Nach Satz 4.3 ist $Im(\alpha)$ ein Unterraum von F^m. Die zweite Behauptung folgt also aus Folgerung 5.7 (b). Sei $b_1, \ldots, b_k$ eine Basis von $Ker(\alpha)$, also $k = dim\ Ker(\alpha)$. Nach Satz 5.8 läßt sich dies zu einer Basis von F^n ergänzen; seien $a_1, \ldots, a_d$ die zusätzlichen Vektoren. Dann ist also $n = dim\ F^n = k + d$.

Wir zeigen jetzt, daß $\alpha(a_1), \ldots, \alpha(a_d)$ eine Basis von $Im(\alpha)$ ist. Es folgt dann, daß $d = dim\ Im(\alpha)$, und damit die Behauptung.

Es ist klar, daß die angegebenen Vektoren alle in $Im(\alpha)$ liegen. Sie sind auch linear unabhängig. Denn aus $0 = \alpha(a_1) \cdot \lambda_1 + \ldots + \alpha(a_d) \cdot \lambda_d = \alpha(a_1 \cdot \lambda_1 + \ldots + a_d \cdot \lambda_d)$ folgt $x = a_1 \cdot \lambda_1 + \ldots + a_d \cdot \lambda_d \in Ker(\alpha)$. Also ist x eine Linearkombination von $b_1, \ldots, b_k$. Sei $x = a_1 \cdot \lambda_1 + \ldots + a_d \cdot \lambda_d = b_1 \cdot \mu_1 + \ldots + b_k \cdot \mu_k$. Hieraus folgt

$$0 = a_1 \cdot \lambda_1 + \ldots + a_d \cdot \lambda_d - (b_1 \cdot \mu_1 + \ldots + b_k \cdot \mu_k).$$

Da $a_1, \ldots, a_d,\ b_1, \ldots, b_k$ eine Basis von F^n ist, folgt insbesondere, daß $\lambda_i = 0$ für jedes $i = 1, 2, \ldots, d$.

Schließlich sei $w \in Im(\alpha)$. Dann ist $w = \alpha(v)$ für ein $v \in F^n$. Nun ist $v = a_1 \cdot \lambda_1 + \ldots + a_d \cdot \lambda_d + b_1 \cdot \mu_1 + \ldots + b_k \cdot \mu_k$ eine Linearkombination von $a_1, \ldots, a_d$, $b_1, \ldots, b_k$, woraus $w = \alpha(v) = \alpha(a_1) \cdot \lambda_1 + \ldots + \alpha(a_d) \cdot \lambda_d$ folgt, da $\alpha(b_j) = 0$ für alle j. Also ist $\alpha(a_1), \ldots, \alpha(a_d)$ auch ein Erzeugendensystem von $Im(\alpha)$, und $d = dim\ Im(\alpha)$.

Übungsaufgaben

5.1. Bestimmen Sie die Dimension des Erzeugnisses $L = \{\sum_{i=1}^{6} v_i \cdot \lambda_i \mid \lambda_i \in F\}$ in F^5, wobei $v_1 = (1, 3, -2, 2, 3)$, $v_2 = (1, 4, -3, 4, 2)$, $v_3 = (2, 3, -1, -2, 9)$, $v_4 = (1, 3, 0, 2, 1)$, $v_5 = (1, 5, -6, 6, 3)$, $v_6 = (1, 1, 6, -2, -1)$.

5.2. Sei $\alpha : F^4 \to F^3$ die durch die Matrix

$$\mathcal{A} = \begin{pmatrix} 1 & 2 & 0 & 1 \\ 2 & -1 & 2 & -1 \\ 1 & -3 & 2 & -2 \end{pmatrix}$$

definierte lineare Abbildung. Bestimmen Sie die Dimensionen des Bildes $Im(\alpha)$ und des Kerns $Ker(\alpha)$ von α. Geben Sie jeweils eine Basis dieser Unterräume von F^3 bzw. F^4 an.

5.3. Bestimmen Sie in F^4 zwei Vektoren x und y so, daß die vier Vektoren $x, y, u = (1, 1, 1, 1)$ und $v = (-1, 1, 1, -1)$ linear unabhängig sind.

5.4. Voraussetzung: Die Vektoren u, v, w des F^n sind linear unabhängig über F. Beweisen Sie die Behauptungen:
a) Die drei Vektoren $u + v - 2w$, $u - v - w$ und $u + w$ sind linear unabhängig.
b) $u + v - 3w$, $u + 3v - w$ und $v + w$ sind linear abhängig.

5.5. Bestimmen Sie zwei linear unabhängige Lösungen des homogenen Gleichungssystems

$$(H) \qquad \begin{aligned} x_1 + 3x_2 - 4x_3 + 3x_4 &= 0 \\ 3x_1 + 9x_2 - 2x_3 - 11x_4 &= 0 \\ 4x_1 + 12x_2 - 6x_3 - 8x_4 &= 0 \\ 2x_1 + 6x_2 + 2x_3 - 14x_4 &= 0 \end{aligned}$$

5.6. Bestimmen Sie eine Basis des Unterraums von F^5, der von folgenden Vektoren erzeugt wird:

$$\begin{aligned} u_1 &= (1, 2, -2, 2, -1) \\ u_2 &= (1, 2, -1, 3, -2) \\ u_3 &= (2, 4, -7, 1, 1) \\ u_4 &= (1, 2, -5, -1, 2) \\ u_5 &= (1, 2, -3, 1, 0) \end{aligned}$$

5.7. Seien $v = (a, b), w = (c, d) \in F^2$. Zeigen Sie, daß v und w genau dann linear abhängig sind, wenn $a \cdot d - b \cdot c = 0$.

6. Rang von Matrizen

In diesem Abschnitt werden einige grundlegende Ergebnisse über den Rang einer Matrix sowie Kriterien für die Invertierbarkeit von Matrizen behandelt.

Beispiel: Zur Produktion einer Tonne eines Endprodukts P_1 werden 3 t des Rohstoffes R_1, 2 t des Rohstoffes R_2 und 7 t des Rohstoffes R_3 benötigt. Die entsprechenden Zahlen für ein zweites Endprodukt P_2 sind 4, 5 und 6. Diese Information wird in der folgenden Tabelle zusammengefaßt:

	R_1	R_2	R_3
P_1	3	2	7
P_2	4	5	6

Zu ihr gehört die Matrix $A = \begin{pmatrix} 3 & 2 & 7 \\ 4 & 5 & 6 \end{pmatrix}$. Die jeweiligen Mengen r_1, r_2, r_3 der drei Rohstoffe in Tonnen, die zur Produktion von 20 t P_1 und 30 t P_2 benötigt werden, ergeben sich durch das folgende Matrizenprodukt

$$\begin{pmatrix} r_1 \\ r_2 \\ r_3 \end{pmatrix} = \begin{pmatrix} 3 & 4 \\ 2 & 5 \\ 7 & 6 \end{pmatrix} \cdot \begin{pmatrix} 20 \\ 30 \end{pmatrix}$$

d.h. die "richtige" Matrix entsteht aus A durch "Rollentausch" von Spalten und Zeilen.

Definition: Sei A eine $m \times n$-Matrix. Die $n \times m$-Matrix, deren j-ter Zeilenvektor der j-te Spaltenvektor von A ist, heißt die zu A <u>transponierte Matrix</u> A^T.

Beispiele: (1) $\begin{pmatrix} 1 & 2 & -2 & 3 \\ 0 & 0 & 7 & 1 \\ 2 & -2 & 2 & -2 \end{pmatrix}^T = \begin{pmatrix} 1 & 0 & 2 \\ 2 & 0 & -2 \\ -2 & 7 & 2 \\ 3 & 1 & -2 \end{pmatrix}$.

(2) $\mathcal{E}^T = \mathcal{E}$.

Bemerkungen: (1)   Wenn $A = (a_{ij})$, dann ist a_{ij} der Eintrag an der Stelle (j, i) in A^T, d.h. in der j-ten Zeile und in der i-ten Spalte von A^T.

(2)   Die Spalten von A^T sind die Zeilen von A.

(3) $(A^T)^T = A$.

Satz 6.1: Sei $\mathcal{A}$ eine $m \times n$-Matrix und $\mathcal{B}$ eine $n \times t$-Matrix. Dann ist $(\mathcal{A} \cdot \mathcal{B})^T = \mathcal{B}^T \cdot \mathcal{A}^T$.

Beweis: $\mathcal{A} \cdot \mathcal{B}$ ist eine $m \times t$-Matrix, deren Eintrag an der Stelle (i, j) das Skalarprodukt der i-ten Zeile von $\mathcal{A}$ mit der j-ten Spalte von $\mathcal{B}$ ist. Also ist $(\mathcal{A} \cdot \mathcal{B})^T$ eine $t \times m$-Matrix, deren Eintrag an der Stelle (j, i) das Skalarprodukt der i-ten Zeile von $\mathcal{A}$ mit der j-ten Spalte von $\mathcal{B}$ ist.

Auf der anderen Seite ist $\mathcal{B}^T$ eine $t \times n$-Matrix und $\mathcal{A}^T$ eine $n \times m$-Matrix, also ist auch $\mathcal{B}^T \cdot \mathcal{A}^T$ eine $t \times m$-Matrix. Der Eintrag an der Stelle (j, i) in dieser Matrix ist das Skalarprodukt der j-ten Zeile von $\mathcal{B}^T$ mit der i-ten Spalte von $\mathcal{A}^T$, also ebenfalls der j-ten Spalte von $\mathcal{B}$ mit der i-ten Zeile von $\mathcal{A}$.

Hilfssatz 6.2: Sei $\mathcal{A}$ eine $m \times n$-Matrix. Die Unterräume $Im(\mathcal{A})$ und $Ker(\mathcal{A}^T)$ von F^m enthalten nur den Nullvektor gemeinsam.

Beweis: Nach Satz 4.3 sind $Im(\mathcal{A})$ und $Ker(\mathcal{A}^T)$ Unterräume von F^m, weil $\mathcal{A}^T$ eine $n \times m$- Matrix ist. Sei $v = \mathcal{A} \cdot u \in Im(\mathcal{A}) \cap Ker(\mathcal{A}^T)$. Dann ist $0 = \mathcal{A}^T \cdot (\mathcal{A} \cdot u)$. Hieraus folgt nach Satz 6.1 und Bemerkung 3.4:

$$0 = u^T \cdot \mathcal{A}^T \cdot \mathcal{A} \cdot u = (u^T \cdot \mathcal{A}^T) \cdot (\mathcal{A} \cdot u) = (\mathcal{A} \cdot u)^T (\mathcal{A} \cdot u).$$

Deshalb ist $v = \mathcal{A} \cdot u = 0$ nach Satz 2.3.

Hilfssatz 6.3: Seien U und V zwei Unterräume von F^m mit Durchschnitt $U \cap V = 0$. Dann gilt $m \geq dim\, U + dim\, V$.

Beweis: Sei $u_1, \ldots, u_r$ eine Basis von U und $v_1, \ldots, v_s$ eine Basis von V. Nach Satz 5.4 genügt es, zu zeigen, daß die $r + s$ Vektoren $u_1, \ldots, u_r, v_1, \ldots, v_s$ linear unabhängig sind. Wenn

$$0 = u_1 \cdot \lambda_1 + \ldots + u_r \cdot \lambda_r + v_1 \cdot \mu_1 + \ldots + v_s \cdot \mu_s,$$

dann ist

$$u_1 \cdot \lambda_1 + \ldots + u_r \cdot \lambda_r = -(v_1 \cdot \mu_1 + \ldots + v_s \cdot \mu_s) \in U \cap V = 0.$$

Da die u_i's und die v_j's linear unabhängig sind, müssen alle Koeffizienten gleich 0 sein.

Satz 6.4: Sei $\mathcal{A}$ eine $m \times n$-Matrix. Dann haben der Zeilen- und der Spaltenraum von $\mathcal{A}$ dieselbe Dimension.

Beweis: Nach den Hilfssätzen 6.2 und 6.3 ist $m \geq dim\, Im(\mathcal{A}) + dim\, Ker(\mathcal{A}^T)$. Deshalb folgt nach Satz 5.9

$$dim\, Im(\mathcal{A}^T) = m - dim\, Ker(\mathcal{A}^T) \geq dim\, Im(\mathcal{A}).$$

Ersetzt man $\mathcal{A}$ durch $\mathcal{A}^T$, so folgt $dim\, Im(\mathcal{A}^T) \leq dim\, Im((\mathcal{A}^T)^T) = dim\, Im(\mathcal{A})$, also $dim\, Im(\mathcal{A}) = dim\, Im(\mathcal{A}^T)$.

Aber $Im(\mathcal{A})$ ist der Spaltenraum von $\mathcal{A}$ nach Satz 4.5. Da $Im(\mathcal{A}^T)$ als Spaltenraum von $\mathcal{A}^T$ gleich dem Zeilenraum von $\mathcal{A}$ ist, folgt die Behauptung.

Definition: Die Dimension des Zeilenraums und somit des Spaltenraums von $\mathcal{A}$ nennt man den Rang von $\mathcal{A}$. Er wird mit $rg(\mathcal{A})$ bezeichnet.

Beispiele: (1)   Der Rang einer Nullmatrix ist 0.

(2)   Der Rang der $n \times n$-Einheitsmatrix ist n.

(3)   Der Rang von $\begin{pmatrix} 1 & 2 \\ 3 & 4 \\ 5 & 6 \end{pmatrix}$ ist 2, denn die beiden Spalten sind linear unabhängig.

Algorithmen zur Berechnung des Ranges einer Matrix werden in Abschnitt 8 beschrieben.

Folgerung 6.5:   Sei $\mathcal{A}$ eine $m \times n$-Matrix. Dann gelten:
(a) $rg(\mathcal{A}) = rg(\mathcal{A}^T)$.
(b) $rg(\mathcal{A}) \leq Min\{m,n\}$.
(c) $rg(\mathcal{A}) = dim\ Im(\mathcal{A})$.

Beweis: (a)   folgt aus Satz 6.4.

(b)   Der Rang einer $m \times n$-Matrix ist höchstens das Minimum von m und n, denn er ist die Dimension eines Unterraums von F^m und eines Unterraum von F^n.

(c) folgt aus der Definition des Ranges und Satz 4.5.

Satz 6.6: $rg(\mathcal{A} \cdot \mathcal{B}) \leq$ Minimum $\{rg(\mathcal{A}), rg(\mathcal{B})\}$.

Beweis: $Im(\mathcal{A} \cdot \mathcal{B}) \leq Im(\mathcal{A})$ nach Satz 4.3 c). Mit Folgerung 6.5 ergibt sich

$$rg(\mathcal{A} \cdot \mathcal{B}) = dim\ Im(\mathcal{A} \cdot \mathcal{B}) \leq dim\ Im(\mathcal{A}) = rg(\mathcal{A}).$$

Unter Verwendung von Satz 6.1 erhält man hieraus

$$rg(\mathcal{A} \cdot \mathcal{B}) = rg[(\mathcal{A} \cdot \mathcal{B})^T] = rg(\mathcal{B}^T \cdot \mathcal{A}^T) \leq rg(\mathcal{B}^T) = rg(\mathcal{B})$$

Die Behauptung folgt.

Definition: Eine $n \times n$-Matrix $\mathcal{A}$ heißt <u>invertierbar</u>, wenn es eine $n \times n$-Matrix $\mathcal{B}$ gibt mit $\mathcal{A} \cdot \mathcal{B} = \mathcal{B} \cdot \mathcal{A} = \mathcal{E}$. Für ein solches $\mathcal{B}$ schreibt man dann auch $\mathcal{B} = \mathcal{A}^{-1}$ und spricht von der <u>Inversen</u> zu $\mathcal{A}$.

In Folgerung 6.8 wird die Eindeutigkeit der Inversen bewiesen.

Beispiele: (1) $\mathcal{E}$ ist invertierbar mit $\mathcal{E}^{-1} = \mathcal{E}$.

(2)   Die Koeffizientenmatrix

$$\mathcal{D} = \begin{pmatrix} 5 & 10 & 20 \\ 1 & 1 & 1 \\ 12 & 12 & 20 \end{pmatrix}$$

des Gleichungssystems (T) hat die Inverse

$$\mathcal{D}^{-1} = \begin{pmatrix} -1/5 & -1 & 1/4 \\ 1/5 & 7/2 & -3/8 \\ 0 & -3/2 & 1/8 \end{pmatrix}$$

(3) Wenn $\mathcal{A}$ invertierbar ist mit Inverser $\mathcal{B}$, dann ist $\mathcal{B}$ invertierbar mit Inverser $\mathcal{A}$.

(4) Wenn $\mathcal{A}$ und $\mathcal{B}$ invertierbar sind, dann ist auch $\mathcal{A} \cdot \mathcal{B}$ invertierbar, und es gilt $(\mathcal{A} \cdot \mathcal{B})^{-1} = \mathcal{B}^{-1} \cdot \mathcal{A}^{-1}$, denn $(\mathcal{B}^{-1} \cdot \mathcal{A}^{-1}) \cdot (\mathcal{A} \cdot \mathcal{B}) = \mathcal{B}^{-1} \cdot (\mathcal{A}^{-1} \cdot \mathcal{A}) \cdot \mathcal{B} = \mathcal{B}^{-1} \cdot \mathcal{B} = \mathcal{E}$ und ebenso $(\mathcal{A} \cdot \mathcal{B})(\mathcal{B}^{-1} \cdot \mathcal{A}^{-1}) = \mathcal{E}$.

Satz 6.7: Sei $\mathcal{A}$ eine $n \times n$-Matrix. Die folgenden Aussagen sind äquivalent.

(a) $\mathcal{A}$ ist invertierbar.

(b) Es gibt eine $n \times n$-Matrix $\mathcal{S}$ mit $\mathcal{A} \cdot \mathcal{S} = \mathcal{E}$.

(c) Es gibt eine $n \times n$-Matrix $\mathcal{T}$ mit $\mathcal{T} \cdot \mathcal{A} = \mathcal{E}$.

(d) $rg(\mathcal{A}) = n$.

Beweis: Sicherlich folgen (b) und (c) aus (a). Gilt (b), dann ist $n \geq rg(\mathcal{A}) \geq rg(\mathcal{A} \cdot \mathcal{S}) = rg(\mathcal{E}) = n$ nach Folgerung 6.5 und Satz 6.6. Also ist $rg(\mathcal{A}) = n$. Daher gilt (d). Ebenso folgt (d) aus (c).

(d) $\Rightarrow$ (a): Da $n = rg(\mathcal{A}) = dim\ Im(\mathcal{A})$, folgt nach Folgerung 5.7 c), daß $Im(\mathcal{A}) = F^n$ ist. Insbesondere gibt es zu den Einheitsvektoren e_j Vektoren $s_1, \ldots, s_n \in F^n$ mit $\mathcal{A} \cdot s_j = e_j$ für $1 \leq j \leq n$. Bildet man die Matrix $\mathcal{S}$, deren Spalten gerade $s_1, \ldots, s_n$ sind, dann folgt $\mathcal{A} \cdot \mathcal{S} = \mathcal{E}$. Da auch $rg(\mathcal{A}^T) = n$ nach Folgerung 6.5 ist, gibt es ebenso eine Matrix $\mathcal{U}$ mit $\mathcal{A}^T \cdot \mathcal{U} = \mathcal{E} = \mathcal{E}^T = \mathcal{U}^T \cdot \mathcal{A}$. Daher ist $\mathcal{S} = \mathcal{U}^T \cdot \mathcal{A} \cdot \mathcal{S} = \mathcal{U}^T$ eine Inverse von $\mathcal{A}$.

Folgerung 6.8: Seien $\mathcal{A}$, $\mathcal{S}$ und $\mathcal{E}$ $n \times n$-Matrizen mit $\mathcal{A} \cdot \mathcal{S} = \mathcal{E}$ und $\mathcal{T} \cdot \mathcal{A} = \mathcal{E}$. Dann gilt $\mathcal{S} = \mathcal{T} = \mathcal{A}^{-1}$. Insbesondere ergibt sich daraus die Eindeutigkeit der Inversen.

Beweis: Nach Satz 6.7 hat $\mathcal{A}$ eine Inverse $\mathcal{A}^{-1}$. Es folgt:

$$\mathcal{S} = \mathcal{E} \cdot \mathcal{S} = (\mathcal{A}^{-1} \cdot \mathcal{A}) \cdot \mathcal{S} = \mathcal{A}^{-1} \cdot (\mathcal{A} \cdot \mathcal{S}) = \mathcal{A}^{-1} \cdot \mathcal{E} = \mathcal{A}^{-1}.$$

Ebenso zeigt man $\mathcal{A}^{-1} = \mathcal{T}$.

Bemerkung: Zur Berechnung von Inversen wird in Abschnitt 9 ein Algorithmus angegeben.

Satz 6.9: Wenn $\mathcal{A}$ eine $m \times n$-Matrix ist und $\mathcal{S}$ und $\mathcal{T}$ invertierbare Matrizen passender Größe sind, dann ist $rg(\mathcal{A}) = rg(\mathcal{S} \cdot \mathcal{A}) = rg(\mathcal{A} \cdot \mathcal{T})$.

Beweis: Zweimaliges Anwenden von Satz 6.6 zeigt

$$rg(\mathcal{A}) \geq rg(\mathcal{S} \cdot \mathcal{A}) \geq rg(\mathcal{S}^{-1} \cdot \mathcal{S} \cdot \mathcal{A}) = rg(\mathcal{A}),$$

also $rg(\mathcal{A}) = rg(\mathcal{S} \cdot \mathcal{A})$. Analog folgt $rg(\mathcal{A}) = rg(\mathcal{A} \cdot \mathcal{T})$.

Übungsaufgaben

6.1. Berechnen Sie die Inversen und die Transponierten der folgenden Matrizen:

a) $\quad \mathcal{A} = \begin{pmatrix} 0 & 0 & 1 \\ 1 & 0 & 0 \\ 0 & 1 & 0 \end{pmatrix}$

b) $\quad \mathcal{B} = \begin{pmatrix} 0 & 1 & 0 \\ 1 & 0 & 0 \\ 0 & 0 & 1 \end{pmatrix}$

c) $\quad \mathcal{A} \cdot \mathcal{D}$, wobei $\mathcal{D} = \begin{pmatrix} 5 & 10 & 20 \\ 1 & 1 & 1 \\ 12 & 12 & 20 \end{pmatrix}$

6.2. Welchen Rang haben die Matrizen

a) $\quad \mathcal{A} = \begin{pmatrix} 1 & 3 & -2 & 2 & 3 \\ 1 & 4 & -3 & 4 & 2 \\ 2 & 3 & -1 & -2 & 9 \\ 1 & 3 & 0 & 2 & 1 \\ 1 & 5 & -6 & 6 & 3 \\ 1 & 1 & 6 & -2 & -1 \end{pmatrix}$

b) $\quad \mathcal{B} = \begin{pmatrix} 1 & 2 & -2 & 2 & -1 \\ 1 & 2 & -1 & 3 & -2 \\ 2 & 4 & -7 & 1 & 1 \\ 1 & 2 & -5 & -1 & 2 \\ 1 & 2 & -3 & 1 & 0 \end{pmatrix} ?$

6.3. Seien $\mathcal{A}$ und $\mathcal{B}$ beide 3×5-Matrizen vom Rang 2. Dann gibt es einen Vektor $0 \neq v \in F^5$ mit $\mathcal{A} \cdot v = \mathcal{B} \cdot v = 0 \in F^3$.

7. Basiswechsel

Der Vektorraum F^n hat eine "natürliche" Basis, nämlich die Einheitsvektoren $e_1, \ldots, e_n$. Außerdem hat er aber auch noch viele andere Basen. In der Tat ist die Wahrscheinlichkeit sehr groß, daß n zufällig aus F^n ausgewählte Vektoren eine Basis bilden. Nimmt man dagegen irgendeinen Unterraum U von F^n, so hat zwar U nach Satz 5.6 auch eine Basis aber i.a. keine "natürliche" Basis mehr. Wir legen eine Basis $A = \{u_1, \ldots, u_r\}$ von U fest. Weiter sei eine lineare Abbildung α von U in einem zweiten Vektorraum V gegeben. Auch in V wählen wir eine Basis $B = \{v_1, \ldots, v_s\}$. Dann läßt sich der linearen Abbildung α eine Matrix $\mathcal{A} = \mathcal{A}_\alpha$ zuordnen, die alle Informationen über α enthält. Die Matrix hängt allerdings nicht nur von α ab, sondern auch von der Wahl der beiden Basen A und B in U bzw. V. Wie die Matrix sich ändert, wenn man andere Basen wählt, wird in diesem Abschnitt beschrieben.

Definition: Sei eine lineare Abbildung α von U in V gegeben, und seien Basen $A = \{u_1, \ldots, u_r\}$ von U und $B = \{v_1, \ldots, v_s\}$ von V gewählt. Für jeden Basisvektor $u_j \in A$ ist $\alpha(u_j) \in V$, also hat $\alpha(u_j)$ nach Folgerung 5.7 a) eine eindeutige Darstellung als Linearkombination

$$\alpha(u_j) = \sum_{i=1}^{s} v_i \cdot a_{ij}.$$

Die $s \times r$-Matrix $\mathcal{A} = (a_{ij})$ heißt die <u>Matrix von α bezüglich der Basen A und B</u>. Man schreibt

$$\mathcal{A} = \mathcal{A}_\alpha = \mathcal{A}_\alpha(A, B).$$

Beispiel: $U = \{(a, b, c) \in F^3 \mid a+b+c = 0\}$, $V = \{(r, s, t, u) \in F^4 \mid r+s+t+u = 0\}$ und $\alpha(a, b, c) = (a-2b-c, 2a-b-c, -a-b, -6a-2c)$. Man überzeugt sich, daß U und V Unterräume von F^3 bzw. F^4 sind und daß $A = \{u_1, u_2\}$ bzw. $B = \{v_1, v_2, v_3\}$ eine Basis von U bzw. V ist, wobei $u_1 = (1, -1, 0)$, $u_2 = (1, 0, -1)$, $v_1 = (1, -1, 0, 0)$, $v_2 = (1, 0, -1, 0)$ und $v_3 = (1, 0, 0, -1)$ sind.

Außerdem kontrolliert man, daß α eine lineare Abbildung von U in V ist. Es ist

$$\begin{aligned}
\alpha(u_1) &= \alpha(1, -1, 0) \\
&= (3, 3, 0, -6) \\
&= -3(1, -1, 0, 0) + 6(1, 0, 0, -1) \\
&= -3v_1 + 0v_2 + 6v_3.
\end{aligned}$$

Dies gibt die erste Spalte. Ebenso ist

$$
\begin{aligned}
\alpha(u_2) &= \alpha(1,0,-1) \\
&= (2,3,-1,-4) \\
&= -3(1,-1,0,0) + (1,0,-1,0) + 4(1,0,0,-1) \\
&= -3v_1 + v_2 + 4v_3.
\end{aligned}
$$

Dies gibt die zweite Spalte. Also ist die Matrix $\mathcal{A}_\alpha(A,B) = \begin{pmatrix} -3 & -3 \\ 0 & 1 \\ 6 & 4 \end{pmatrix}$.

Bemerkung 7.1:   Kennt man die $s \times r$-Matrix $A = \mathcal{A}_\alpha(A,B)$, so kann man $\alpha(u)$ für jedes $u \in U$ berechnen, und zwar wie folgt: Nach Folgerung 5.7 läßt sich u als Linearkombination von $u_1,\ldots,u_r$ mit geeignetem $\lambda_j \in F$ schreiben:

$$
u = \sum_{j=1}^{r} u_j \cdot \lambda_j.
$$

Man multipliziert dann den Vektor $k = (\lambda_1,\ldots,\lambda_r)$ mit $\mathcal{A}$ und erhält $\mathcal{A} \cdot k = m = (\mu_1,\ldots,\mu_s) \in F^s$. Bildet man nun die Linearkombination

$$
v = \sum_{i=1}^{s} v_i \cdot \mu_i
$$

so erhält man das gesuchte Bild von u unter α; denn

$$
\begin{aligned}
\alpha(u) &= \sum_{j=1}^{r} \alpha(u_j) \cdot \lambda_j \\
&= \sum_{j=1}^{r} \left(\sum_{i=1}^{s} v_i \cdot a_{ij} \right) \cdot \lambda_j \\
&= \sum_{i=1}^{s} v_i \cdot \left(\sum_{j=1}^{r} a_{ij} \cdot \lambda_j \right) \\
&= \sum_{j=1}^{r} v_i \cdot \mu_i \\
&= v.
\end{aligned}
$$

Beispiel: Wir nehmen das vorige Beispiel noch einmal auf. Dort wurde schon

$$
\mathcal{A}_\alpha(A,B) = \begin{pmatrix} -3 & -3 \\ 0 & 1 \\ 6 & 4 \end{pmatrix}
$$

berechnet. Sei $u = (2, 3, -5)$, also $u = -3u_1 + 5u_2 \in U$. Um $\alpha(u)$ zu berechnen, multiplizieren wir

$$\begin{pmatrix} -3 & -3 \\ 0 & 1 \\ 6 & 4 \end{pmatrix} \cdot \begin{pmatrix} -3 \\ 5 \end{pmatrix} = \begin{pmatrix} -6 \\ 5 \\ 2 \end{pmatrix}$$

und erhalten

$$\begin{aligned} \alpha(u) &= -6v_1 + 5v_2 + 2v_3 \\ &= -6(1, -1, 0, 0) + 5(1, 0, -1, 0) + 2(1, 0, 0, -1) \\ &= (1, 6, -5, -2). \end{aligned}$$

Definition: Seien $A = \{u_1, \ldots, u_r\}$ und $A' = \{u'_1, \ldots, u'_r\}$ zwei Basen des Vektorraumes U. Für jedes $j = 1, \ldots, r$ schreibt man u'_j als Linearkombination von $u_1, \ldots, u_r$ mit geeignetem $p_{ij} \in F$:

$$u'_j = \sum_{i=1}^{r} u_i \cdot p_{ij}.$$

Die $r \times r$-Matrix $\mathcal{P} = (p_{ij})$ heißt die <u>Matrix des Basiswechsels von A nach A'</u>.

Hilfssatz 7.2: Die Matrix $\mathcal{P}$ des Basiswechsels von A nach A' ist invertierbar. Ihre Inverse ist die Matrix des Basiswechsels von A' nach A.

<u>Beweis:</u> Sei $\mathcal{Q} = (q_{ij})$ die Matrix des Basiswechsels von A' nach A. Dann gilt:

$$\begin{aligned} u_j &= \sum_{k=1}^{r} u'_k \cdot q_{kj} \\ &= \sum_{k=1}^{r} \left(\sum_{i=1}^{r} u_i \cdot p_{ik} \right) \cdot q_{kj} \, . \\ &= \sum_{i=1}^{r} u_i \cdot \left(\sum_{k=1}^{r} p_{ik} \cdot q_{kj} \right) \end{aligned}$$

Nach Folgerung 5.7 folgt, daß

$$\sum_{k=1}^{r} p_{ik} \cdot q_{kj} = \begin{cases} 1 & \text{falls } i = j \\ 0 & \text{sonst.} \end{cases}$$

Die Summe auf der linken Seite ist aber der Eintrag an der Stelle (i, j) in der Matrix $\mathcal{P} \cdot \mathcal{Q}$. Also ist $\mathcal{P} \cdot \mathcal{Q} = \mathcal{E}$. Ebenso folgt $\mathcal{Q} \cdot \mathcal{P} = \mathcal{E}$.

Satz 7.3: Sei α eine lineare Abbildung vom Vektorraum U in den Vektorraum V. Weiter seien zwei Basen A und A' von U und zwei Basen B und B' von V gegeben. Sei $\mathcal{P}$ die Matrix des Basiswechsels von A nach A' und $\mathcal{Q}$ die Matrix des Basiswechsels von B nach B'. Dann ist

$$\mathcal{A}_\alpha(A', B') = \mathcal{Q}^{-1} \cdot \mathcal{A}_\alpha(A, B) \cdot \mathcal{P}.$$

<u>Beweis:</u>   Wir nehmen wieder $A = \{u_1, ..., u_r\}$, $A' = \{u'_1, ..., u'_r\}$, $B = \{v_1, ..., v_s\}$ und $B' = \{v'_1, \ldots, v'_s\}$ an. Außerdem schreiben wir

$$\mathcal{A} = \mathcal{A}_\alpha(A, B) = (a_{ij})$$

und

$$\mathcal{A}' = \mathcal{A}_\alpha(A', B') = (a'_{ij}).$$

Dann ist

$$u'_j = \sum_{i=1}^{r} u_i \cdot p_{ij}$$

und

$$\alpha(u'_j) = \sum_{i=1}^{r} \alpha(u_i) \cdot p_{ij}$$

$$= \sum_{i=1}^{r} \left(\sum_{k=1}^{s} v_k \cdot a_{ki} \right) \cdot p_{ij} \quad \text{(nach Definition von } \mathcal{A})$$

$$= \sum_{k=1}^{s} v_k \cdot \left(\sum_{i=1}^{r} a_{ki} \cdot p_{ij} \right).$$

Andererseits ist

$$\alpha(u'_j) = \sum_{i=1}^{r} v'_i \cdot a'_{ij} \quad \text{(nach Definition von } \mathcal{A}')$$

$$= \sum_{i=1}^{r} \left(\sum_{k=1}^{s} v_k \cdot q_{ki} \right) \cdot a'_{ij} \quad \text{(nach Definition von } \mathcal{Q})$$

$$= \sum_{k=1}^{s} v_k \cdot \left(\sum_{i=1}^{r} q_{ki} \cdot a'_{ij} \right).$$

Aus Folgerung 5.7 ergibt sich

$$\sum_{i=1}^{r} a_{ki} \cdot p_{ij} = \sum_{i=1}^{r} q_{ki} \cdot a'_{ij}$$

für jedes $k = 1, \ldots, s$ und jedes $j = 1, \ldots, r$. Die linke Seite dieser Gleichung ist der Eintrag an der Stelle (k, j) in der Matrix $\mathcal{A} \cdot \mathcal{P}$, während die rechte Seite der Eintrag an dieser Stelle in $\mathcal{Q} \cdot \mathcal{A}'$ ist. Also ist $\mathcal{A} \cdot \mathcal{P} = \mathcal{Q} \cdot \mathcal{A}'$. Multiplikation mit $\mathcal{Q}^{-1}$ ergibt die Behauptung.

<u>Beispiel:</u>   Eine Fabrik stellt drei Güter G_1, G_2, G_3 her und benutzt dazu (aus historischen Gründen) drei verschiedene Produktionsverfahren V_1, V_2 und V_3, bei denen diese Güter in verschiedenen, aber jeweils festen Mengenanteilen anfallen. Die maximal möglichen Tagesproduktionen (in Tonnen) dieser Verfahren an den jeweiligen Gütern lassen sich bequen in einer Tabelle darstellen:

	V_1	V_2	V_3
G_1	1	2	3
G_2	4	5	6
G_3	7	8	6

Die drei Spalten sind linear unabhängig, also bilden sie eine Basis von $\mathbf{R}^3$. Es kann sehr sinnvoll sein, einen gegebenen Gütervektor $G = (G_1, G_2, G_3)$ als Linearkombination dieser Basisvektoren auszudrücken:

$$G = (1, 4, 7) \cdot \lambda_1 + (2, 5, 8) \cdot \lambda_2 + (3, 6, 6) \cdot \lambda_3.$$

Man kann an dieser Darstellung z. B. sofort erkennen, ob G eine mögliche Tagesproduktion von Gütern ist (nämlich genau dann, wenn $0 \leq \lambda_i \leq 1$ für $i = 1, 2, 3$). Man sieht auch, welche Produktionsvektoren noch möglich sind, wenn etwa durch eine Panne V_1 ausfällt (es muß dann zusätzlich $\lambda_1 = 0$ sein).

Nehmen wir weiter an, daß zur Produktion der Güter zwei Rohstoffe R_1 und R_2 benötigt werden. Der Rohstoffbedarf pro Tonne eines der Güter läßt sich ebenfalls in eine Tabelle schreiben:

	G_1	G_2	G_3
R_1	1	2	1
R_2	1	1	2

Wieviele Rohstoffe braucht die Fabrik täglich, wenn die drei Produktionsverfahren mit Faktoren λ_1, λ_2 und λ_3 ausgelastet sind?

Die Matrix $\mathcal{A} = \begin{pmatrix} 1 & 2 & 1 \\ 1 & 1 & 2 \end{pmatrix}$ repräsentiert den Rohstoffverbrauch $R = (R_1, R_2)$ bei Güterproduktion $G = (G_1, G_2, G_3)$, d.h.

$$R = \mathcal{A} \cdot G;$$

$\mathcal{A}$ ist also die Matrix der linearen Abbildung bezüglich der Basen $\{e_1, e_2, e_3\} \in \mathbf{R}^3$ und $\{e_1, e_2\} \in \mathbf{R}^2$. Auf der "Güterseite" wird nun eine neue Basis gewählt, nämlich $\{(1, 4, 7), (2, 5, 8), (3, 6, 6)\}$. Die Matrix des Basisübergangs ist also

$$\mathcal{P} = \begin{pmatrix} 1 & 2 & 3 \\ 4 & 5 & 6 \\ 7 & 8 & 6 \end{pmatrix}.$$

Auf der "Rohstoffseite" wird die Basis nicht verändert. Formal ist dies natürlich auch ein Basisübergang, dessen Matrix $\mathcal{E}$ ist. Also ist die neue Matrix

$$\mathcal{A}' = \mathcal{E}^{-1} \cdot \mathcal{A} \cdot \mathcal{P} = \begin{pmatrix} 16 & 20 & 21 \\ 19 & 23 & 21 \end{pmatrix}$$

Wenn z.B. V_1 wegen Panne ausfällt und dafür V_2 mit voller Kapazität und V_3 mit $\frac{2}{3}$ Kapazität laufen, dann beträgt der tägliche Rohstoffbedarf

$$\begin{pmatrix} 16 & 20 & 21 \\ 19 & 23 & 21 \end{pmatrix} \cdot \begin{pmatrix} 0 \\ 1 \\ 2/3 \end{pmatrix} = \begin{pmatrix} 34 \\ 37 \end{pmatrix},$$

also 34 t R_1 und 37 t R_2.

Übungsaufgaben

7.1.   Seien

$$A = \{(1,2,3),(4,5,6),(7,8,0)\}$$

und

$$B = \{(1,1,1),(1,0,-1),(1,-1,0)\}.$$

Sei $\alpha(a,b,c) = 1/3 \cdot (4a - 2b + 7c, a + 7b + c, 4a + 4b + c)$.

(a) Zeigen Sie, daß A und B Basen von F^3 sind.
(b) Berechnen Sie die Matrix des Basiswechsels von A nach B.
(c) Berechnen Sie $\mathcal{A}_\alpha(A,A)$ und $\mathcal{A}_\alpha(B,B)$.

7.2.   Seien $A = \{u_1,\ldots,u_r\}$ und $A' = \{u'_1,\ldots,u'_r\}$ zwei Basen von U und sei $\mathcal{P}$ die Matrix des Basiswechsels von A nach A'. Sei $v = \sum_{i=1}^r u_i \cdot \lambda_i$ und $(\lambda'_1,\ldots,\lambda'_r) = \mathcal{P}^{-1} \cdot (\lambda_1,\ldots,\lambda_r)$. Dann ist $v = \sum_{i=1}^r u'_i \cdot \lambda'_i$.

7.3.   Sei $V = \{p(x) \in F[X] \mid (\text{Grad von p}) \leq n\} \cup \{0\}$. Auf V wird durch $p(x) \mapsto xp'(x)$ eine lineare Abbildung α definiert. Dabei ist $p'(x)$ die <u>Ableitung</u> von $p(x)$, d.h. $(\sum_{i=0}^n a_i \cdot x^i)' = \sum_{i=1}^n i \cdot a_i \cdot x^{i-1}$. Sei $B = \{1, x, \ldots, x^n\}$ die natürliche Basis von V. Berechnen Sie $\mathcal{A}_\alpha(B,B)$.

8. Gauß'scher Algorithmus

In diesem Abschnitt werden wichtige Algorithmen zum Lösen von linearen Gleichungssystemen dargestellt.

Definition: Die $m \times n$-Matrix $\mathcal{A} = (a_{ij})$ mit den Zeilenvektoren z_i ist in Treppenform, falls $\mathcal{A}$ die Nullmatrix $\mathcal{N}$ ist oder ein r mit $1 \leq r \leq m$ und eine Folge $1 \leq j_1 < j_2 < \ldots < j_r \leq n$ existieren mit folgenden Eigenschaften:

1) Wenn $i > r$, dann ist $z_i = 0$.

2) Wenn $1 \leq i \leq r$ und $k < j_i$, dann ist $a_{ik} = 0$.

3) Für alle $1 \leq i \leq r$ ist $a_{ij_i} \neq 0$.

Bemerkung: Die Bedingungen 2) und 3) besagen, daß für $i \leq r$ der erste von Null verschiedene Eintrag der i-ten Zeile in der j_i-ten Spalte von $\mathcal{A}$ steht. Wegen $j_i < j_{i+1}$ wandern diese "führenden", von Null verschiedenen Koeffizienten a_{ij_i} von $\mathcal{A}$ mit wachsendem i nach rechts.

Beispiele: $\mathcal{A} = \begin{pmatrix} 1 & 2 & 3 \\ 0 & 0 & 4 \\ 0 & 0 & 0 \end{pmatrix}$ ist in Treppenform, ebenso $\mathcal{B} = \begin{pmatrix} 2 & 0 & -1 & -4 \\ 0 & 0 & 1 & 0 \\ 0 & 0 & 0 & 0 \end{pmatrix}$

(für beide Matrizen ist $r = 2$). Dagegen sind

$$C = \begin{pmatrix} 0 & 1 & 3 & 0 & 0 & 4 & 0 \\ 0 & 0 & 0 & 1 & 0 & -3 & 0 \\ 0 & 0 & 0 & 0 & 1 & 0 & 2 \\ 7 & 0 & 0 & 0 & 0 & 0 & 0 \end{pmatrix} \text{ und } \mathcal{D} = \begin{pmatrix} 1 & 0 & 0 & 0 \\ 0 & 1 & 0 & 0 \\ 0 & 1 & 1 & 1 \\ 0 & 0 & 0 & 1 \end{pmatrix}$$

nicht in Treppenform.

Bemerkung 8.1: Sei $\mathcal{A} = (a_{ij})$ eine $m \times n$-Matrix in Treppenform und r wie in der Definition.

(1) Die Anzahl der Zeilen $z_i \neq 0$ von $\mathcal{A}$ ist r. Dies ist zugleich der Rang von $\mathcal{A}$, da diese Zeilen offenbar linear unabhängig sind. Man kann also den Rang einer Matrix in Treppenform leicht ablesen.

(2) Wenn speziell $m = n$ ist, also $\mathcal{A}$ eine quadratische Matrix, dann ist $a_{ik} = 0$, falls $i > k$, d.h. falls a_{ik} unterhalb der Diagonalen steht. Dies sieht man wie folgt: Wenn $i > r$, dann ist die i-te Zeile 0, also jedes $a_{ik} = 0$. Wenn $i \leq r$, dann ist $j_i \geq i$ wegen $1 \leq j_1 < j_2 < \ldots < j_i$. Daher ist $j_i > k$, also $a_{ik} = 0$ nach Bedingung 2).

Alle quadratischen Matrizen in Treppenform liefern Beispiele für folgende

Definition: Eine $n \times n$-Matrix $\mathcal{A} = (a_{ij})$ heißt <u>obere (bzw. untere) Dreiecks-matrix</u>, falls $a_{ij} = 0$ für jedes $i > j$ (bzw. $i < j$).

Beispiele: (1) $\begin{pmatrix} 1 & 0 & 0 \\ 0 & 0 & 2 \\ 0 & 0 & 3 \end{pmatrix}$ ist eine obere Dreiecksmatrix, aber nicht in Trep-

penform.

(2) $\begin{pmatrix} 1 & 2 & 3 \\ 0 & 1 & 1 \\ 0 & 0 & 0 \end{pmatrix}$ ist in Treppenform und eine obere Dreiecksmatrix mit Rang 2.

Bemerkung: Sei $\mathcal{A}$ quadratisch und in Treppenform. Wenn $n = rg(\mathcal{A})$, also $r = n$, dann folgt aus $1 \leq j_1 < j_2 < \ldots < j_n = n$, daß $j_i = i$ für jedes i. Also ist $a_{ii} = a_{ij_i} \neq 0$, d.h. $\mathcal{A}$ ist eine obere Dreiecksmatrix, und die Einträge auf der Diagonalen sind alle von 0 verschieden. Umgekehrt ist eine solche Matrix offenbar in Treppenform und hat Rang n.

Beispiel: $\begin{pmatrix} 1 & 2 & 3 \\ 0 & 1 & 1 \\ 0 & 0 & -5 \end{pmatrix}$ ist in Treppenform und von Rang 3, daher eine obere

Dreiecksmatrix mit Diagonalelementen ungleich 0.

Eine gegebene Matrix $\mathcal{A}$, welche nicht in Treppenform ist, kann in eine neue Matrix $\mathcal{T}$ in Treppenform "umgeformt" werden, ohne daß sich der Zeilenraum ändert. Man erreicht dies, indem man nur folgende Umformungsschritte erlaubt:

Definition: Die <u>elementaren Zeilenumformungen</u> einer $m \times n$-Matrix $\mathcal{A}$ sind:
(a) Vertauschung zweier Zeilen,
(b) Multiplikation einer Zeile mit einem Skalar ungleich 0,
(c) Addition eines Vielfachen einer Zeile zu einer anderen Zeile.
Analog erklärt man die <u>elementaren Spaltenumformungen</u> von $\mathcal{A}$.

Definition: Wenn man eine elementare Zeilenumformung einer $m \times n$-Matrix speziell auf die $m \times m$-Einheitsmatrix anwendet, so nennt man das Ergebnis <u>die zu dieser Umformung gehörige Elementarmatrix</u>. Ebenso erhält man die zu einer elementaren Spaltenumformung von $\mathcal{A}$ gehörige Elementarmatrix, indem man diese Spaltenumformung auf die $n \times n$-Einheitsmatrix anwendet.

Beispiele:

$$\mathcal{A} = \begin{pmatrix} 1 & 2 & 3 & 4 \\ 2 & 1 & 0 & 0 \\ -7 & 1 & 1 & 1 \end{pmatrix}$$

Addiert man das Dreifache der ersten Zeile zur dritten, so erhält man

$$\begin{pmatrix} 1 & 2 & 3 & 4 \\ 2 & 1 & 0 & 0 \\ -4 & 7 & 10 & 13 \end{pmatrix}$$

Die zugehörige Elementarmatrix erhält man, indem man diese Zeilenumformung auf $\begin{pmatrix} 1 & 0 & 0 \\ 0 & 1 & 0 \\ 0 & 0 & 1 \end{pmatrix}$ anwendet; sie ist also $\begin{pmatrix} 1 & 0 & 0 \\ 0 & 1 & 0 \\ 3 & 0 & 1 \end{pmatrix}$. Vertauscht man die beiden ersten Spalten in $\mathcal{A}$, so erhält man

$$\begin{pmatrix} 2 & 1 & 3 & 4 \\ 1 & 2 & 0 & 0 \\ 1 & -7 & 1 & 1 \end{pmatrix}$$

Die zugehörige Elementarmatrix erhält man, indem man diese Spaltenumformung auf

$$\begin{pmatrix} 1 & 0 & 0 & 0 \\ 0 & 1 & 0 & 0 \\ 0 & 0 & 1 & 0 \\ 0 & 0 & 0 & 1 \end{pmatrix}$$

anwendet. Sie ist also

$$\begin{pmatrix} 0 & 1 & 0 & 0 \\ 1 & 0 & 0 & 0 \\ 0 & 0 & 1 & 0 \\ 0 & 0 & 0 & 1 \end{pmatrix}.$$

Bemerkung 8.2: Die Vertauschung zweier Zeilen wird durch nochmaliges Vertauschen dieser Zeilen wieder rückgängig gemacht; ebenso die Multiplikation einer Zeile mit einem Skalar $\lambda \neq 0$ durch nochmalige Multiplikation dieser Zeile, diesmal mit λ^{-1}. Schließlich wird die Addition des λ-fachen der i-ten Zeile zur j-ten Zeile ($i \neq j$) rückgängig gemacht durch Addition des $(-\lambda)$-fachen der i-ten Zeile zur j-ten Zeile. Ebenso sieht man, daß sich jede elementare Spaltenumformung durch eine elementare Spaltenumformung wieder rückgängig machen läßt.

Satz 8.3: (a) Die zur Vertauschung der i-ten und j-ten Zeile gehörige Elementarmatrix hat als r-ten Zeilenvektor den Einheitsvektor

$$\begin{aligned} e_r, \quad &\text{falls} \quad r \neq i, j, \\ e_j, \quad &\text{falls} \quad r = i, \\ e_i, \quad &\text{falls} \quad r = j. \end{aligned}$$

(b) Die zur Multiplikation der i-ten Zeile mit $0 \neq \lambda \in F$ gehörige Elementarmatrix hat als r-ten Zeilenvektor

$$\begin{aligned} e_r, \quad &\text{falls} \quad r \neq i, \\ e_i \cdot \lambda, \quad &\text{falls} \quad r = i. \end{aligned}$$

(c) Die zur Addition des λ-fachen der i-ten Zeile zur j-ten Zeile gehörige Elementarmatrix hat als r-ten Zeilenvektor

$$\begin{aligned} e_r, \quad &\text{falls} \quad r \neq j, \\ e_i \cdot \lambda + e_j, \quad &\text{falls} \quad r = j. \end{aligned}$$

Beweis: Folgt unmittelbar aus der Definition und der Tatsache, daß e_r der r-te Zeilenvektor von $\mathcal{E}$ ist.

<u>**Satz 8.4:**</u>   Sei $\mathcal{U}$ die zu einer elementaren Zeilenumformung gehörige Elementarmatrix. Dann ist $\mathcal{U} \cdot \mathcal{A}$ die Matrix, welche aus $\mathcal{A}$ bei dieser Umformung entsteht.

<u>**Beweis:**</u>   Sei $\mathcal{U} = (u_{rs})$ und seien $z_1, \ldots, z_m$ die Zeilenvektoren von $\mathcal{A}$; dann ist $\sum_{s=1}^{m} z_s \cdot u_{rs}$ die r-te Zeile von $\mathcal{U} \cdot \mathcal{A}$, denn die t-te Komponente dieses Vektors ist $\sum_{s=1}^{m} u_{rs} \cdot a_{st}$, also der Eintrag an der Stelle (r, t) in $\mathcal{U} \cdot \mathcal{A}$. Nach Satz 8.3 kennt man u_{rs}. Die drei Typen elementarer Umformungen werden nun getrennt betrachtet.

(a)   Vertauschung der i-ten und j-ten Zeile. Dann ist

$$u_{rs} = \begin{cases} 1 & \text{falls } r = s \neq i, j \text{ oder } r = i, s = j \text{ oder } r = j, s = i, \\ 0 & \text{sonst.} \end{cases}$$

Die r-te Zeile von $\mathcal{U} \cdot \mathcal{A}$ ist also

$$\begin{array}{lll} z_r, & \text{falls} & r \neq i, j, \\ z_j, & \text{falls} & r = i, \\ z_i, & \text{falls} & r = j. \end{array}$$

Die Behauptung folgt in diesem Fall.

(b)   Multiplikation der i-ten Zeile mit λ. Dann ist

$$u_{rs} = \begin{cases} 1, & \text{falls } r = s \neq i , \\ \lambda & \text{falls } r = s = i , \\ 0 & \text{sonst.} \end{cases}$$

Die r-te Zeile von $\mathcal{U} \cdot \mathcal{A}$ ist also

$$\begin{array}{lll} z_r, & \text{falls} & r \neq i, \\ z_i \cdot \lambda, & \text{falls} & r = i. \end{array}$$

Wieder folgt die Behauptung.

(c)   Addition des λ-fachen der i-ten Zeile zur j-ten Zeile. Dann ist

$$u_{rs} = \begin{cases} 1, & \text{falls } r = s, \\ \lambda, & \text{falls } r = j \text{ und } s = i, \\ 0 & \text{sonst.} \end{cases}$$

Die r-te Zeile von $\mathcal{U} \cdot \mathcal{A}$ ist also

$$\begin{array}{lll} z_r, & \text{falls} & r \neq j, \\ z_i \cdot \lambda + z_j, & \text{falls} & r = j. \end{array}$$

Hiermit ist der Satz bewiesen.

<u>**Bemerkung 8.5:**</u>   Die Sätze 8.3 und 8.4 gelten analog für Spaltenumformungen und die zugehörigen elementaren Matrizen, wenn man das Produkt $\mathcal{U} \cdot \mathcal{A}$ durch $\mathcal{A} \cdot \mathcal{U}$ ersetzt. Dies folgt sofort aus den Sätzen 8.4 und 6.1.

<u>**Folgerung 8.6:**</u>   (a)   Die Elementarmatrizen sind invertierbar. Ihre Inversen sind Elementarmatrizen.

(b)   Elementare Umformungen ändern den Rang einer Matrix nicht.

<u>Beweis:</u>   (a)   Sei $\mathcal{U}$ eine Elementarmatrix zu einer elementaren Zeilenumformung, d.h. $\mathcal{U}$ geht aus $\mathcal{E}$ durch diese hervor.   Nach Bemerkung 8.2 läßt sich diese Zeilenumformung durch eine elementare Zeilenumformung wieder rückgängig machen.   Wenn $\mathcal{V}$ deren zugehörige Elementarmatrix ist, dann ist also $\mathcal{E} = \mathcal{V} \cdot \mathcal{U}$ nach Satz 8.4. Daher ist $\mathcal{V} = \mathcal{U}^{-1}$ nach Folgerung 6.8.

(b)   Nach Satz 8.4 und (a) entspricht eine elementare Umformung der Multiplikation mit einer invertierbaren Matrix. Die Behauptung folgt daher aus Satz 6.9.

Wenn man den Rang einer Matrix berechnen will, darf man also auch "nach Herzenslust" elementare Umformungen auf die Matrix anwenden. Wenn man diese "richtig" macht, kann man $\mathcal{A}$ schließlich zu einer Matrix in Treppenform umformen, der man ihren Rang dann ansieht.

<u>**Beispiel:**</u>   Durch elementare Umformungen geht die Matrix

$$\mathcal{A} = \begin{pmatrix} 5 & 10 & 20 & 1000 \\ 1 & 1 & 1 & 100 \\ 12 & 12 & 20 & 1400 \end{pmatrix}$$

in die folgenden Matrizen über:

$$\mathcal{A} \rightarrow \begin{pmatrix} 0 & 5 & 15 & 500 \\ 1 & 1 & 1 & 100 \\ 12 & 12 & 20 & 1400 \end{pmatrix} \rightarrow \begin{pmatrix} 1 & 1 & 1 & 100 \\ 0 & 5 & 15 & 500 \\ 12 & 12 & 20 & 1400 \end{pmatrix} \rightarrow \begin{pmatrix} 1 & 1 & 1 & 100 \\ 0 & 5 & 15 & 500 \\ 0 & 0 & 8 & 200 \end{pmatrix}$$

Algorithmus 8.7 (Gauß):   Jede $m \times n$-Matrix $\mathcal{A} = (a_{ij})$ mit Zeilenvektoren z_i und Spaltenvektoren s_j wird durch folgenden Algorithmus in eine $m \times n$-Matrix umgeformt, die mit $\mathcal{T}(\mathcal{A})$ bezeichnet wird. Wenn $\mathcal{A}$ die Nullmatrix ist, bricht der Algorithmus ab. **Andernfalls wendet man folgende Schritte an:**

Sei $r = 1$.

<u>1. Schritt:</u>   Sei s_{j_r} der erste Spaltenvektor von $\mathcal{A}$, der ab der r-ten Zeile nicht nur Komponenten gleich Null hat.   Dazu gibt es einen ersten Zeilenvektor $z_i = (a_{i1}, a_{i2}, \ldots, a_{ij_r}, \ldots, a_{in})$ mit $i \geq r$ und $a_{ij_r} \neq 0$. Vertausche z_r mit diesem Zeilenvektor z_i. Danach erhalten wir eine Matrix, für die $a_{rj_r} \neq 0$ gilt.

<u>2. Schritt:</u>   Für jedes $i > r$ wende die Zeilenoperation an, die z_i durch $z_i - z_r \cdot \frac{a_{ij_r}}{a_{rj_r}}$ ersetzt.

<u>3. Schritt:</u>   Gibt es in der Matrix $\mathcal{A}$ noch einen Spaltenvektor, der ab der $(r+1)$-ten Zeile nicht nur Komponenten gleich Null hat, so ersetzt man r durch $r + 1$ und wiederholt die Schritte 1 bis 3. Andernfalls bricht der Algorithmus ab.

<u>**Satz 8.8:**</u>   (a)   Wendet man den Gauß'schen Algorithmus auf eine $m \times n$-Matrix $\mathcal{A}$ an, so erhält man nach spätestens 3m Schritten eine Matrix $\mathcal{T}(\mathcal{A})$ in Treppenform.

(b)   Der Gauß'sche Algorithmus erhält den Rang einer Matrix.

59

<u>Beweis:</u>   (a)   folgt unmittelbar aus der Definition.

(b)   folgt aus Folgerung 8.6, da nur elementare Zeilenumformungen angewendet werden.

<u>Beispiel:</u>   Sei

$$\mathcal{A} = \begin{pmatrix} 0 & 0 & 1 & 1 & 2 \\ 0 & 2 & 3 & 7 & 8 \\ 0 & 4 & 1 & 9 & 6 \\ 0 & 6 & -4 & 8 & 2 \end{pmatrix}.$$

Zunächst ist $r = 1$ und $j_1 = 2$, da dies die erste Spalte $\neq 0$ ist. Dann ist $i = 2$, da in der zweiten Spalte der zweite Eintrag der erste von Null verschiedene Eintrag ist. Also ist $a_{ij_r} = a_{22} = 2$. Im zweiten Schritt werden die r-te und die i-te Zeile vertauscht, also die erste und die zweite Zeile. Dann erhält man

$$\mathcal{A} = \begin{pmatrix} 0 & 2 & 3 & 7 & 8 \\ 0 & 0 & 1 & 1 & 2 \\ 0 & 4 & 1 & 9 & 6 \\ 0 & 6 & -4 & 8 & 2 \end{pmatrix}.$$

Anschließend substrahiert man $(\frac{1}{2} \cdot z_1) \cdot a_{j2}$ von z_j für $j = 2, 3, 4$ und erhält

$$\mathcal{A} = \begin{pmatrix} 0 & 2 & 3 & 7 & 8 \\ 0 & 0 & 1 & 1 & 2 \\ 0 & 0 & -5 & -5 & -10 \\ 0 & 0 & -13 & -13 & -22 \end{pmatrix}.$$

Es gibt noch Spalten, die ab der zweiten Stelle nicht nur Nullen enthalten. Daher setzt man jetzt $r = 2$. Die erste Spalte, die ab der zweiten Stelle noch Elemente $\neq 0$ enthält, ist die dritte, also ist $j_2 = 3$. Das erste Element $\neq 0$ ab dieser Stelle in dieser Spalte ist $a_{23} = 1$, also ist $i = 2 = r$. Vertauschen der i-ten mit der r-ten Zeile ändert also die Matrix nicht. Anschließend substrahiert man $z_2 \cdot a_{j3}$ von z_j für $j = 3, 4$ und erhält

$$\mathcal{A} = \begin{pmatrix} 0 & 2 & 3 & 7 & 8 \\ 0 & 0 & 1 & 1 & 2 \\ 0 & 0 & 0 & 0 & 0 \\ 0 & 0 & 0 & 0 & 4 \end{pmatrix}.$$

Es gibt noch Spalten, die ab der dritten Stelle nicht nur Nullen enthalten. Daher setzt man $r = 3$. Die erste solche Spalte ist die fünfte, also ist $j_r = 5$. Das kleinste $i \geq 3$ mit $a_{i5} \neq 0$ ist $i = 4$. Vertauschung der dritten und vierten Zeile ergibt

$$\mathcal{A} = \begin{pmatrix} 0 & 2 & 3 & 7 & 8 \\ 0 & 0 & 1 & 1 & 2 \\ 0 & 0 & 0 & 0 & 4 \\ 0 & 0 & 0 & 0 & 0 \end{pmatrix}.$$

Hier endet der Algorithmus.

Die Bedeutung des Gauß'schen Algorithmus liegt darin, daß damit ein Verfahren beschrieben ist, welches stets zu einer Matrix in Treppenform führt. Dazu ist er noch leicht zu programmieren. Das folgende Beispiel zeigt aber, daß es manchmal günstigere Verfahren gibt, eine Matrix mittels elementarer Zeilenumformungen auf Treppenform zu transformieren.

Beispiel:

$$\mathcal{A} = \begin{pmatrix} 3 & 5 & 1 \\ 7 & 1 & 0 \\ 1 & 0 & 0 \end{pmatrix}.$$

Verwendet man den Gauß'schen Algorithmus, so erhält man der Reihe nach

$$\begin{pmatrix} 3 & 5 & 1 \\ 0 & -32/3 & -7/3 \\ 0 & -5/3 & -1/3 \end{pmatrix}$$

und dann

$$T_1 = \begin{pmatrix} 3 & 5 & 1 \\ 0 & -32/3 & -7/3 \\ 0 & 0 & 1/32 \end{pmatrix},$$

wenn man sich bei den Brüchen nicht verrechnet. Damit ist eine Matrix in Treppenform gefunden.

Addiert man dagegen zunächst das (-3)-fache der dritten Zeile zur ersten und das (-7)-fache der dritten Zeile zur zweiten Zeile, so erhält man

$$\begin{pmatrix} 0 & 5 & 1 \\ 0 & 1 & 0 \\ 1 & 0 & 0 \end{pmatrix}.$$

Addition des (-5)-fachen der zweiten Zeile zur ersten ergibt

$$\begin{pmatrix} 0 & 0 & 1 \\ 0 & 1 & 0 \\ 1 & 0 & 0 \end{pmatrix}.$$

Vertauscht man noch die erste Zeile mit der dritten, so erhält man

$$T_2 = \begin{pmatrix} 1 & 0 & 0 \\ 0 & 1 & 0 \\ 0 & 0 & 1 \end{pmatrix}$$

in Treppenform. Der Rechenaufwand ist geringer und das Ergebnis schöner. Natürlich haben T_1 und T_2 den gleichen Rang, nämlich den von $\mathcal{A}$.

Bemerkung 8.9: Bei der Beschreibung des Gauß'schen Algorithmus wurden elementare Zeilenumformungen des zweiten Typs, nämlich Multiplikation einer Zeile mit einem Skalar, nicht benötigt. Dies wird sich beim Berechnen von Determinanten als nützlich erweisen.

Wir schließen unsere Bemerkungen zum Gauß'schen Algorithmus, indem wir sein Flußdiagramm angeben. Dort werden die Prozeduren "Zeilentausch" und "Zeilenadd" benötigt, wobei Zeilentausch $[\mathcal{A}, r, s]$ die Vertauschung der r-ten und s-ten Zeile von $\mathcal{A}$ bewirkt und Zeilenadd $[\mathcal{A}, \lambda, r, s]$ das λ-fache der r-ten zur s-ten Zeile addiert. Die Formulierung dieser Prozeduren in Form von Flußdiagrammen wird dem Leser als Übungsaufgabe überlassen.

Gauß [A] :

Eingabe:
$A = (a_{ij})$ mit Zeilenvektoren $z_1,\ldots,z_m$
m, n = Spalten— bzw. Zeilenlänge von A
r = 1
t = 1
r ≤ n ?
nein
Ausgabe A
Stop
ja
s = t
s ≤ m ?
nein
r = r+1
ja
$a_{sr} \neq 0$?
nein
s = s+1
ja
t = s ?
ja
nein
t = t+1
Zeilentausch [A, s, t]
x = t+1
x ≤ m ?
nein
Zeilenadd [A, $-\dfrac{a_{x,r}}{a_{t,r}}$, t, x]
x = x+1

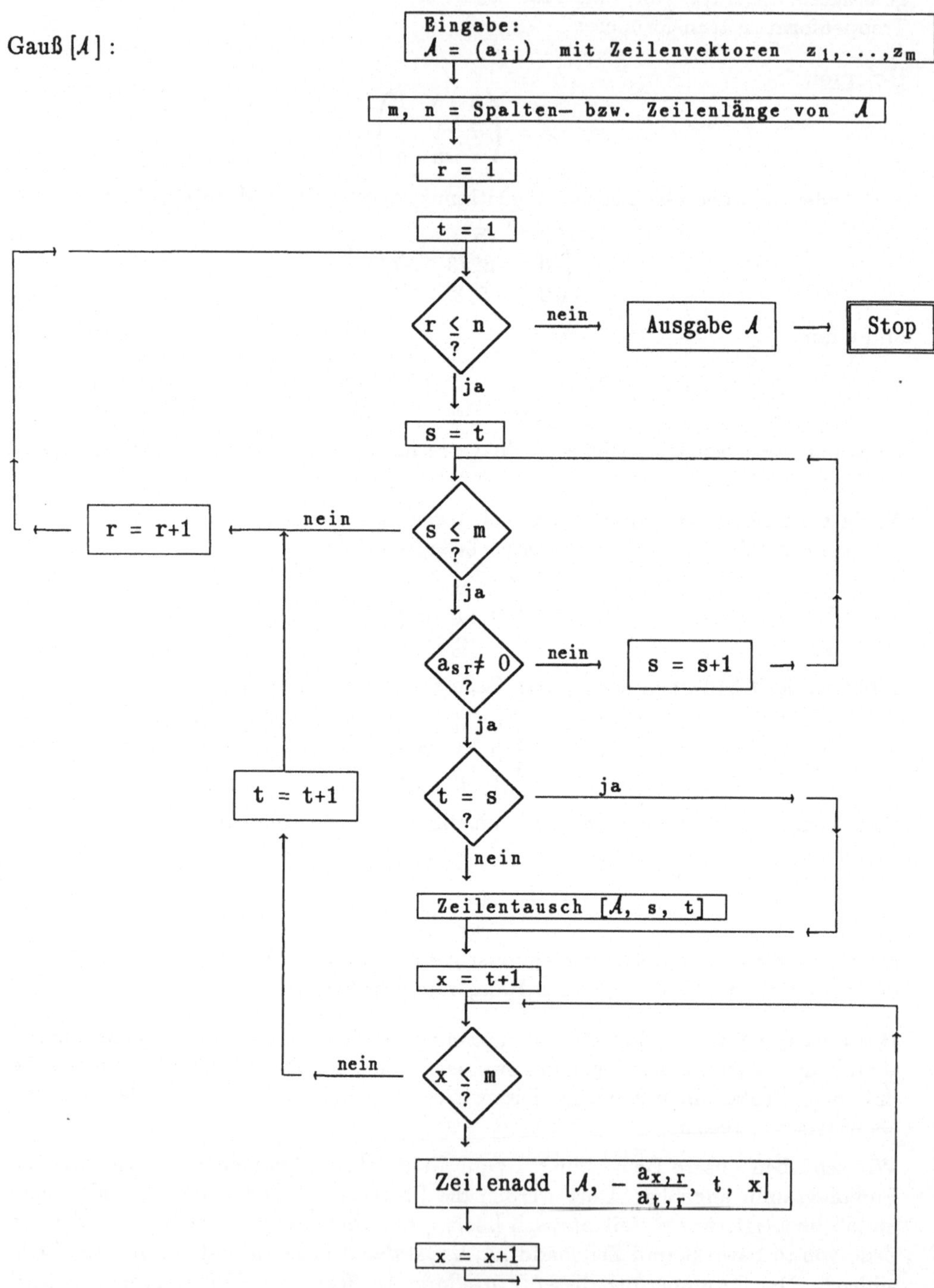

Definition: Sei $\mathcal{A} = (a_{ij})$ eine $m \times n$-Matrix und $a_{rs} \neq 0$ für ein $1 \leq r \leq m$ und ein $1 \leq s \leq n$. Seien z_i, $i = 1, \ldots, m$ die Zeilenvektoren von $\mathcal{A}$. Dann nennt man die folgende Matrizenumformung <u>Zeilenpivotierung von $\mathcal{A}$ an der Pivotstelle (r, s)</u>:

1) Man multipliziert die r-te Zeile z_r mit $1/a_{rs}$, d.h. man ersetzt z_r durch $z_r \cdot (a_{rs})^{-1}$.

2) Für $k = 1, \ldots, m$, $k \neq r$ ersetzt man die k-te Zeile z_k durch $z_k - z_r \cdot a_{ks}$.

Analog erklärt man die <u>Spaltenpivotierung</u>.

Bemerkung 8.10: (a) Aus 1) und 2) folgt, daß die durch Zeilenpivotierung aus $\mathcal{A}$ hervorgegangene Matrix $\mathcal{B} = (b_{ij})$ in der s-ten Spalte bis auf die Komponente b_{rs} nur aus Nullen besteht, und $b_{rs} = 1$. Also ist die s-te Spalte gleich dem Einheitsvektor e_r.

(b) Die Zeilenpivotierung besteht aus einer Reihe elementarer Zeilenumformungen.

Beispiel: Wir führen die Zeilenpivotierung der folgenden Matrix $\mathcal{A}$ an der Pivotstelle $(3, 3)$ durch:

$$\mathcal{A} = \begin{pmatrix} 1 & 2 & -1 \\ 3 & 0 & 1 \\ 0 & 1 & 2 \end{pmatrix} \xrightarrow[1/2 \cdot (3.\ Zeile)]{} \begin{pmatrix} 1 & 2 & -1 \\ 3 & 0 & 1 \\ 0 & 1/2 & 1 \end{pmatrix}$$

$$\xrightarrow[1.\ Zeile+3.\ Zeile]{} \begin{pmatrix} 1 & 5/2 & 0 \\ 3 & 0 & 1 \\ 0 & 1/2 & 1 \end{pmatrix} \xrightarrow[2.\ Zeile-3.\ Zeile]{} \begin{pmatrix} 1 & 5/2 & 0 \\ 3 & -1/2 & 0 \\ 0 & 1/2 & 1 \end{pmatrix}$$

Die Prozedur der Zeilenpivotierung hat das folgende Flußdiagramm:

zpivot [A, r, s]:

Eingabe:
$A = (a_{ij})$ mit Zeilenvektoren $z_1, \ldots, z_m$, r, s
m = Spaltenlänge von A
n = Zeilenlänge von A
r ≤ m und s ≤ n ?
nein
ja
Fehlermeldung
Stop
c = a_{rs}
c ≠ 0 ?
nein
ja
Fehlermeldung
Stop
t = 1
z_r = sklmul [z_r, 1/c]
t ≤ m ?
nein
ja
Ausgabe A
Stop
t ≠ r ?
nein
ja
t ≠ m ?
nein
ja
t = t + 1
d = a_{ts}
z_t = vecadd [z_t, sklmul [z_r, −d]]
t = t+1

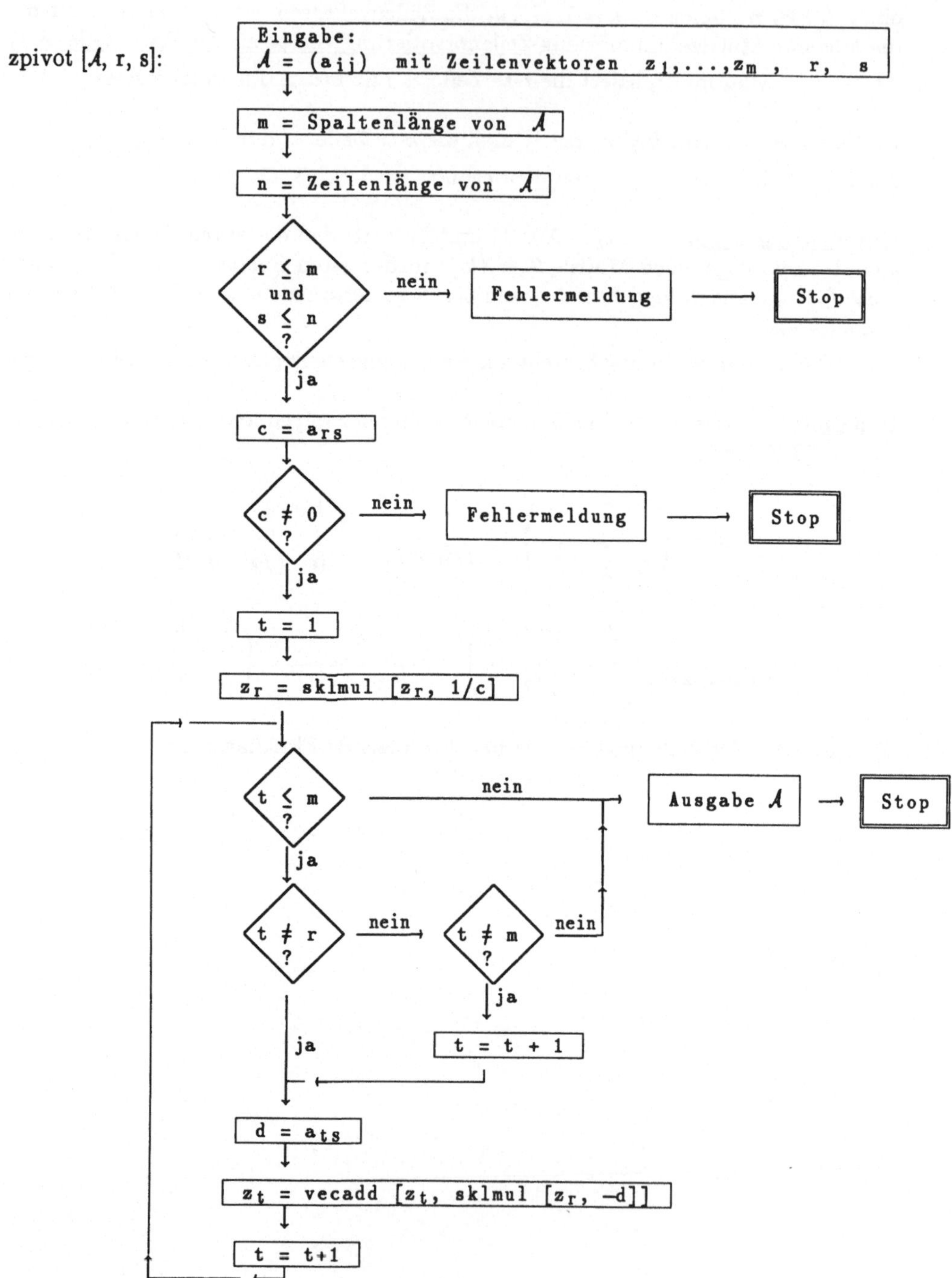

Definition: Eine $m \times n$-Matrix $\mathcal{T} = (t_{ij})$ ist in Treppennormalform, wenn $\mathcal{T}$ die Nullmatrix ist, oder ein r mit $1 \leq r \leq m$ und eine Folge $1 \leq j_1 < \ldots < j_r \leq n$ existieren derart, daß folgendes gilt:

a) Wenn $i > r$, dann ist $t_{ik} = 0$ für alle $k = 1, \ldots, n$.
b) $t_{ik} = 0$ für $i = 1, \ldots, r$ und $k < j_i$.
c) $t_{ij_i} = 1$ für $i = 1, \ldots, r$.
d) $t_{sj_i} = 0$ für $i = 1, \ldots, r$ und $s \neq i$.

Bemerkung 8.11: a) bis c) besagen, daß $\mathcal{T}$ in Treppenform ist. Aus c) und d) folgt, daß diese "führenden", von Null verschiedenen Zahlen immer 1 sind und daß eine Spalte, die solch eine "führende Eins" enthält, sonst nur aus Nullen besteht; genauer ist die j_i-te Spalte gerade $e_i \in F^m$.

Beispiele: 1) Die Matrix

$$\begin{pmatrix} 5 & 1 & 2 & 7 & 9 & 0 & 8 \\ 0 & 0 & 3 & 6 & 1 & 7 & 2 \\ 0 & 0 & 0 & -2 & 3 & -1 & 1 \\ 0 & 0 & 0 & 0 & 0 & 0 & 1 \end{pmatrix}$$

ist in Treppenform, aber nicht in Treppennormalform.

2) Die Matrix

$$\mathcal{B} = \begin{pmatrix} 1 & 2 & 0 & -1 & 0 & 2 \\ 0 & 0 & 1 & 5 & 0 & -2 \\ 0 & 0 & 0 & 0 & 1 & 7 \\ 0 & 0 & 0 & 0 & 0 & 0 \end{pmatrix}$$

ist in Treppennormalform.

Algorithmus 8.12 (Gauß-Jordan): Jede $m \times n$-Matrix $\mathcal{A} = (a_{ij})$ mit Zeilenvektoren z_i, $i = 1, \ldots, m$ und Spaltenvektoren s_j, $j = 1, \ldots, n$ wird durch folgenden Algorithmus zu einer neuen $m \times n$-Matrix umgeformt:

Sei $r = 1$.

1. Schritt: Sei s_{j_r} der erste Spaltenvektor von $\mathcal{A}$, der ab der r-ten Stelle nicht nur Komponenten gleich Null hat, d.h. $a_{kj_r} \neq 0$ für ein $r \leq k \leq m$. Sei ferner $a_{i_r j_r}$ der erste von Null verschiedene Eintrag in s_{j_r} mit $i_r \geq r$, d.h. $a_{i_r j_r}$ steht in der i_r-ten Zeile z_{i_r} von $\mathcal{A}$.

2. Schritt: Nun vertauscht man die r-te mit der i_r-ten Zeile und führt anschließend $zpivot[\mathcal{A}, r, j_r]$ durch. Dies erzeugt in der j_r-ten Spalte Nullen, bis auf den r-ten Eintrag in s_{j_r}, der gleich 1 ist.

3. Schritt: Wenn es in der Matrix $\mathcal{A}$ noch ein Spaltenvektor gibt, der ab der $(r + 1)$-ten Stelle nicht nur Komponenten gleich Null hat, so erhöht man r um 1 und wiederholt die Schritte 1 bis 3. Ansonsten bricht man das Verfahren jetzt ab.

Beispiel: Sei

$$\mathcal{A} = \begin{pmatrix} 2 & 2 & 1 & 7 \\ 1 & 1 & 1 & 4 \\ 0 & 0 & 2 & 2 \end{pmatrix} \xrightarrow{\ zpivot\ [\mathcal{A},1,1]\ } \begin{pmatrix} 1 & 1 & 1/2 & 7/2 \\ 0 & 0 & 1/2 & 1/2 \\ 0 & 0 & 2 & 2 \end{pmatrix}$$

$$\xrightarrow{\ zpivot\ [\mathcal{A},2,3]\ } \begin{pmatrix} 1 & 1 & 0 & 3 \\ 0 & 0 & 1 & 1 \\ 0 & 0 & 0 & 0 \end{pmatrix} = \mathcal{B}.$$

Die Matrix $\mathcal{B}$ geht durch den Gauß-Jordan-Algorithmus aus der Matrix $\mathcal{A}$ hervor. $\mathcal{B}$ ist in Treppennormalform.

Satz 8.13:   Jede $m \times n$-Matrix $\mathcal{A}$ wird durch den Gauß-Jordan-Algorithmus zu einer Matrix in Treppennormalform transformiert.

Beweis   folgt unmittelbar aus der Definition der Treppennormalform und des Gauß-Jordan-Algorithmus.

Bemerkung: Im Gegensatz zur Treppenform ist die Treppennormalform einer Matrix eindeutig bestimmt.

Es folgt nun das Flußdiagramm des Gauß-Jordan-Algorithmus:

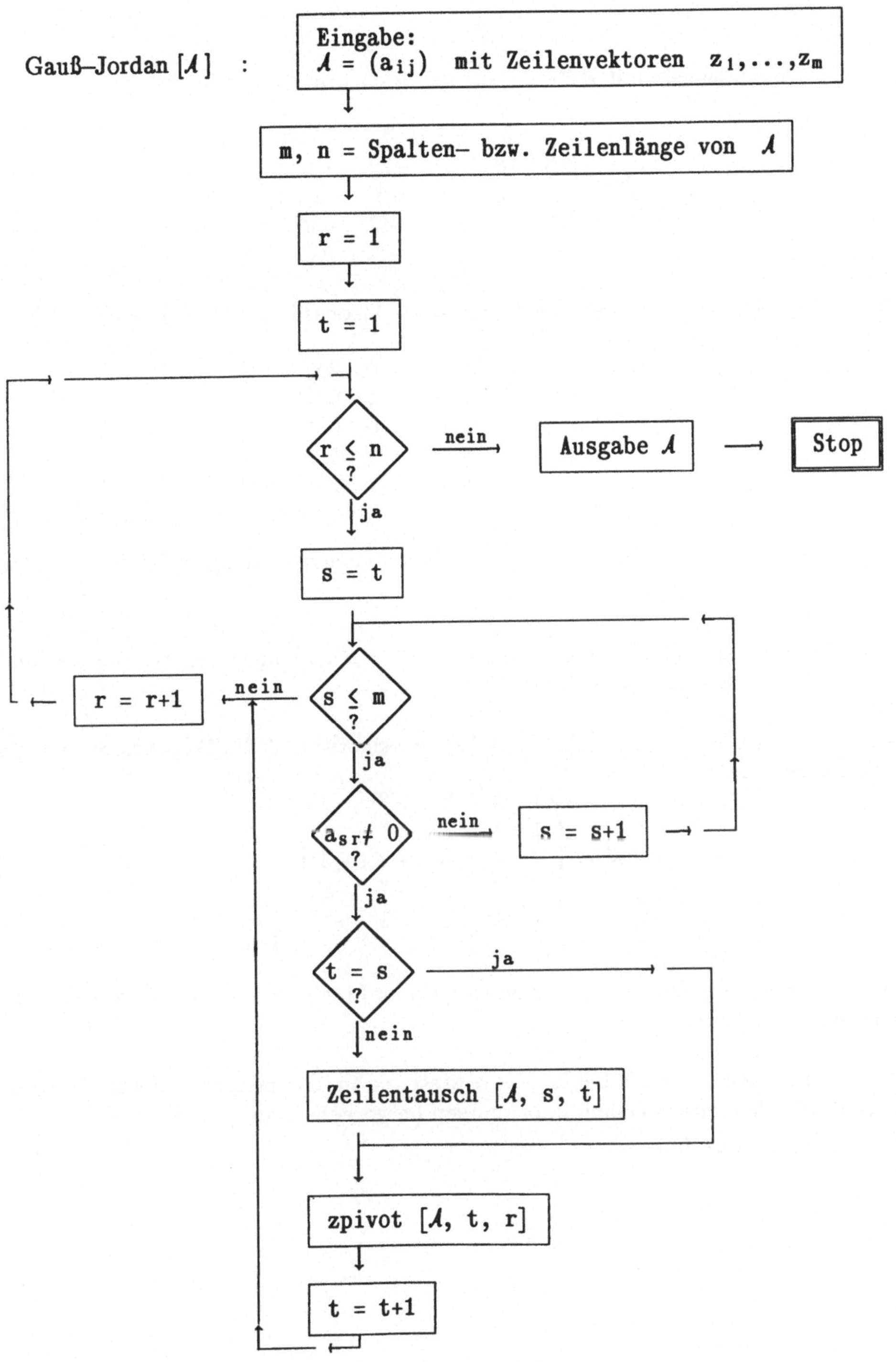

Gauß–Jordan [A] :
Eingabe:
$A = (a_{ij})$ mit Zeilenvektoren $z_1,\ldots,z_m$
m, n = Spalten– bzw. Zeilenlänge von A
r = 1
t = 1
$r \leq n$?
nein
ja
Ausgabe A
Stop
s = t
$s \leq m$?
nein
ja
r = r+1
$a_{sr} \neq 0$?
nein
ja
s = s+1
t = s ?
ja
nein
Zeilentausch [A, s, t]
zpivot [A, t, r]
t = t+1

Übungsaufgaben

8.1. Berechnen Sie mit Hilfe der elementaren Umformungen den Rang von

$$\mathcal{A} = \begin{pmatrix} 2 & 3 & -4 & 3 & 18 \\ 6 & 18 & -4 & -22 & -6 \\ 4 & 12 & -6 & -8 & 6 \\ 6 & 18 & 6 & -42 & -36 \end{pmatrix}$$

8.2. Berechnen Sie mittels des Gauß'schen Algorithmus die Treppenform $\mathcal{T}(\mathcal{A})$ der folgenden Matrix:

$$\mathcal{A} = \begin{pmatrix} 1 & 3 & 4 & 0 & 2 \\ 2 & 5 & 7 & 1 & 0 \\ -1 & 2 & -3 & 0 & 0 \\ 3 & 8 & 11 & 4 & 0 \\ 3 & 8 & 11 & 1 & 2 \end{pmatrix}$$

8.3. Sei $\mathcal{A} = (a_{ij})$ eine untere $n \times n$-Dreiecksmatrix mit $a_{ii} = 0$ für $1 \leq i \leq n$. Zeigen Sie:

(a) $\mathcal{A}^n = 0$.

(b) Ist $\mathcal{E}$ die $n \times n$-Einheitsmatrix, so ist $\mathcal{E} - \mathcal{A} = \mathcal{B}$ eine invertierbare Matrix, und $(\mathcal{E} - \mathcal{A})^{-1} = \mathcal{E} + \mathcal{A} + \mathcal{A}^2 + ... + \mathcal{A}^{n-1}$.

8.4. Berechnen Sie mit Hilfe Gauß-Jordan-Algorithmus die Treppennormalform der folgenden Matrix

$$\mathcal{A} = \begin{pmatrix} 1 & 3 & 1 & -2 & -3 \\ 1 & 4 & 3 & -1 & -4 \\ 2 & 3 & -4 & -7 & -3 \\ 3 & 8 & 1 & -7 & -8 \\ 1 & 4 & 4 & -1 & -4 \end{pmatrix}$$

8.5. Zeigen Sie, daß sich der Zeilenraum einer Matrix bei elementaren Zeilenumformungen nicht ändert.

8.6. Es seien $\mathcal{A}$ und $\mathcal{B}$ beide $m \times n$-Matrizen in Treppennormalform. Wenn $\mathcal{B}$ aus $\mathcal{A}$ durch elementare Zeilenumformungen hervorgeht, dann ist $\mathcal{A} = \mathcal{B}$.

(Hinweis: Induktion über n)

9. Bestimmung von Lösungen und Näherungslösungen eines linearen Gleichungssystems

Jedes lineare Gleichungssystem mit $m \times n$-Koeffizientenmatrix $\mathcal{A}$, Unbestimmtenvektor x und Konstantenvektor $d \in F^m$ hat die Form (G)

$$\mathcal{A} \cdot x = d.$$

Definition: Sei $\hat{A}$ die $m \times (n+1)$-Matrix, die aus $\mathcal{A}$ entsteht, indem man den Vektor d als letzte Spalte zu $\mathcal{A}$ hinzufügt, d.h. $\hat{A} = (\mathcal{A}, d)$. $\hat{A}$ heißt <u>erweiterte Matrix</u> des Gleichungssystems.

Beispiel: Das Gleichungssystem (T) läßt sich schreiben als $\mathcal{A} \cdot x = d$ mit

$$\mathcal{A} = \begin{pmatrix} 5 & 10 & 20 \\ 1 & 1 & 1 \\ 12 & 12 & 20 \end{pmatrix}$$

und

$$d = \begin{pmatrix} 1000 \\ 100 \\ 1400 \end{pmatrix}.$$

Die erweiterte Matrix zu (T) sieht dann wie folgt aus:

$$\hat{A} = \begin{pmatrix} 5 & 10 & 20 & 1000 \\ 1 & 1 & 1 & 100 \\ 12 & 12 & 20 & 1400 \end{pmatrix}$$

Mittels dieser Definition läßt sich Satz 4.7 umformulieren zu

Satz 9.1: Das lineare Gleichungssystem (G)

$$\mathcal{A} \cdot x = d$$

hat genau dann eine Lösung, wenn die Koeffizientenmatrix $\mathcal{A}$ und die erweiterte Matrix $rg(\hat{A})$ von (G) den gleichen Rang haben, d.h. $rg(\mathcal{A}) = rg(\hat{A})$.

Bemerkung: Die Gleichheit von $rg(\mathcal{A})$ und $rg(\hat{A})$ kann man mit dem Gauß-Algorithmus überprüfen.

Bei den Umformungen in Abschnitt 1, die das Gleichungssystem (T) in das Gleichungssystem (T') überführen, haben wir stillschweigend vorausgesetzt, daß das neue Gleichungssystem (T') dieselben Lösungen wie (T) hat. Darf man ein gegebenes Gleichungssystem stets durch elementare Zeilenoperationen umformen, ohne daß sich die Lösungsgesamtheit des neu entstandenen Gleichungssystems von der des ursprünglichen Systems unterscheidet? Eine Antwort auf diese Fragen gibt der folgende

Satz 9.2:   Sei (G) $A \cdot x = d$ ein lineares Gleichungssystem mit m Gleichungen. Wenn S eine invertierbare $m \times m$-Matrix ist, dann hat (G') $S \cdot A \cdot x = S \cdot d$ die gleichen Lösungen wie (G).

Beweis: Wenn u eine Lösung von (G) ist, dann ist $A \cdot u = d$, also $S \cdot A \cdot u = S \cdot d$. Daher ist u eine Lösung von (G'). Wenn v eine Lösung von (G') ist, dann ist $S \cdot A \cdot v = S \cdot d$, also $A \cdot v = S^{-1} \cdot S \cdot A \cdot v = S^{-1} \cdot S \cdot d = d$. Daher ist v eine Lösung von (G).

Folgerung 9.3:   Seien $\hat{A}$ und $\hat{B}$ die erweiterten Matrizen der linearen Gleichungssysteme (G) und (G'). Wenn $\hat{B}$ aus $\hat{A}$ durch endlich viele elementare Zeilenumformungen hervorgeht, dann haben (G) und (G') dieselben Lösungen.

Beweis: Nach Satz 8.4 und Folgerung 8.6 werden elementare Zeilenumformungen durch Multiplikation von links mit einer invertierbaren Matrix bewirkt. Die Behauptung folgt also aus Satz 9.2.

Nach Satz 8.13 geht die erweiterte Matrix $\hat{A}$ des Gleichungssystems (G) $A \cdot x = d$ durch den Gauß-Jordan-Algorithmus in eine Matrix $\hat{T}$ über, die in Treppennormalform ist. Wegen Folgerung 9.3 erhält man daher die Lösungsgesamtheit von (G) durch den folgenden

Satz 9.4:   Sei (G) ein lineares Gleichungssystem mit $m \times n$-Koeffizientenmatrix T, Unbestimmtenvektor x und Konstantenvektor $d \in F^m$. Sei die erweiterte Matrix von (G) eine $m \times (n+1)$-Matrix $\hat{T} = (t_{ij})$ in Treppennormalform derart, daß die führenden Einsen an den Stellen (i, j_i) für $i = 1, \ldots, r$ stehen. Dann gilt:

a) Wenn die letzte Spalte von $\hat{T}$ eine führende Eins enthält, dann hat (G) keine Lösung.

b) Wenn die letzte Spalte von $\hat{T}$ keine führende Eins enthält, dann ist $a = (a_1, .., a_n)$, definiert durch

$$a_s = \begin{cases} t_{i\,n+1}, & \text{falls } s = j_i, \\ 0, & \text{sonst} \end{cases}$$

eine spezielle Lösung von (G). Außerdem erhält man eine Basis des Lösungsraums des zugehörigen homogenen Systems (H) wie folgt: Für jedes $1 \leq k \leq n$ mit $k \neq j_i$, $i = 1, \ldots, r$, sei der Vektor $b_k = (b_{1k}, \ldots, b_{nk}) \in F^n$ definiert durch

$$b_{sk} = \begin{cases} t_{ik}, & \text{falls } s = j_i \\ -1, & \text{falls } s = k \\ 0, & \text{sonst.} \end{cases}$$

Dann ist $\{b_k \mid 1 \le k \le n,\ k \ne j_i$ für $i = 1, \ldots, r\}$ eine Basis des Lösungsraumes $Ker\ (\mathcal{T})$ von (H).

<u>Beweis:</u>   a)   Enthält die letzte Spalte von $\hat{\mathcal{T}}$ eine führende Eins, dann ist $rg(\hat{\mathcal{T}}) = 1 + rg(\mathcal{T})$. Also hat (G) keine Lösung nach Satz 9.1.

b)   Seien $v_1, \ldots, v_{n+1}$ die Spaltenvektoren von $\hat{\mathcal{T}}$. Es ist nach Bemerkung 8.11

$$\sum_{s=1}^{n} v_s \cdot a_s = \sum_{i=1}^{r} v_{j_i} \cdot a_{j_i} = \sum_{i=1}^{r} e_i \cdot t_{i\ n+1} = v_{n+1}.$$

Daraus folgt, daß a eine spezielle Lösung von (G) ist. Für jedes k mit $1 \le k \le n$ und $k \ne j_i$ für $i = 1, \ldots, r$ gilt

$$\sum_{s=1}^{n} v_s \cdot b_{sk} = -v_k + \sum_{i=1}^{r} v_{j_i} \cdot t_{ik} = -v_k + \sum_{i=1}^{r} e_i \cdot t_{ik} = -v_k + v_k = 0.$$

Also sind alle b_k Lösungen von (H). Wenn

$$\sum_{\substack{k=1 \\ k \ne j_1, \ldots, j_r}}^{n} b_k \cdot \lambda_k = 0$$

für $\lambda_k \in F$, dann ist für jedes k_0 mit $1 \le k_0 \le n$ und $k_0 \ne j_1, \ldots, j_r$ auch

$$0 = \sum_{\substack{k=1 \\ k \ne j_1, \ldots, j_r}}^{n} b_{k_0 k} \cdot \lambda_k = -\lambda_{k_0}.$$

Daraus folgt, daß alle $\lambda_k = 0$ sind, und somit sind die b_k's linear unabhängig.

Da $rg(\hat{\mathcal{T}}) = r$, ist die Dimension des Lösungsraumes von (H) nach Satz 5.9 gleich *dim Ker* $(\mathcal{T}) = n - dim\ Im(\mathcal{T}) = n - r$. Also bilden die b_k's eine Basis des **Lösungsraumes $Ker\ (\mathcal{T})$ von (H) nach Folgerung 5.7.**

Aus Folgerung 9.3 und Satz 9.4 ergibt sich folgendes Lösungsverfahren für lineare Gleichungssysteme:

<u>**Lösungsverfahren 9.5:**</u>   Gegeben sei ein lineares Gleichungssystem (G) $\mathcal{A} \cdot x = d$ mit $m \times n$-Koeffizientenmatrix $\mathcal{A} = (a_{ij})$, Unbestimmtenvektor x und Konstantenvektor $d \in F^n$. Sei $\hat{\mathcal{A}} = (\mathcal{A}, d)$ die zu (G) gehörige erweiterte Matrix. Dann wendet man den Gauß-Jordan-Algorithmus auf $\hat{\mathcal{A}}$ an und erhält eine $m \times (n + 1)$-Matrix $\hat{\mathcal{T}} = (t_{ij})$ in Treppennormalform mit führenden Einsen an den Stellen (i, j_i), $i = 1, \ldots, r$.

1. Fall: Hat $\hat{\mathcal{T}}$ in der letzten Spalte eine führende Eins, so hat (G) keine Lösung.

2. Fall: Gibt es keine führende Eins in der letzten Spalte, so sieht $\hat{T}$ wie folgt aus:

$$
\hat{T} = \begin{pmatrix}
0\ldots & 0 & 1 & t_{1\,j_1+1}\cdots & t_{1\,j_2-1} & 0 & t_{1\,j_2+1}\cdots & t_{1\,j_r-1} & 0 & t_{1\,j_r+1}\cdots & t_{1\,n+1} \\
0\ldots & 0 & 0 & 0\ldots\ldots & 0 & 1 & t_{2\,j_2+1}\cdots & t_{2\,j_r-1} & 0 & t_{2\,j_r+1}\cdots & t_{2\,n+1} \\
0 & 0 & 0 & 0 & 0 & 0 & & & 0 & \\
\vdots & \vdots & \vdots & \vdots & & \vdots & & & 0 & \vdots \\
0\ldots & 0 & 0 & 0\ldots\ldots & 0 & 0 & 0\ldots\ldots & 0 & 1 & t_{r\,j_r+1}\cdots & t_{r\,n+1} \\
0\ldots & 0 & 0 & 0\ldots\ldots & 0 & 0 & 0\ldots\ldots & 0 & 0 & 0\ldots\ldots & 0 \\
\vdots & \vdots & \vdots & \vdots & & \vdots & \vdots & & \vdots & \vdots & \vdots \\
0\ldots & 0 & 0 & 0\ldots\ldots & 0 & 0 & 0\ldots\ldots & 0 & 0 & 0\ldots\ldots & 0
\end{pmatrix} \quad r
$$

mit Spaltenmarkierungen j_1, j_2, j_r.

Nun füge man in die Matrix $\hat{T}$ Nullzeilen so ein, daß die führenden Einsen in der neuen Matrix auf der Diagonalen stehen, d.h. sie stehen dann an der Stelle (j_i, j_i). Durch weiteres Anhängen bzw. Streichen von Nullzeilen bringe man die neue Matrix auf das Format $n \times (n+1)$. Dann ersetze man alle Nullen an der Stelle (k, k) mit $1 \leq k \leq n$ und $k \neq j_1, \ldots, j_r$ durch eine -1. Sei S die neu entstandene Matrix mit den Spaltenvektoren $s_1, s_2, \ldots, s_{n+1}$. Dann ist s_{n+1} eine spezielle Lösung von (G), und die Vektoren s_k für $1 \leq k \leq n$ mit $k \neq j_1, \ldots, j_r$ bilden eine Basis des homogenen Gleichungssystems (H) $\mathcal{A} \cdot x = 0$ von (G). Nach Satz 4.6 folgt dann:

Die Menge $L = \{ s_{n+1} + \sum_{k=1\,k\neq j_1,\ldots,j_r}^{n} s_k \cdot \lambda_k \mid \lambda_k \in F \}$ ist die Lösungsgesamtheit des Gleichungssystems (G).

Beispiel: Sei $\mathcal{A} = \begin{pmatrix} 1 & 2 & 0 & -1 & 0 & 2 \\ 0 & 0 & 1 & 5 & 0 & -2 \\ 0 & 0 & 0 & 0 & 1 & 7 \\ 0 & 0 & 0 & 0 & 0 & 0 \end{pmatrix}$.

$\mathcal{A}$ ist in Treppennormalform. Wir erweitern die Matrix mit Nullzeilen so, daß die führenden Einsen auf der Diagonalen (ohne letzte Spalte) stehen; durch anschließendes Streichen der letzten Nullzeile bekommen wir die 5×6-Matrix

$$
\begin{pmatrix}
1 & 2 & 0 & -1 & 0 & 2 \\
0 & 0 & 0 & 0 & 0 & 0 \\
0 & 0 & 1 & 5 & 0 & -2 \\
0 & 0 & 0 & 0 & 0 & 0 \\
0 & 0 & 0 & 0 & 1 & 7
\end{pmatrix}
$$

Die Nullen in der Diagonalen werden durch -1 ersetzt:

$$\begin{pmatrix} 1 & 2 & 0 & -1 & 0 & 2 \\ 0 & -1 & 0 & 0 & 0 & 0 \\ 0 & 0 & 1 & 5 & 0 & -2 \\ 0 & 0 & 0 & -1 & 0 & 0 \\ 0 & 0 & 0 & 0 & 1 & 7 \end{pmatrix}$$

Sei $a = \begin{pmatrix} 2 \\ 0 \\ -2 \\ 0 \\ 7 \end{pmatrix}$ die letzte, $b_1 = \begin{pmatrix} 2 \\ -1 \\ 0 \\ 0 \\ 0 \end{pmatrix}$ die zweite und $b_2 = \begin{pmatrix} -1 \\ 0 \\ 5 \\ -1 \\ 0 \end{pmatrix}$ die vierte

Spalte. Dann ist $L = \{a + b_1 \cdot \lambda + b_2 \cdot \mu : \lambda, \mu \in \mathbf{R}\}$ die Lösungsmenge des linearen Gleichungssystems, das zur erweiterten Matrix $\mathcal{A}$ gehört.

Bemerkung 9.6: Sei $\hat{T}$ die Treppennormalform der erweiterten Matrix zu einem lösbaren linearen Gleichungssystem, wobei die Nullzeilen weggelassen sind. Wenn $s_1, \ldots, s_{n+1}$ die Spalten von $\hat{T}$ sind, dann läßt sich das zugehörige Gleichungssystem schreiben als

$$\sum_{j=1}^{n} s_j \cdot x_j = s_{n+1}.$$

Nun seien $j_1, \ldots, j_r$ wie in der Definition der Treppennormalform. Nach Bemerkung 8.11 ist dann $s_{j_i} = e_i$ für $i = 1, \ldots, r$. Daher ist

$$\begin{pmatrix} x_{j_1} \\ \vdots \\ x_{j_r} \end{pmatrix} = \sum_{i=1}^{r} s_{j_i} \cdot x_{j_i} = s_{n+1} - \sum_{\substack{j=1 \\ j \neq j_1, \ldots, j_r}}^{n} s_j \cdot x_j,$$

d.h. die $x'_{j_i}s$ lassen sich durch die übrigen $x'_j s$ ausdrücken. Wenn die $x'_j s$ in einer mathematischen Formel auftreten, dann kann man die x_{j_i}'s durch die entsprechenden Ausdrücke ersetzen und erhält eine **Formel, welche nur noch die x_j's mit** $j \neq j_1, \ldots, j_r$ enthält. Diesen Prozess nennt man <u>Elimination</u>.

Beispiel: Man betrachte das nicht-lineare Gleichungssystem

$$(a) \qquad x^2 + y^2 + z^2 = 187$$
$$(b) \qquad x + 2y + 3z = 10$$
$$(c) \qquad 4x + 5y + 6z = 11$$
$$(d) \qquad 7x + 8y + 9z = 12$$

Die erweiterte Matrix zum linearen Untergleichungssystem, das aus den Gleichungen (b), (c) und (d) besteht, ist

$$\hat{\mathcal{A}} = \begin{pmatrix} 1 & 2 & 3 & 10 \\ 4 & 5 & 6 & 11 \\ 7 & 8 & 9 & 12 \end{pmatrix}$$

Deren Treppennormalform ist

$$\begin{pmatrix} 1 & 0 & -1 & -28/3 \\ 0 & 1 & 2 & 29/3 \\ 0 & 0 & 0 & 0 \end{pmatrix}$$

Daraus folgt

$$\begin{pmatrix} x \\ y \end{pmatrix} = \begin{pmatrix} -28/3 \\ 29/3 \end{pmatrix} - \begin{pmatrix} -1 \\ 2 \end{pmatrix} \cdot z$$

oder

$$x = z - 28/3$$
$$y = -2z + 29/3.$$

Damit kann man x und y aus der Gleichung (a) eliminieren und erhält

(a) $(z - 28/3)^2 + (-2z + 29/3)^2 + z^2 = 187.$

Dies ist eine quadratische Gleichung mit einer Unbestimmten. Sie kann mit quadratischer Ergänzung gelöst werden.

Zur Berechnung der Inversen einer invertierbaren $n \times n$-Matrix kann der Gauß-Jordan-Algorithmus ebenfalls effektiv benutzt werden. Das entsprechende Berechnungsverfahren ergibt sich aus

Satz 9.7:   Sei $\mathcal{A}$ eine $n \times n$-Matrix. Genau dann ist $\mathcal{A}$ ein Produkt von Elementarmatrizen, wenn $rg(\mathcal{A}) = n$ ist.

<u>Beweis:</u>   Nach Folgerung 8.6 sind die $n \times n$-Elementarmatrizen invertierbar. Ist $\mathcal{A}$ ein Produkt von Elementarmatrizen, so ist $\mathcal{A}$ auch invertierbar. Daher ist $rg(\mathcal{A}) = n$ nach Satz 6.7.

Sei umgekehrt $rg(\mathcal{A}) = n$. Sei $\mathcal{T}$ die Treppennormalform von $\mathcal{A}$. Nach Folgerung 8.6 gilt $rg(\mathcal{T}) = n$. Daher ist $\mathcal{T} = \mathcal{E}$ die $n \times n$-Einheitsmatrix. Nach Satz 8.4 läßt sich $\mathcal{T}$ schreiben als $\mathcal{T} = \mathcal{X}_1 \cdot \ldots \cdot \mathcal{X}_s \cdot \mathcal{A} = \mathcal{E}$ für geeignete Elementarmatrizen $\mathcal{X}_i$, $i = 1, \ldots, s$. Daher ist $\mathcal{X}_1 \cdot \ldots \cdot \mathcal{X}_s = \mathcal{A}^{-1}$ und $\mathcal{A} = \mathcal{X}_s^{-1} \cdot \ldots \cdot \mathcal{X}_1^{-1}$. Also ist $\mathcal{A}$ ein Produkt von Elementarmatrizen nach Folgerung 8.6.

Berechnungsverfahren 9.8 für die Inverse einer Matrix: Sei $\mathcal{A}$ eine $n \times n$-Matrix. Man bilde eine $n \times 2n$-Matrix $\mathcal{K} = (\mathcal{A}, \mathcal{E})$, indem man die $n \times n$-Einheitsmatrix $\mathcal{E}$ rechts an $\mathcal{A}$ anfügt. Nun wende man den Gauß-Jordan-Algorithmus auf die Matrix $\mathcal{K}$ an. Die dadurch entstehende $n \times 2n$-Matrix $\mathcal{L}$ ist in Treppennormalform, und falls $\mathcal{A}$ invertierbar ist, sind nach Satz 9.7 die ersten n Spaltenvektoren von $\mathcal{L}$ die Spaltenvektoren der $n \times n$-Einheitsmatrix $\mathcal{E}$. Sei $\mathcal{B}$ die Matrix, deren Spaltenvektoren die letzten n Spaltenvektoren von $\mathcal{L}$ sind. Dann ist $\mathcal{B} = \mathcal{A}^{-1}$ nach dem Beweis von Satz 9.7.

<u>Beispiel:</u>   Sei $\mathcal{A} = \begin{pmatrix} 1 & 2 & 1 \\ 1 & 1 & 1 \\ 1 & 1 & -1 \end{pmatrix}$.

$$\mathcal{K} = (\mathcal{A}, \mathcal{E}) = \begin{pmatrix} 1 & 2 & 1 & 1 & 0 & 0 \\ 1 & 1 & 1 & 0 & 1 & 0 \\ 1 & 1 & -1 & 0 & 0 & 1 \end{pmatrix}$$

$$\xrightarrow{\text{(2.Zeile−1.Zeile) und (3.Zeile−1.Zeile)}} \begin{pmatrix} 1 & 2 & 1 & 1 & 0 & 0 \\ 0 & -1 & 0 & -1 & 1 & 0 \\ 0 & -1 & -2 & -1 & 0 & 1 \end{pmatrix}$$

$$\xrightarrow{\text{(1.Zeile+2·(2.Zeile)) und (3.Zeile−2.Zeile) und (−1·(2.Zeile))}} \begin{pmatrix} 1 & 0 & 1 & -1 & 2 & 0 \\ 0 & 1 & 0 & 1 & -1 & 0 \\ 0 & 0 & -2 & 0 & -1 & 1 \end{pmatrix}$$

$$\xrightarrow{\text{(−1/2·(3.Zeile)) und (1.Zeile−3.Zeile)}} \begin{pmatrix} 1 & 0 & 0 & -1 & 3/2 & 1/2 \\ 0 & 1 & 0 & 1 & -1 & 0 \\ 0 & 0 & 1 & 0 & 1/2 & -1/2 \end{pmatrix}$$

Also folgt $\mathcal{A}^{-1} = \begin{pmatrix} -1 & 3/2 & 1/2 \\ 1 & -1 & 0 \\ 0 & 1/2 & -1/2 \end{pmatrix}$.

Auch wenn ein lineares Gleichungssystem $\mathcal{A} \cdot x = b$ nicht lösbar ist, kann man immer noch die Frage nach solchen Vektoren u stellen, für die $\mathcal{A} \cdot u$ dem Vektor b "möglichst nahe" kommt.

Definition: Sei $\mathcal{A}$ eine $m \times n$-Matrix und sei $b \in F^m$. Ein Element $u \in F^n$ heißt eine <u>beste Näherungslösung</u> von $\mathcal{A} \cdot x = b$, wenn $\|\mathcal{A} \cdot u - b\| \leq \|\mathcal{A} \cdot v - b\|$ für alle $v \in F^n$.

Beispiel $\mathcal{A} = \begin{pmatrix} 1 & 2 \\ 3 & 4 \\ 5 & 6 \end{pmatrix}$, $b = \begin{pmatrix} 1 \\ 4 \\ 5 \end{pmatrix}$. Wählt man $v = (-3, 3)$, so erhält man

$$\mathcal{A} \cdot v - b = \begin{pmatrix} 2 \\ -1 \\ -2 \end{pmatrix},$$

also $\|\mathcal{A} \cdot v - b\| = \sqrt{4 + 1 + 4} = 3$. Wählt man dagegen $u = (2/3, 1/3)$, so erhält man

$$\mathcal{A} \cdot u - b = \begin{pmatrix} 1/3 \\ -2/3 \\ 1/3 \end{pmatrix},$$

also $\|\mathcal{A} \cdot u - b\| = \sqrt{1/9 + 4/9 + 1/9} = 1/3 \sqrt{6} < 1$. Daher ist v sicher keine beste Näherungslösung. Es ist dagegen u eine (und in diesem Fall die einzige) beste Näherungslösung, aber um dies zu erkennen, braucht man den nächsten Satz.

Bemerkung: Wenn das Gleichungssystem lösbar ist, dann sind natürlich die Lösungen u genau die besten Näherungslösungen, denn für diese und keine anderen Vektoren gilt $\|\mathcal{A} \cdot u - b\| = 0$.

Satz 9.9:   Sei A eine $m \times n$-Matrix und $b \in F^m$. Dann gelten:
(a) Das Gleichungssystem $A^T \cdot A \cdot x = A^T \cdot b$ ist immer lösbar.
(b) Die Lösungen dieses Gleichungssystems sind genau die besten Näherungslösung von $A \cdot x = b$.

<u>Beweis:</u>   Es wird in einer Reihe von Zwischenschritten vorgegangen.

Behauptung 1: $Im(A^T \cdot A) = Im(A^T)$.

Beweis: Sei $u \in Ker\,(A^T \cdot A)$ und $v = A \cdot u$. Dann ist $v \in Im(A) \cap Ker\,(A^T) = 0$ nach Hilfssatz 6.2. Also ist $u \in Ker\,(A)$. Daher ist $Ker\,(A^T \cdot A) \leq Ker\,(A)$ und $dim\,Ker\,(A^T \cdot A) \leq dim\,Ker\,(A)$. Aus Satz 5.9 und Folgerung 6.5 folgt

$$dim\,Im(A^T \cdot A) \geq dim\,Im(A) = rg(A) = rg(A^T) = dim\,Im(A^T).$$

Die Behauptung ergibt sich jetzt aus Folgerung 5.7, weil $Im(A^T \cdot A) \leq Im(A^T)$ nach Satz 4.3.

Behauptung 2:   Das Gleichungssystem $A^T \cdot A \cdot x = A^T \cdot b$ ist lösbar.

Beweis: $A^T \cdot b \in Im(A^T) = Im(A^T \cdot A)$ wegen Behauptung 1. Damit folgt Behauptung 2 aus Satz 4.7.

Behauptung 3:   Jede Lösung von $A^T \cdot A \cdot x = A^T \cdot b$ ist eine beste Näherungslösung von $A \cdot x = b$.

Beweis: Wir haben zu zeigen, daß $\|A \cdot u - b\| \leq \|A \cdot v - b\|$ für alle $v \in F^n$, wenn

$$(*) \qquad\qquad A^T \cdot A \cdot u = A^T \cdot b.$$

Es genügt offenbar, $\|A \cdot v - b\|^2 - \|A \cdot u - b\|^2 \geq 0$ zu zeigen. Dazu schreiben wir $v = u + w$, also $A \cdot v - b = A \cdot u - b + A \cdot w$. Dann ist

$$
\begin{aligned}
\|A \cdot v - b\|^2 - \|A \cdot u - b\|^2 &= (A \cdot u - b + A \cdot w)^T(A \cdot u - b + A \cdot w) \\
&\quad -(A \cdot u - b)^T(A \cdot u - b) \\
&\quad \text{(nach Bemerkung 3.4)} \\
&= \|A \cdot w\|^2 + 2(A \cdot w)^T(A \cdot u - b) \\
&\quad \text{(nach Satz 2.3 (a))} \\
&= \|A \cdot w\|^2 + 2w^T \cdot (A^T \cdot A \cdot u - A^T \cdot b) \\
&\quad \text{(nach Satz 6.1)} \\
&= \|A \cdot w\|^2 \\
&\quad \text{(nach (*))} \\
&\geq 0 \, .
\end{aligned}
$$

Behauptung 4:   Jede beste Näherungslösung von $A \cdot x = b$ ist eine Lösung von $A^T \cdot A \cdot x = A^T \cdot b$.

Beweis: Sei v eine beste Näherungslösung von $A \cdot x = b$. Nach Behauptung 2 existiert eine Lösung u von $A^T \cdot A \cdot x = A^T \cdot b$. Nach Behauptung 3 ist u eine beste Näherungslösung von $A \cdot x = b$. Daher ist $\|A \cdot u - b\| = \|A \cdot v - b\|$. Schreibt man wieder $v = u + w$, dann ist also $0 = \|A \cdot v - b\|^2 - \|A \cdot u - b\|^2 = \|A \cdot w\|^2$, wie in Behauptung 3 gerade berechnet. Nach Satz 2.3 ist $A \cdot w = 0$, also auch $A^T \cdot A \cdot w = 0$, und daher $A^T \cdot A \cdot v = A^T \cdot A \cdot u + A^T \cdot A \cdot w = A^T \cdot A \cdot u = A^T \cdot b$, d.h. v ist eine Lösung des Gleichungssystems $A^T \cdot A \cdot x = A^T \cdot b$.

Damit ist alles bewiesen.

76

Übungsaufgaben

9.1. Bestimmen Sie mit dem Gauß-Jordan-Verfahren die Lösungsgesamtheit des homogenen Gleichungssystems (H) $\mathcal{A} \cdot x = 0$ mit Koeffizientenmatrix

$$\mathcal{A} = \begin{pmatrix} 1 & 2 & 3 & 4 & 5 \\ 3 & 6 & -1 & 8 & 7 \\ 2 & 4 & 1 & 6 & 6 \end{pmatrix}$$

9.2. Bestimmen Sie die Lösungsgesamtheit des Gleichungssystems:

$$(G) \quad \begin{aligned} x_1 - 3x_2 + 4x_3 - 2x_4 + 5x_5 &= 1 \\ 3x_1 - 2x_2 - x_3 + 5x_4 - x_5 &= 2 \\ 3x_1 + 6x_2 - 2x_3 + 8x_4 - 7x_5 &= 3 \\ x_1 + x_2 + 2x_3 + 3x_4 + 4x_5 &= 4 \end{aligned}$$

9.3. Welche Bedingung müssen die Zahlen a, b und c erfüllen, damit das folgende Gleichungssystem lösbar ist:

$$\begin{aligned} x_1 + 2x_2 - 3x_3 &= a \\ 2x_1 + 6x_2 - 11x_3 &= b \\ x_1 - 2x_2 + 7x_3 &= c \end{aligned}$$

9.4. Ein Unternehmen besteht aus dem Hauptbetrieb und drei Hilfsbetrieben P, Q und R. Die Erstellung der Leistungen in den Haupt- und Hilfsbetrieben verursacht in jedem Hilfsbetrieb primäre Kosten. Dazu kommen noch sekundäre Kosten für die Lieferungen aus den anderen Hilfsbetrieben. In der nachfolgenden Tabelle sind die Leistungseinheiten (LE) eines jeden Hilfsbetriebs angegeben, die er mit jedem anderen in der betrachteten Zeitperiode ausgetauscht hat. Außerdem enthält die Tabelle den Geldbetrag für die Primärkosten und die Anzahl der erstellten Leistungseinheiten (LE) eines jeden Hilfsbetriebs. Gefragt wird nach den Kosten je LE, die jeder Hilfsbetrieb für die **gelieferten Leistungen verrechnen** soll.

Hilfs- betrieb	Primär- kosten	erstellte Leistung	Lieferung an Hilfsbetrieb		
			P	**Q**	**R**
P	900 DM	16.000 LE	-	2.000 Le	3.000 LE
Q	1.700 DM	300 LE	80 LE	-	10 LE
R	1.100 DM	2.500 LE	500 LE	300 LE	-

9.5. Berechnen Sie die Inverse von folgender Matrix:

$$\mathcal{A} = \begin{pmatrix} -1 & 2 & -3 & 0 & 0 & 0 \\ 2 & 1 & 0 & 0 & 0 & 0 \\ 4 & -2 & 0 & 0 & 0 & 24 \\ 0 & 0 & 0 & 2 & 1 & -1 \\ 0 & 0 & 0 & 0 & 2 & 1 \\ 0 & 0 & 0 & 5 & 2 & -3 \end{pmatrix}$$

9.6. Bestimmen Sie die Lösungsgesamtheit von folgendem linearen Gleichungssystem mit dem Lösungsverfahren 9.5.

$$\begin{pmatrix} 2 & -2 & 7 & 4 & -5 \\ 9 & 3 & 2 & -7 & 1 \\ 5 & 2 & -3 & 1 & 3 \\ 6 & -5 & 4 & -3 & -2 \\ 3 & 8 & -2 & -4 & 3 \end{pmatrix} \cdot \begin{pmatrix} x_1 \\ x_2 \\ x_3 \\ x_4 \\ x_5 \end{pmatrix} = \begin{pmatrix} 4 \\ 8 \\ 7 \\ 0 \\ 8 \end{pmatrix}$$

9.7. Ein Bäcker möchte in den wohlverdienten Urlaub fahren und seine Vorräte vorher möglichst aufbrauchen. Dazu macht er zunächst Inventur und stellt fest, daß die Vorräte die folgenden Werte (in DM) haben:

Mehl	Eier	Butter	Milch	Gewürze
120	170	250	63	30

Er möchte daraus drei verschiedene Kuchenarten K1, K2, K3 herstellen. Der Wert der Zutaten für jeweils einen dieser Kuchen finden Sie in der folgenden Tabelle:

	K1	K2	K3
Mehl	0,5	0,5	0,6
Eier	0,6	0,9	0,9
Butter	1	1,5	1
Milch	0,3	0,2	0,3
Gewürze	0,1	0,1	0,2

Wieviele Kuchen x_i der Sorte $i = 1, 2, 3$ soll er backen?

10. Lineare Gleichungssysteme und ökonomische Problemstellungen

Nachdem in Abschnitt 9 die Algorithmen zur Bestimmung der Lösungsgesamtheit eines linearen Gleichungssystems dargestellt wurden, behandelt dieser Abschnitt einige Anwendungsbeispiele aus der Betriebswirtschaftslehre.

Das Lösen wirtschaftswissenschaftlicher Probleme beginnt oft mit dem Aufstellen eines mathematischen Modells, das in den in diesem Kapitel interessierenden Fällen zu jeweils einem linearen Gleichungssystem führt. Das Formulieren solcher Modelle erfordert Erfahrung im Modellaufbau und Intuition. In der Regel ergibt sich das jeweils zu findende lineare Gleichungssystem aus der Beantwortung der beiden folgenden Fragen:

a) Welches sind die Unbekannten?

b) Wie sind sie miteinander verknüpft?

Zur Konkretisierung werden nun einige Beispiele gegeben, die inhaltlich der Literatur entnommen sind.

Beispiel 10.1 (Analyse von Fertigungsverfahren, vgl. von Müller-Merbach [9], p.16): Es werden die folgenden drei Fertigungsverfahren für die Herstellung eines Produkts verwendet:

Verfahren	Rüstkosten	Bearbeitungskosten pro Stück
kaum automatisiert	80 DM	6,00 DM
stärker automatisiert	200 DM	4,00 DM
voll automatisiert	550 DM	1,50 DM

Gefragt ist nach den jeweiligen Fertigungsmengen, bei denen das erste und zweite bzw. zweite und dritte Bearbeitungsverfahren gleiche Kosten verursachen.

Bezeichnet man mit x die Fertigungsmenge und mit k_i die gesamten Kosten, so betragen die Kosten des ersten Verfahrens $k_1 = 80 + 6x$, die des zweiten Verfahrens $k_2 = 200 + 4x$ und die des dritten Verfahrens $k_3 = 550 + 1,5x$. Die beiden ersten Verfahren verursachen gleiche Kosten, falls

$$k_1 = 80 + 6x = k_2 = 200 + 4x,$$

d.h. $x = 60$ und $k_1 = k_2 = 440$ ist. Ebenso folgt aus

$$k_2 = 200 + 4x = k_3 = 550 + 1,5x,$$

daß $x = 140$ und $k_2 = k_3 = 760$ ist. In Abschnitt 14 wird eine ökonomische Interpretation gegeben.

Beispiel 10.2 (Innerbetriebliche Austauschmodelle): Dies ist ein weiterer Problemkreis, zu dessen Lösung lineare Gleichungssysteme verwendet werden. Ein konkretes Beispiel folgt:

Eine Firma bestehe u.a. aus den drei Bereichen A, B und C. Der Bereich A verbraucht pro DM selbst erstellter Leistung für DM 0,1 Produkte aus dem Bereich A, für DM 0,2 aus dem Bereich B und für DM 0,1 aus dem Bereich C. Der Bereich B benötigt zur Erstellung der eigenen Produkte pro DM für DM 0,2 Produkte aus dem eigenen Bereich und für je DM 0,1 Produkte aus den Bereichen A und C. Im Bereich C werden pro DM erstellter Produkte für je DM 0,3 Produkte aus A und B und für DM 0,1 Produkte aus dem eigenen Bereich verarbeitet. Innerhalb eines Jahres besteht in allen übrigen Bereichen der Firma, die nicht zu A, B und C gehören, ein Bedarf von DM 1.000 Mio an Produkten aus dem Bereich A, von DM 300 Mio an Produkten aus dem Bereich B und von DM 600 Mio an Produkten aus C. Welche Leistungen müssen die Bereiche A, B und C jeweils erbringen?

Lösung: Seien a, b und c jeweils der Wert der innerhalb eines Jahres von den Bereichen A, B und C erstellten Produkte. Dann muß die Gesamtproduktion a des Bereichs A insgesamt folgenden Bedarf abdecken:

Im Bereich A werden zur Herstellung von Produkten im Wert von 1 DM Waren im Wert von 0,1 DM aus der eigenen Herstellung benötigt, insgesamt also Waren vom Wert $0,1 \cdot a$. Außerdem müssen für die Produktionen in den Bereichen B und C jeweils Waren vom Wert $0,1 \cdot b$ bzw. $0,3 \cdot c$ bereitgestellt werden, da z.B. die Herstellung von Waren im Wert von einer DM im Bereich C die Bereitstellung von Waren aus dem Bereich A im Wert von 0,3 DM verlangt. Schließlich haben die übrigen Bereiche einen Bedarf an Produkten aus dem Bereich A in Höhe von 1000 Mio. DM. Insgesamt erhält man also die folgende Gleichung:

$$a = 0,1 \cdot a + 0,1 \cdot b + 0,3 \cdot c + 1000 \text{ Mio} .$$

Analog erhält man für die Bereiche B und C die jeweiligen Gleichungen

$$b = 0,2 \cdot a + 0,2 \cdot b + 0,3 \cdot C + 300 \text{ Mio.}$$
$$c = 0,1 \cdot a + 0,1 \cdot b + 0,1 \cdot c + 600 \text{ Mio.}$$

Sortiert man nun diese drei Gleichungen nach den Unbestimmten a, b und c und multipliziert man jede der Gleichungen mit 10, so ergibt sich folgendes Gleichungssystem:

(I) $\qquad\qquad\qquad 9a - b - 3c = 10$ Mrd.

(II) $\qquad\qquad\qquad -2a + 8b - 3c = 3$ Mrd.

(III) $\qquad\qquad\qquad -a - b + 9c = 6$ Mrd.

Mit Hilfe des Lösungsverfahrens 9.5 erhält man die einzige Lösung in Milliarden DM:

$$(a, b, c) = \left(\tfrac{296}{190}; \tfrac{214}{190}; \tfrac{1650}{1710}\right) \cong (1.558, 1.126, 0.965)$$

Viele mathematischen Probleme der Wirtschaftswissenschaften lassen sich durch netzwerkartige Darstellungen veranschaulichen, die Graphen im Sinne der folgenden Definition sind.

Definition: Ein endlicher <u>Graph</u> $\mathcal{G}$ besteht aus endlich vielen Punkten $P_1, P_2,$ ..., P_n, die <u>Ecken</u> von $\mathcal{G}$ genannt werden, und endlich vielen <u>Kanten</u> g_{ij}, wobei g_{ij} die Verbindungsgerade zwischen den Punkten P_i und P_j ist, sofern sie in $\mathcal{G}$ existiert. Weiter ist $\mathcal{G}$ ein <u>gerichteter Graph</u>, wenn jede Kante g_{ij} von $\mathcal{G}$ durch einen Pfeil mit Richtung $P_i \underset{g_{ij}}{\longrightarrow} P_j$ dargestellt ist.

Definition: In einem mehrstufigen Produktionsprozeß werden aus Grundstoffen zunächst Zwischenprodukte gefertigt, aus denen schließlich Endprodukte hergestellt werden.

Zur mathematischen Analyse des Produktionsprozesses zeichnet man einen "Graphen", dessen Ecken die Rohstoffe, Zwischenprodukte und Endprodukte sind. Die Pfeile zeigen die jeweilige Produktionsrichtung an. Durch die Zahlen an den Pfeilen werden die Mengeneinheiten eines Grundstoffes bzw. Zwischenprodukts angeben, die zur Herstellung einer Einheit des nachfolgenden Produkts verwendet werden.

Dieser "Graph" heißt <u>Gozinto-Graph der Prozeßanalyse</u>. Der Name kommt von "the part that goes into", womit die mathematische Aussage des betreffenden Graphen auf Englisch beschrieben ist.

Der Gozinto-Graph einer Prozeßanalyse ist ein gerichteter Graph.

Beispiel 10.3: In einem Betrieb werden aus zwei Rohstoffen R_1 und R_2 drei Zwischenprodukte Z_1, Z_2 und Z_3 hergestellt, die zu zwei Endprodukten E_1 und E_2 weiterverarbeitet werden. Seien die Mengeneinheiten der beiden Rostoffe mit r_1, r_2 bezeichnet, jene der Zwischenprodukte mit z_1, z_2, z_3 und jene der Endprodukte mit e_1, e_2. Der Verbrauch für die Herstellung der Zwischen- bzw. Endprodukte ist in der folgenden Tabelle zusammengestellt:

	Z_1	Z_2	Z_3	R_1	R_2
E_1	1	1	3	0	0
E_2	2	1	1	0	0
Z_1	0	0	0	1	0
Z_2	0	0	0	2	1
Z_3	0	0	0	0	1

Wie groß ist der Rohstoffbedarf für die Produktion von 1000 Einheiten E_1 und 800 Einheiten E_2?

Aus den angegebenen Daten ergibt sich der folgende Gozinto-Graph:

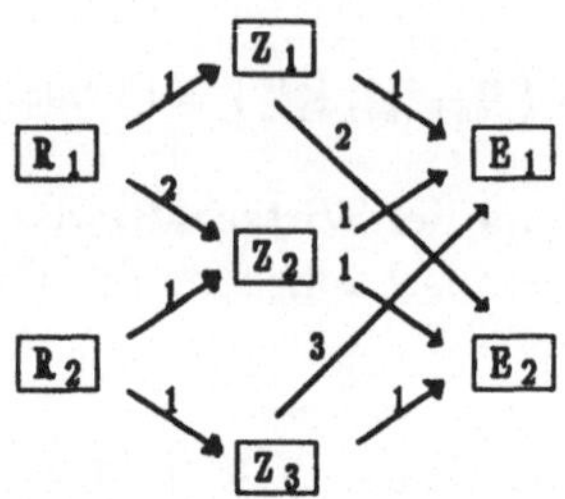

Nach Voraussetzung ist $e_1 = 1000$ und $e_2 = 800$. Aus dem Gozinto-Graphen ergeben sich folgende Mengenbeziehungen:

$$
\begin{aligned}
z_1 &= e_1 + 2e_2 &&= 1000 + 1600 &&= 2600 \\
z_2 &= e_1 + e_2 &&= 1000 + 800 &&= 1800 \\
z_3 &= 3e_1 + e_2 &&= 3000 + 800 &&= 3800 \\
r_1 &= z_1 + 2z_2 &&= 2600 + 3600 &&= 6200 \\
r_2 &= z_2 + z_3 &&= 1800 + 3800 &&= 5600
\end{aligned}
$$

Beispiel 10.4 (Innerbetriebliche Bedarfsrechnung): Ein Unternehmen bestehe aus den Bereichen A, B, C, D und U; für die Produktion in allen Bereichen werden jeweils Leistungen aus den Bereichen A, B, C und D gemäß nachfolgender Tabelle benötigt:

Produktion je Stück im Bereich	benötigt aus Bereich			
	A	B	C	D
U	-	2	1	2
B	2	-	-	1
C	3	0,5	-	-
D	2	-	0,5	-

Im Bereich U sollen 50 Endprodukte hergestellt werden. Gefragt ist nach der Anzahl der in den Bereichen A, B, C und D zu produzierenden Hilfsprodukte.

Aus den angegebenen Daten ergibt sich der Gozinto-Graph

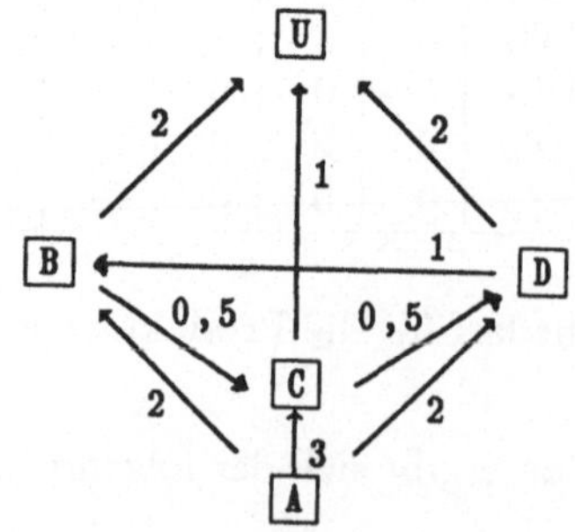

Sei X_A die Anzahl der im Bereich A produzierten Hilfsprodukte. Analog seien x_B, x_C, x_D und x_U erklärt. Aus dem Graphen erhält man die folgenden Gleichungen:

$$(*) \qquad \begin{aligned} x_B &= 2x_U + \tfrac{1}{2}x_C \\ x_C &= x_U + \tfrac{1}{2}x_D \\ x_D &= 2x_U + x_B \\ x_A &= 2x_B + 3x_C + 2x_D \end{aligned}$$

Da 50 Erzeugnisse im Bereich U produziert werden sollen, gilt zusätzlich $x_U = 50$ und durch Einsetzen ergibt sich aus (*) das folgende System:

$$(I) \qquad x_B - \tfrac{1}{2}x_C = 100$$
$$(II) \qquad x_C - \tfrac{1}{2}x_D = 50$$
$$(III) \qquad -x_B + x_D = 100$$
$$(IV) \qquad 2x_B + 3x_C + 2x_D = x_A$$

Nach Lösungsverfahren 9.5 ergibt sich die Lösung

$$\begin{aligned} x_A &= 1600, \\ x_B &= 200, \\ x_C &= 200, \\ x_D &= 300. \end{aligned}$$

Beispiel 10.5 (Stoffbedarfsrechnung für chemische Prozesse): Mehrstufige chemische Produktionsprozesse führen ebenfalls zu linearen Gleichungssystemen. Das folgende konkrete Beispiel eines Gozinto-Graphen für die Mengenstruktur eines mehrstufigen chemischen Prozesses ist dem Buch [9], S.27, von Müller-Merbach entnommen.

Seien A, B Fertigprodukte, C bis J Rohstoffe bzw. Zwischenprodukte. Die benötigten Mengeneinheiten der Rohstoffe bzw. Zwischenprodukte sind an den Pfeilen angegeben.

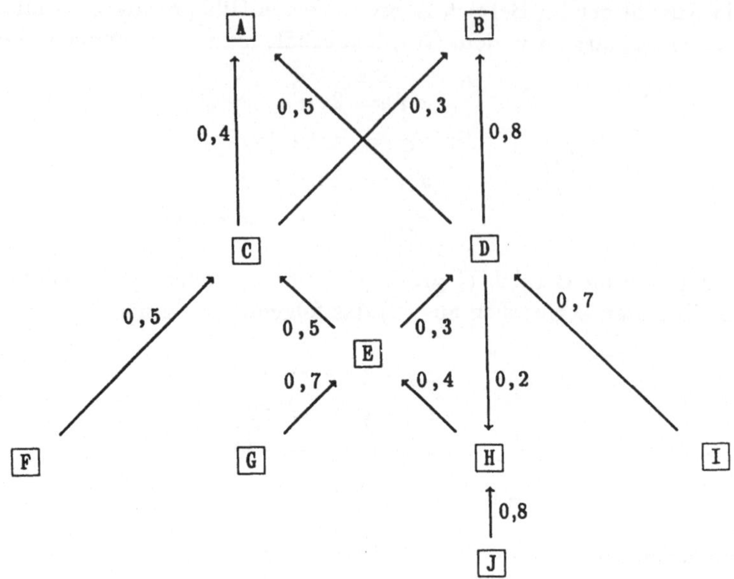

Es sollen $x_A = 200$ und $x_B = 400$ Mengeneinheiten von A und B gefertigt werden. Gefragt ist nach dem Bedarf aller Stoffe von A bis J. Mit $x_A, x_B, x_C, \ldots, x_J$ als Mengen dieser Stoffe ergibt sich aus dem Gozinto-Graphen folgendes lineares Gleichungssystem in tabellarischer Form:

x_A	x_B	x_C	x_D	x_E	x_F	x_G	x_H	x_I	x_J	d
1										200
	1									400
$-0,4$	$-0,3$	1								0
$-0,5$	$-0,8$		1				$-0,2$			0
		$-0,5$	$-0,3$	1						0
		$-0,5$			1					0
				$-0,7$		1				0
				$-0,4$			1			0
			$-0,7$					1		0
							$-0,8$		1	0

Dabei haben die freien Kästchen den Eintrag Null. Dieses System hat die Lösung:

$$
\begin{aligned}
x_A &= 200 & x_F &= 100 \\
x_B &= 400 & x_G &= 162,09 \\
x_C &= 200 & x_H &= 92,62 \\
x_D &= 438,52 & x_I &= 306,97 \\
x_E &= 231,56 & x_J &= 74,10
\end{aligned}
$$

Übungsaufgaben

10.1. Ein chemischer Produktionsprozeß werde durch den folgenden Gozinto-Graphen beschrieben:

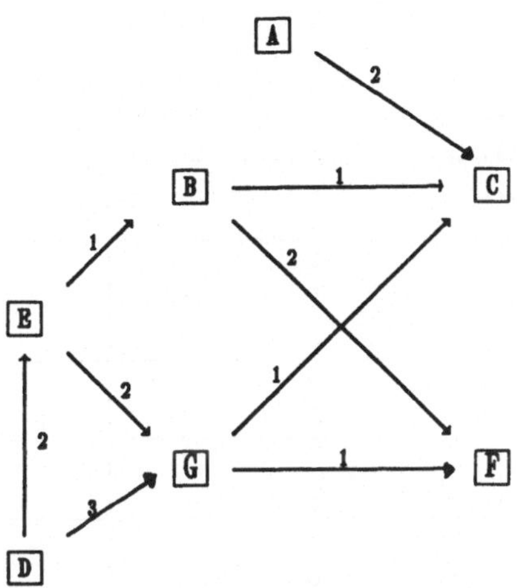

Bestimmen Sie den Bedarf aller benötigten Stoffe, wenn 100 Mengeneinheiten des Stoffes C und 50 Mengeneinheiten des Stoffes F produziert werden sollen.

10.2. Ein Unternehmen bestehe aus zwei Endfertigungen A und B sowie drei Hilfsbetrieben P, Q und R. Für die Produktion in allen Bereichen werden jeweils Leistungen aus den Hilfsbetrieben gemäß nachfolgender Tabelle benötigt:

Produktion je Stück im Bereich	benötigt aus den Bereichen		
	P	Q	R
A	10	5	5
B	5	-	10
P	-	0,5	0,2
Q	0,5	-	0,3
R	0,5	0,5	-

Zeichnen Sie den entsprechenden Gozinto-Graphen und bestimmen Sie die Anzahl der insgesamt zu produzierenden Hilfsprodukte aus den Bereichen P, Q und R, damit in der Endfertigung A 12.000 Stück und in der Endfertigung B 6.000 Stück produziert werden.

10.3.   Die Mengenbeziehungen einer mechanischen Fertigung sind in der folgenden Tabelle angegeben.

Das Produkt	wird montiert aus	Stücken des Produkts
A	1	H
	1	I
	3	J
C	2	A
	4	H
D	2	E
	5	I
F	2	A
	2	D
	5	E
G	3	D
	8	E
H	2	B
	2	J
I	1	B
	3	E

Zeichnen Sie den entsprechenden Gozinto-Graphen und berechnen Sie den gesamten Teilebedarf für die zu produzierenden Mengen von 30 Stück C, 80 Stück F und 60 Stück G. Berechnen Sie die Stückkosten der Endprodukte C, F und G. Dabei sei angenommen, daß die Einzelteile B, E und J pro Stück 20,-, 40,- bzw. 30,- DM kosten und daß für die Baugruppen A, D, H und I weitere Fertigungskosten pro Stück von 150,-, 50,-, 50,- bzw. 30,- DM anfallen. Die Montage der Endprodukte C, F und G kostet pro Stück weitere 300,-, 200,- bzw. 400,- DM.

11. Determinanten

Die Determinantenabbildung ordnet jeder $n \times n$-Matrix $\mathcal{A} = (a_{ij})$ mit Koeffizienten $a_{ij} \in F$ ein Körperelement $det\ \mathcal{A} \in F$ zu. Sie ist ein wichtiges Hilfsmittel zur Berechnung der Eigenwerte von $\mathcal{A}$. Hiermit befassen sich dieser und der nächste Abschnitt.

Für alle $1 \leq i, j \leq n$ sei $\mathcal{A}_{ij}$ die $(n-1) \times (n-1)$-Matrix, die aus der $n \times n$-Matrix $\mathcal{A}$ durch Streichen der $i - ten$ Zeile und der $j - ten$ Spalte entsteht.

Beispiel: Für $\mathcal{A} = \begin{pmatrix} 1 & 2 & 3 \\ -4 & 0 & 7 \\ 11 & 2 & 1 \end{pmatrix}$ ist $\mathcal{A}_{21} = \begin{pmatrix} 2 & 3 \\ 2 & 1 \end{pmatrix}$.

Definition: Die Determinante $det\ \mathcal{A}$ der $n \times n$-Matrix $\mathcal{A}$ ist ein Element des Körpers F, das induktiv berechnet wird:

Ist $n = 1$, etwa $\mathcal{A} = (a)$, dann $det\ \mathcal{A} = a$. Für $n > 1$ ist

$$det\ \mathcal{A} = a_{11} \cdot det\ \mathcal{A}_{11} - a_{12} \cdot det\ \mathcal{A}_{12} + \ldots \pm a_{1n} \cdot det\ \mathcal{A}_{1n}$$

$$= \sum_{j=1}^{n} (-1)^{1+j} \cdot a_{1j} \cdot det\ \mathcal{A}_{1j}.$$

Bemerkungen 11.1: (a) $det \begin{pmatrix} a & b \\ c & d \end{pmatrix} = a \cdot det\ (d) - b \cdot det\ (c) = a \cdot d - b \cdot c.$

(b) $det \begin{pmatrix} a & b & c \\ d & e & f \\ g & h & i \end{pmatrix} = a \cdot det \begin{pmatrix} e & f \\ h & i \end{pmatrix} - b \cdot det \begin{pmatrix} d & f \\ g & i \end{pmatrix} + c \cdot det \begin{pmatrix} d & e \\ g & h \end{pmatrix} =$

$a \cdot (e \cdot i - f \cdot h) - b \cdot (d \cdot i - f \cdot g) + c \cdot (d \cdot h - e \cdot g) = a \cdot e \cdot i + b \cdot f \cdot g + c \cdot d \cdot h - (a \cdot f \cdot h + b \cdot d \cdot i + c \cdot e \cdot g)$
(Sarrus'sche Regel).

(c) Wenn $\mathcal{A} = \begin{pmatrix} a_{11} & & 0 \\ & \ddots & \\ * & & a_{nn} \end{pmatrix}$ eine untere Dreiecksmatrix ist, dann ist $det\ \mathcal{A} =$

$a_{11} \cdot \ldots \cdot a_{nn}$ das Produkt der Diagonalelemente, denn wegen $a_{12} = \ldots = a_{1n} = 0$ ist $det\ \mathcal{A} = a_{11} \cdot det\ \mathcal{A}_{11}$ und $\mathcal{A}_{11}$ ist wieder eine untere Dreiecksmatrix. Nach Induktion folgt $det\ \mathcal{A}_{11} = a_{22} \cdot \ldots \cdot a_{nn}$. Das gleiche Ergebnis gilt auch für obere Dreiecksmatrizen, vgl. Satz 11.12.

(d) Insbesondere ist $det\ \mathcal{E} = 1$, wenn $\mathcal{E}$ die Einheitsmatrix ist.

"

In der Praxis berechnet man Determinanten nicht direkt mittels der Definition. Schon bei einer 6×6- Matrix sind 720 Produkte zu berechnen. Mit Hilfe der nun folgenden allgemeinen Regeln für das Rechnen mit Determinanten werden später effizientere Methoden zur Berechnung der Determinante einer Matrix angegeben.

Satz 11.2:   Sei A eine $n \times n$-Matrix und a_k der k-te Zeilenvektor von A für ein $1 \leq k \leq n$. Es gelte $a_k = b_k + c_k \cdot \lambda$ für b_k und $c_k \in F^n$ und $\lambda \in F$. Sei B bzw. C die Matrix, die aus A entsteht, wenn man die $k - te$ Zeile von A durch b_k bzw. c_k ersetzt. Dann ist

$$det\ A = det\ B + \lambda \cdot det\ C \ .$$

Beweis: Wenn $k = 1$, dann ist $a_{1j} = b_{1j} + \lambda \cdot c_{1j}$ und $A_{1j} = B_{1j} = C_{1j}$ für alle j. Daher:

$$
\begin{aligned}
det\ A &= \sum_{j=1}^{n}(-1)^{1+j} \cdot a_{1j} \cdot det\ A_{1j} \\
&= \sum_{j=1}^{n}(-1)^{1+j} \cdot (b_{1j} + \lambda c_{1j}) \cdot det\ A_{1j} \\
&= \sum_{j=1}^{n}(-1)^{1+j} \cdot b_{1j} \cdot det\ B_{1j} + \lambda \cdot \sum_{j=1}^{n}(-1)^{1+j} \cdot c_{1j} \cdot det\ C_{1j} \\
&= det\ B + \lambda \cdot det\ C
\end{aligned}
$$

Wenn $k > 1$, dann ist die $(k-1)$-te Zeile von A_{1j} gerade die Summe der $(k-1)$-ten Zeile von B_{1j} und dem λ-fachen der $(k-1)$-ten Zeile von C_{1j}, und alle übrigen Zeilen dieser Matrizen sind jeweils gleich. Nach Induktion ist daher

$$det\ A_{1j} = det\ B_{1j} + \lambda \cdot det\ C_{1j}$$

für alle j. Außerdem ist $a_{1j} = b_{1j} = c_{1j}$. Daher

$$
\begin{aligned}
det\ A &= \sum_{j=1}^{n}(-1)^{1+j} \cdot a_{1j} \cdot det\ A_{1j} \\
&= \sum_{j=1}^{n}(-1)^{1+j} \cdot a_{1j} \cdot (det\ B_{1j} + \lambda \cdot det\ C_{1j}) \\
&= \sum_{j=1}^{n}(-1)^{1+j} \cdot b_{1j} \cdot det\ B_{1j} + \lambda \cdot \sum_{j=1}^{n}(-1)^{1+j} \cdot c_{1j} \cdot det\ C_{1j} \\
&= det\ B + \lambda \cdot det\ C.
\end{aligned}
$$

Satz 11.3:   Seien A bzw. B $n \times n$-Matrizen:
(a) Wenn A zwei gleiche Zeilen hat, dann ist $det\ A = 0$.
(b) Wenn B aus A durch Vertauschen zweier Zeilen entsteht, dann ist $det\ B = -det\ A$.

<u>Beweis:</u>   Wir zeigen zunächst, daß (b) eine Folgerung aus (a) ist: Seien a_i, $1 \leq i \leq n$, die Zeilenvektoren von $\mathcal{A}$ und $1 \leq r < s \leq n$. Sei

$$\mathcal{A} = \begin{pmatrix} \vdots \\ a_r \\ \vdots \\ a_s \\ \vdots \end{pmatrix}, \quad \mathcal{B} = \begin{pmatrix} \vdots \\ a_s \\ \vdots \\ a_r \\ \vdots \end{pmatrix},$$

d.h. $\mathcal{B}$ geht aus $\mathcal{A}$ durch Vertauschen der r-ten und s-ten Zeile hervor; alle anderen Zeilen von $\mathcal{B}$ stimmen mit denen von $\mathcal{A}$ überein. Dann folgt aus (a) und Satz 11.2, daß

$$0 = det \begin{pmatrix} \vdots \\ a_r + a_s \\ \vdots \\ a_r + a_s \\ \vdots \end{pmatrix} = det \begin{pmatrix} \vdots \\ a_r \\ \vdots \\ a_r \\ \vdots \end{pmatrix} + det \begin{pmatrix} \vdots \\ a_s \\ \vdots \\ a_r \\ \vdots \end{pmatrix} + det \begin{pmatrix} \vdots \\ a_r \\ \vdots \\ a_s \\ \vdots \end{pmatrix} + det \begin{pmatrix} \vdots \\ a_s \\ \vdots \\ a_s \\ \vdots \end{pmatrix}.$$

Wieder nach (a) sind der erste und der letzte Summand aber gleich 0. Daher ist

$$det\ \mathcal{A} = det \begin{pmatrix} \vdots \\ a_r \\ \vdots \\ a_s \\ \vdots \end{pmatrix} = -det \begin{pmatrix} \vdots \\ a_s \\ \vdots \\ a_r \\ \vdots \end{pmatrix} = -det\ \mathcal{B}.$$

Um (a) zu beweisen, verwenden wir wieder Induktion nach n. Der Fall $n = 2$ folgt aus Bemerkung 11.1 (a). Sei $n > 2$ und die Aussage (a) für $(n-1) \times (n-1)$-Matrizen richtig. Angenommen, die r-te und s-te Zeile von $\mathcal{A}$ sind gleich. Wenn r und s beide **größer als 1 sind, dann hat auch** $\mathcal{A}_{1j}$ **zwei gleiche Zeilen**. Also ist $det\ \mathcal{A}_{1j} = 0$ für alle j nach Induktion. Daher ist $det\ \mathcal{A} = \sum_{j=1}^{n}(-1)^{j+1} \cdot a_{1j} \cdot det\ \mathcal{A}_{1j} = 0$.

Ist $r = 1$, dann vertauscht man zunächst Zeilen, um $s = 2$ wählen zu können. Für $\mathcal{A}_{1j}$ bedeutet dies eine Vertauschung der ersten mit der $(s-1)$-ten Zeile, also ändert die Determinante $det\ \mathcal{A}_{1j}$ nach Induktion und Behauptung (b) ihr Vorzeichen. Wegen $det\ \mathcal{A} = \sum_{j=1}^{n}(-1)^{j+1} \cdot a_{1j} \cdot det\ \mathcal{A}_{1j}$ darf man annehmen, daß die beiden ersten Zeilen von $\mathcal{A}$ gleich sind.

Um $det\ \mathcal{A}$ zu bestimmen, muß man nach Definition $det\ \mathcal{A}_{1j}$ für $1 \leq j \leq n$ berechnen. Dies wiederum bedeutet, daß man die erste Zeile und eine Spalte von $\mathcal{A}_{1j}$ streicht und dann die Determinante der verbleibenden Matrix berechnet. Diese Matrix entsteht also aus $\mathcal{A}$ durch Streichen der beiden ersten Zeilen und zweier Spalten, etwa der j-ten und der k-ten mit $j < k$. Streicht man zuerst die j-te und dann die k-te Spalte, so ist der Koeffizient vor der Determinante dieser Matrix gerade $(-1)^{1+j} \cdot a_{1j} \cdot (-1)^{1+(k-1)} \cdot a_{1k}$, denn die k-te Spalte von $\mathcal{A}$ ergibt die $(k-1)$-te Spalte von A_{1j}. Streicht man dagegen erst die k-te, dann die j-te Spalte, dann ergibt sich $(-1)^{1+k} \cdot a_{1k} \cdot (-1)^{1+j} \cdot a_{1j}$ als Koeffizient, also gerade das Negative des obigen. Die Summanden bei der Berechnung von *det A* addieren sich also paarweise zu 0, und die Behauptung folgt.

Folgerung 11.4: Für alle $1 \leq r,\ s \leq n$ gilt:

$$\sum_{j=1}^{n}(-1)^{s+j} \cdot a_{rj} \cdot det\ A_{sj} = \begin{cases} det\ A & \text{wenn}\ \ r = s, \\ 0 & \text{wenn}\ \ r \neq s. \end{cases}$$

Beweis: Sei B die Matrix, welche aus A entsteht, wenn man die s-te Zeile durch die r-te ersetzt. Wenn $r = s$, dann ist also $B = A$. Wenn dagegen $r \neq s$, dann hat B zwei gleiche Zeilen, und *det B* $= 0$ nach Satz 11.3 (a). Außerdem ist $b_{sj} = a_{rj}$ und $B_{sj} = A_{sj}$ für alle j. Nun vertausche die s-te Zeile von B mit der $(s-1)-ten$, dann die $(s-1)$-te mit der $(s-2)$-ten usw., bis schließlich eine neue Matrix C entsteht, in der die s-te Zeile von B zur ersten Zeile geworden ist. Nach Satz 11.3 (b) ist

$$det\ B = (-1)^{s-1} \cdot det\ C\ .$$

Außerdem ist $c_{1j} = b_{sj} = a_{rj}$ und $C_{1j} = B_{sj} = A_{sj}$. Daher gilt:

$$\begin{aligned} det\ B &= (-1)^{s-1} \cdot det\ C \\ &= (-1)^{s-1} \cdot \sum_{j=1}^{n}(-1)^{1+j} \cdot c_{1j} \cdot det\ C_{1j} \\ &= \sum_{j=1}^{n}(-1)^{s+j} \cdot a_{rj} \cdot det\ A_{sj} \end{aligned}$$

Die Behauptung folgt.

Bemerkung 11.5: Wenn man in Folgerung 11.4 $r = s = 1$ setzt, dann erhält man die Definition von *det A*. Nach Folgerung 11.4 gilt für jedes $1 \leq r \leq n$, daß

$$det\ A = (-1)^{r+1} \cdot (a_{r1} \cdot det\ A_{r1} - a_{r2} \cdot det\ A_{r2} + \ldots \geq a_{rn} \cdot det\ A_{rn})\ .$$

Man sagt dann, dies sei die "Entwicklung von *det A* nach der r-ten Zeile". In der Praxis ist dies nützlich, wenn die r-te Zeile viele Nullen enthält.

Beispiel: Durch Entwickeln nach der dritten Zeile erhält man

$$det \begin{pmatrix} 5 & 2 & -2 & 1 \\ 3 & 0 & 1 & 4 \\ 0 & 0 & 0 & 2 \\ 1 & 0 & 3 & -4 \end{pmatrix} = (-1)^{3+4} \cdot 2 \cdot det \begin{pmatrix} 5 & 2 & -2 \\ 3 & 0 & 1 \\ 1 & 0 & 3 \end{pmatrix}$$

$$= -2 \cdot (2 - 18) = 32.$$

Satz 11.6: Sei B aus A durch eine elementare Zeilenumformung hervorgegangen. Dann gilt:

(a) $det\ \mathcal{B} = det\ \mathcal{A}$, wenn ein Vielfaches einer Zeile zu einer anderen addiert wird.

(b) $det\ \mathcal{B} = -det\ \mathcal{A}$, wenn zwei Zeilen vertauscht werden.

(c) $det\ \mathcal{B} = \lambda det\ \mathcal{A}$, wenn eine Zeile von $\mathcal{A}$ mit $\lambda \neq 0$ multipliziert wird.

<u>Beweis:</u> Die Aussage (b) gilt nach Satz 11.3 (b). (c) ist ein Spezialfall von Satz 11.2. Sei $b_i = a_i + \lambda \cdot a_j$ der i-te Zeilenvektor von $\mathcal{B}$ und $i \neq j$. Dann gilt

$$det\ \mathcal{B} = det \begin{pmatrix} \vdots \\ a_i \\ \vdots \end{pmatrix} + \lambda \cdot det \begin{pmatrix} \vdots \\ a_j \\ \vdots \end{pmatrix} = det\ \mathcal{A}$$

nach Satz 11.2 und Satz 11.3 (a).

<u>**Folgerung 11.7:**</u> Sei $\mathcal{X}$ eine Elementarmatrix und $\mathcal{A}$ beliebig. Dann ist

$$det\ (\mathcal{X} \cdot \mathcal{A}) = det\ \mathcal{X} \cdot det\ \mathcal{A} \ .$$

<u>Beweis:</u> $\mathcal{X} \cdot \mathcal{A}$ ist nach Satz 8.4 die Matrix, welche aus $\mathcal{A}$ durch die zugehörige elementare Zeilenumformung hervorgeht. Weiter geht $\mathcal{X}$ aus der Einheitsmatrix $\mathcal{E}$ durch dieselbe Zeilenumformung hervor. Im Satz 11.6 sind $det\ (\mathcal{X} \cdot \mathcal{A})$ in Abhängigkeit von $det\ \mathcal{A}$ und $det\ (\mathcal{X} \cdot \mathcal{E})$ berechnet worden. Wegen $det\ \mathcal{E} = 1$ folgt die Behauptung.

Im folgenden wird eine Methode angegeben, mit der man die Determinante einer $n \times n$-Matrix effizient mittels elementarer Umformungen berechnen kann.

Berechnungsverfahren für Determinanten 11.8: Sei $\mathcal{A} = (a_{ij})$ eine $n \times n$-Matrix. Man forme die Matrix $\mathcal{A}$ durch elementare Zeilenoperationen ohne Multiplikation der Zeilen von $\mathcal{A}$ mit einem Skalar so lange um, bis man eine obere bzw. untere Dreiecksmatrix $\mathcal{B} = (b_{ij})$ erhält. Die Anzahl der bei der Umformung benötigten Zeilenvertauschungen sei k. Nach Bemerkung 11.1 ist $det\ \mathcal{B} = b_{11} \cdot \ldots \cdot b_{nn}$. Wegen Satz 11.6 ist daher $det\ \mathcal{A} = (-1)^k \cdot det\ \mathcal{B}$. **Es gilt somit $det\ \mathcal{A} = (-1)^k \cdot b_{11} \cdot \ldots \cdot b_{nn}$.**

Bemerkung 11.9: Der Gauß-Algorithmus ist ein sicheres Verfahren, eine $n \times n$-Matrix $\mathcal{A}$ in eine obere Dreiecksmatrix zu transformieren. Die dabei verwendeten elementaren Umformungen benutzen nach Bemerkung 8.9 keine Multiplikation von Zeilenvektoren der Matrix mit Skalaren. Daher muß man bei der Umformung nur die Zeilenvertauschungen zählen, um die Determinante von $\mathcal{A}$ zu berechnen.

Beispiele: (1) $\mathcal{A} = \begin{pmatrix} 3 & 5 & 1 \\ 7 & 1 & 0 \\ 1 & 0 & 0 \end{pmatrix}$. Vertauschung der ersten und dritten Zeile liefert die Matrix

$$\mathcal{B} = \begin{pmatrix} 1 & 0 & 0 \\ 7 & 1 & 0 \\ 3 & 5 & 1 \end{pmatrix} \ .$$

B ist eine untere Dreiecksmatrix. Bei der Umformung von A nach B wurden genau einmal Zeilen vertauscht, d.h.

$$det\ A = (-1)^1 \cdot det\ B = (-1) \cdot 1 \cdot 1 \cdot 1 = -1 \ .$$

(2) Formt man die Matrix A mit Hilfe des Gauß-Algorithmus um, so erhält man die Matrix

$$C = \begin{pmatrix} 3 & 5 & 1 \\ 0 & -32/3 & -7/3 \\ 0 & 0 & 1/32 \end{pmatrix}$$

ohne Spaltenvertauschung. Es folgt

$$det\ A = (-1)^0 \cdot det\ C = 3 \cdot (-32/3) \cdot (1/32) = -1 \ .$$

Satz 11.10: Es ist $det\ A \neq 0$ genau dann, wenn $rg(A) = n$.

Beweis: Wenn $rg(A) < n$, dann ist eine der Zeilen eine Linearkombination der anderen, und nach geeigneter Vertauschung (die höchstens das Vorzeichen ändert), können wir annehmen, daß $a_n = \sum_{i=1}^{n-1} a_i \cdot \lambda_i$. Durch Anwendung der Sätze 11.2 und 11.3 ergibt sich

$$det\ A = det \begin{pmatrix} a_1 \\ \vdots \\ a_{n-1} \\ \sum_{i<n} a_i \cdot \lambda_i \end{pmatrix} = \sum_{i<n} \lambda_i \cdot det \begin{pmatrix} a_1 \\ \vdots \\ a_{n-1} \\ a_i \end{pmatrix} = 0.$$

Sei $rg(A) = n$. Dann ist $A = X_1 \cdot \ldots \cdot X_t$ ein Produkt von Elementarmatrizen nach Satz 9.7. Durch Induktion nach t folgt aus Folgerung 11.7, daß $det\ A = det\ X_1 \cdot \ldots \cdot det\ X_t$. Für jede Elementarmatrix ist $det\ X \neq 0$ nach Satz 11.6. Daher gilt die Behauptung.

Satz 11.11 (Produktsatz für Determinanten): Seien A und B beliebige $n \times n$-Matrizen. Dann ist $det\ A \cdot B = det\ A \cdot det\ B$.

Beweis: Wenn $rg(A) < n$, dann ist $rg(A \cdot B) < n$ nach Satz 6.6. Wegen Satz 11.10 sind beide Seiten daher gleich 0. Wenn $rg(A) = n$, dann ist $A = X_1 \cdot \ldots \cdot X_t$ ein Produkt von Elementarmatrizen. Die Behauptung folgt dann wieder aus Folgerung 11.7 durch Induktion nach t.

Satz 11.12: $det\ A = det\ A^T$.

Beweis: Aus $rg A < n$ folgt $rg(A^T) < n$ nach Folgerung 6.5. Also sind beide Seiten 0. Wenn $rg(A) = n$, dann ist $A = X_1 \cdot \ldots \cdot X_t$ ein Produkt von Elementarmatrizen. Nach Satz 6.1 ist dann $A^T = X_t^T \cdot \ldots \cdot X_1^T$. Wegen Satz 11.11 genügt es daher zu zeigen, daß $det\ X = det\ X^T$ für jede Elementarmatrix X ist. Dies ist aber klar nach Satz 11.6.

Bemerkung 11.13:   Man kann *det* $\mathcal{A}$ auch durch "Entwickeln nach der i-ten Spalte" berechnen, d.h.

$$det\ \mathcal{A} = \sum_{j=1}^{n}(-1)^{j+i} \cdot a_{ji} \cdot det\ \mathcal{A}_{ji}.$$

Man sieht dies, wenn man *det* $\mathcal{A}^T$ nach der $i-ten$ Zeile entwickelt und Satz 11.12 verwendet; beachte dabei, daß $(\mathcal{A}^T)_{ij} = (\mathcal{A}_{ji})^T$ ist. Ebenso lassen sich aus Satz 11.12 die jeweils zu Satz 11.2, Satz 11.3, Folgerung 11.4 und Satz 11.6 analogen Behauptungen für die Spaltenvektoren von $\mathcal{A}$ herleiten. Außerdem darf man beim Berechnungsverfahren 11.8 auch Spaltenumformungen verwenden, und schließlich gilt das unten beschriebene, nützliche Verfahren zur Berechnung der Determinanten von Blockmatrizen auch für untere Blockmatrizen.

Definition: Eine $n \times n$-Matrix $\mathcal{A} = (a_{ij})$ ist eine <u>obere Blockmatrix</u>, wenn eine natürliche Zahl $p < n$ existiert mit $a_{ij} = 0$ für $p + 1 \le i \le n$ und $1 \le j \le p$. Sei

$$\begin{aligned}
\mathcal{P} &= (a_{ij}) \quad \text{mit } 1 \le i,j \le p, \\
\mathcal{Q} &= (a_{ij}) \quad \text{mit } p+1 \le i,j \le n, \\
\mathcal{D} &= (a_{ij}) \quad \text{mit } 1 \le i \le p \text{ und } p+1 \le j \le n.
\end{aligned}$$

Dann hat $\mathcal{A}$ die Form

$$\mathcal{A} = \begin{pmatrix} \mathcal{P} & \mathcal{D} \\ 0 & \mathcal{Q} \end{pmatrix}$$

Analog definiert man <u>untere Blockmatrizen</u> der Form $\mathcal{A} = \begin{pmatrix} \mathcal{P} & 0 \\ \mathcal{D} & \mathcal{Q} \end{pmatrix}$.

Satz 11.14:   Ist $\mathcal{A}$ eine obere $n \times n$ Blockmatrix von der Form $\mathcal{A} = \begin{pmatrix} \mathcal{P} & \mathcal{D} \\ 0 & \mathcal{Q} \end{pmatrix}$, dann ist $det\ (\mathcal{A}) = det\ (\mathcal{P}) \cdot det\ (\mathcal{Q})$.

Beweis: Durch elementare Zeilenumformungen, die nur die ersten p Zeilen verändern, läßt sich $\mathcal{A}$ umformen zu

$$\mathcal{A}' = \begin{pmatrix} \mathcal{P}' & \mathcal{D}' \\ 0 & \mathcal{Q} \end{pmatrix}$$

derart, daß $\mathcal{P}'$ obere Dreiecksform hat. Sei s die Zahl der dabei benutzten Zeilenvertauschungen. Dann verwendet man elementare Zeilenumformungen, die nur die letzten $n - p$ Zeilen verändern, um $\mathcal{A}'$ zu

$$\mathcal{A}'' = \begin{pmatrix} \mathcal{P}' & \mathcal{D}' \\ 0 & \mathcal{Q}' \end{pmatrix}$$

umzuformen, und zwar derart, daß auch $\mathcal{Q}'$ obere Dreiecksform hat. Sei t die Anzahl der dabei verwendeten Zeilenvertauschungen. Dann hat $\mathcal{A}''$ ebenfalls obere

Dreiecksform, und $det\ \mathcal{A}" = (det\ \mathcal{P}') \cdot (det\ \mathcal{Q}')$ als Produkt der Diagonalelemente. Da

$$det\ \mathcal{P} = (-1)^s \cdot det\ \mathcal{P}',$$

$$det\ \mathcal{Q} = (-1)^t \cdot det\ \mathcal{Q}',$$

und

$$det\ \mathcal{A} = (-1)^{s+t} \cdot det\ \mathcal{A}"$$

nach 11.8 ist, folgt die Behauptung.

Satz 11.15 (Cramer'sche Regel): Sei $\mathcal{A}$ eine invertierbare $n \times n$-Matrix und $b = (b_1, \ldots, b_n)$ die Lösung des Gleichungssystems $\mathcal{A} \cdot x = d$. Dann ist $b_i = \frac{det\ \mathcal{B}^{(i)}}{det\ \mathcal{A}}$, wobei $\mathcal{B}^{(i)}$ aus $\mathcal{A}$ entsteht, indem die i-te Spalte durch d ersetzt wird.

Beweis: Sei $y_{ij} = (-1)^{i+j} \cdot det\ \mathcal{A}_{ji}$ und $\mathcal{Y} = (y_{ij})$. Dann ist

$$\sum_{i=1}^{n} a_{ri} \cdot y_{is} = \sum_{i=1}^{n} (-1)^{s+i} \cdot a_{ri} \cdot det\ \mathcal{A}_{si} = \begin{cases} det\ \mathcal{A} & \text{wenn } r = s \\ 0 & \text{sonst} \end{cases}$$

nach Folgerung 11.4. Also ist $\mathcal{A} \cdot \mathcal{Y} = \mathcal{E} \cdot (det\ \mathcal{A})$, d. h. $\mathcal{Y} = \mathcal{A}^{-1} \cdot (det\ \mathcal{A})$. Daher ist $b = \mathcal{A}^{-1} \cdot d = \mathcal{Y} \cdot d \cdot \frac{1}{det\ \mathcal{A}}$, d. h. $b_i = \frac{1}{det\ \mathcal{A}} \cdot \sum_{j=1}^{n} y_{ij} \cdot d_j = \frac{1}{det\ \mathcal{A}} \cdot \sum_{j=1}^{n} (-1)^{i+j} \cdot d_j \cdot det\ \mathcal{A}_{ji}$. Die letzte Summe ist aber gerade $det\ \mathcal{B}^{(i)}$, wie man sieht, wenn man diese Determinante nach der i-ten Spalte entwickelt.

Beispiel: Wenn der in Abschnitt 1 erwähnte Trinkhallenbesitzer wissen möchte, wieviele Kästen Bier er kaufen soll, kann er folgende Rechnung durchführen: Er berechnet die Determinante der Koeffizientenmatrix

$$det\ \mathcal{A} = det \begin{pmatrix} 5 & 10 & 20 \\ 1 & 1 & 1 \\ 12 & 12 & 20 \end{pmatrix} = -40.$$

Da dies $\neq 0$ ist, kann er die Cramer'sche Regel anwenden. Dazu muß er die dritte Spalte von $\mathcal{A}$ durch den Konstantenvektor ersetzen (da B die dritte Unbestimmte ist), und wieder die Determinante berechnen, also

$$det\ \mathcal{B}^{(3)} = det \begin{pmatrix} 5 & 10 & 1000 \\ 1 & 1 & 100 \\ 12 & 12 & 1400 \end{pmatrix} = -1000\ .$$

Anschließend braucht er nur noch zu dividieren und findet, daß $B = \frac{-1000}{-40} = 25$ ist.

Übungsaufgaben

11.1.   Bestimmen Sie die Determinante von

$$A = \begin{pmatrix} 1 & 2 & 3 & 4 & 5 \\ 2 & 6 & 9 & 12 & 15 \\ 3 & 10 & 18 & 24 & 30 \\ 4 & 14 & 27 & 40 & 50 \\ 5 & 18 & 36 & 56 & 75 \end{pmatrix}$$

11.2.   Berechnen Sie:

$$det \begin{pmatrix} a & b & c & d \\ b & a & c & d \\ r & s & t & u \\ v & w & x & y \end{pmatrix}$$

11.3.   Wenn $\mathcal{A}$ eine $n \times n$-Matrix ist und $\lambda \in F$, dann ist $det\,(\mathcal{A} \cdot \lambda) = (det\,\mathcal{A}) \cdot \lambda^n$.

11.4.   Seien $a, b \in F$ und $\mathcal{A}$ die $n \times n$-Matrix mit Diagonaleinträgen a und allen übrigen Einträgen b. Berechnen Sie $det\,\mathcal{A}$.

11.5.   Wenn $\mathcal{A}$ invertierbar ist, dann ist $det\,(\mathcal{A}^{-1}) = (det\,\mathcal{A})^{-1}$.

12. Eigenwerte und Eigenvektoren

In manchen Anwendungen ist es wichtig, zu einer gegebenen $n \times n$-Matrix $\mathcal{A}$ solche Vektoren $v \in F^n$ zu finden, für die $\mathcal{A} \cdot v = v \cdot \lambda$ für ein geeignetes $\lambda \in F$ gilt. Der uninteressante Fall $v = 0$ wird im folgenden ausgeschlossen.

Definition: Ein Vektor $0 \neq v \in F^n$ heißt ein <u>Eigenvektor</u> von $\mathcal{A}$, wenn $\mathcal{A} \cdot v = v \cdot \lambda$ für einen Skalar $\lambda \in F$, der ein <u>Eigenwert</u> von $\mathcal{A}$ genannt wird.

Beispiel 12.1: Um ein Modell für die Veränderungen der Beschäftigungssituation in einer Volkswirtschaft zu bekommen, kann man die Bevölkerung in die folgenden Gruppen einteilen:

- Beschäftigte in Industrie und Landwirtschaft
- Beschäftigte im Handel und in sonstigen Dienstleistungsunternehmen
- Nichtbeschäftigte

Natürlich ist diese Einteilung sehr grob und wirft viele Abgrenzungsprobleme auf. Die Anzahlen der Gruppenmitglieder seien I, D bzw. N. Jede Person gehört also genau einer der drei Gruppen an, so daß $I + D + N$ die Einwohnerzahl ist. Aus statistischen Erhebungen ist bekannt, daß von je 100 Nichtbeschäftigten am Anfang eines Jahres an dessen Ende 85 immer noch zur Gruppe der Nichtbeschäftigen gehören. 4 finden einen Arbeitsplatz in der Industrie, 6 im Dienstleistungssektor. Die übrigen 5 fallen durch Tod oder Umzug ins Ausland aus der Statistik heraus.

Ebenso sind von je 100 in der Industrie Beschäftigten nach einem Jahr 70 immer noch in der Industrie beschäftigt (nicht notwendig auf demselben Arbeitsplatz), 20 in den Dienstleistungssektor gewechselt und 7 (durch Arbeitslosigkeit oder Erreichen des Rentenalters) in die Gruppe der Nichtbeschäftigten; die übrigen 3 fallen aus der Statistik. Die entsprechenden Zahlen für den Dienstleistungssektor sind 80 D, 10 I und 8 N.

Außerdem ergibt sich durch Geburten und Zuzug aus dem Ausland ein Zuwachs von 4 % der Gesamtbevölkerung, von dem wir unterstellen, daß er ausschließlich der Gruppe N zugute kommt (für die Geburten ist das wohl realistisch).

Wenn I', D', N' die Zahlen der Gruppenmitglieder nach Ablauf eines Jahres sind, dann gilt also

$$I' = \tfrac{1}{100}\,(70I + 10D + 4N)$$

$$D' = \tfrac{1}{100}\,(80D + 20I + 6N)$$

$$N' = \tfrac{1}{100}\,[85N + 7I + 8D + 4(I + D + N)],$$

d. h. $\begin{pmatrix} I' \\ D' \\ N' \end{pmatrix} = \frac{1}{100} \begin{pmatrix} 70 & 10 & 4 \\ 20 & 80 & 6 \\ 11 & 12 & 89 \end{pmatrix} \begin{pmatrix} I \\ D \\ N \end{pmatrix}$, oder noch kürzer $b' = \mathcal{A} \cdot b$, wobei $b = (I, D, N)$ der "Beschäftigungsvektor" zu einem gegebenen Zeitpunkt, $b' = (I', D', N')$ der Beschäftigungsvektor ein Jahr später und

$$\mathcal{A} = \frac{1}{100} \begin{pmatrix} 70 & 10 & 4 \\ 20 & 80 & 6 \\ 11 & 12 & 89 \end{pmatrix}$$

die "Übergangsmatrix" ist.

Wir fragen jetzt, ob es eine prozentuale Zusammensetzung der Gesamtbevölkerung aus den drei Gruppen gibt, die sich im Lauf eines Jahres nicht verändert. Dies bedeutet offenbar gerade, daß sich die drei Gruppen alle um denselben Faktor verändern: $I' = I \cdot \lambda$, $D' = D \cdot \lambda$ und $N' = N \cdot \lambda$ für ein $\lambda \in \mathbf{R}$. Also muß $\mathcal{A} \cdot b = b' = b \cdot \lambda$ sein. Gesucht ist daher ein Eigenvektor von $\mathcal{A}$.

Definition: Sei $\lambda \in F$ ein fest gewählter Eigenwert der $n \times n$-Matrix $\mathcal{A}$. Der Unterraum $Ker(\mathcal{E} \cdot \lambda - \mathcal{A})$ von F^n heißt <u>Eigenraum</u> von $\mathcal{A}$ zum Eigenwert λ.

Bemerkung: (1)   Es ist $(\mathcal{E} \cdot \lambda - \mathcal{A}) \cdot v = 0$ genau dann, wenn $v \cdot \lambda = \mathcal{A} \cdot v$ ist. Also sind die Eigenvektoren von $\mathcal{A}$ zum Eigenwert λ genau die Vektoren $\neq 0$ im Eigenraum zu diesem Eigenwert. Insbesondere sind skalare Vielfache eines Eigenvektors wieder Eigenvektoren zum gleichen Eigenwert, wenn sie $\neq 0$ sind.

(2)   Sobald ein Eigenwert λ von $\mathcal{A}$ bekannt ist, können die zugehörigen Eigenvektoren sehr leicht als Lösungsvektoren des homogenen linearen Gleichungsystems $(\mathcal{E} \cdot \lambda - \mathcal{A}) \cdot x = 0$ berechnet werden.

Zur Berechnung von Eigenwerten dient die folgende

Definition: Sei $\mathcal{A}$ eine quadratische Matrix. Das Polynom

$$char\ Pol_{\mathcal{A}}(X) = det\ (\mathcal{E} \cdot X - \mathcal{A}) \in F[X]$$

heißt <u>charakteristisches Polynom</u> von $\mathcal{A}$.

Bemerkung: (1)   Es ist jetzt der richtige Zeitpunkt, noch einmal das in Abschnitt 2 über Polynome Gesagte nachzulesen.

(2)   Das charakteristische Polynom einer $n \times n$-Matrix ist ein normiertes Polynom vom Grad n, d.h. X^n hat Koeffizienten $a_n = 1$ und ist die höchste X-Potenz, die in $char\ Pol_{\mathcal{A}}(X)$ auftritt. Der Beweis ist Übungsaufgabe 12.1.

Satz 12.2:   Wenn $\mathcal{P}$ eine invertierbare $n \times n$-Matrix ist, dann haben $\mathcal{P}^{-1} \cdot \mathcal{A} \cdot \mathcal{P}$ und $\mathcal{A}$ das gleiche charakteristische Polynom.

<u>Beweis:</u>   Aus dem Produktsatz 11.11 für Determinanten folgt

$$\begin{aligned}
det\,(\mathcal{E} \cdot X - \mathcal{P}^{-1} \cdot \mathcal{A} \cdot \mathcal{P}) &= det\,[\mathcal{P}^{-1} \cdot (\mathcal{E} \cdot X - \mathcal{A}) \cdot \mathcal{P}] \\
&= det\,\mathcal{P}^{-1} \cdot det\,(\mathcal{E} \cdot X - \mathcal{A}) \cdot det\,\mathcal{P} \\
&= det\,(\mathcal{E} \cdot X - A) \cdot det\,\mathcal{P}^{-1} \cdot det\,\mathcal{P} \\
&= det\,(\mathcal{E} \cdot X - A) \cdot det\,(\mathcal{P}^{-1} \cdot \mathcal{P}) \\
&= det\,(\mathcal{E} \cdot X - A) \cdot det\,\mathcal{E} \\
&= det\,(\mathcal{E} \cdot X - \mathcal{A}).
\end{aligned}$$

Deshalb gilt die Behauptung.

Definition: Sei $f(X) \in F[X]$ ein Polynom. Dann ist $a \in F$ eine <u>Nullstelle</u> von $f(X)$, falls $f(a) = 0$.

Satz 12.3:   Genau dann ist λ ein Eigenwert der $n \times n$-Matrix $\mathcal{A}$, wenn λ eine Nullstelle des charakteristischen Polynoms $char\,Pol_{\mathcal{A}}(X)$ von $\mathcal{A}$ ist.

<u>Beweis:</u> λ ist Nullstelle des charakteristischen Polynoms von $\mathcal{A}$ genau dann, wenn $0 = char\,Pol_{\mathcal{A}}(\lambda) = det\,(\mathcal{E} \cdot \lambda - \mathcal{A})$. Dies ist nach Satz 11.10 genau dann der Fall, wenn der Rang $rg(\mathcal{E} \cdot \lambda - \mathcal{A}) < n$. Nach Satz 5.9 ist diese Ungleichung äquivalent zu $dim\,Ker(\mathcal{E} \cdot \lambda - \mathcal{A}) = n - rg(\mathcal{E} \cdot \lambda - \mathcal{A}) \neq 0$. Also ist $\lambda \in F$ genau dann eine Nullstelle von $char\,Pol_{\mathcal{A}}(X)$, wenn $\mathcal{A}$ einen Eigenvektor $v \neq 0$ zum Eigenwert λ hat.

Beispiel: Mittels Satz 12.3 sollen die Eigenwerte und Eigenvektoren der folgenden Matrix bestimmt werden.

$$\mathcal{A} = \begin{pmatrix} 3 & 1 & 1 \\ 2 & 4 & 2 \\ 1 & 1 & 3 \end{pmatrix}$$

Nach Bemerkung 11.1 b) ist

$$\begin{aligned}
char\,Pol_{\mathcal{A}}(X) &= det \begin{pmatrix} X-3 & -1 & -1 \\ -2 & X-4 & -2 \\ -1 & -1 & X-3 \end{pmatrix} \\
&= (X-3)^2(X-4) - 2 - 2 - (X-4) - 2(X-3) - 2(X-3) \\
&= X^3 - 10X^2 + 28X - 24.
\end{aligned}$$

Dieses Polynom hat $X_1 = 2$ als Lösung, wie man durch Einsetzen sieht. Um die übrigen Nullstellen zu finden, berechnen wir

$$\begin{array}{l}
(X^3 - 10X^2 + 28X - 24) : (X - 2) = X^2 - 8X + 12 \\
\underline{X^3 - 2X^2} \\
\ -8X^2 + 28X \\
\ \underline{-8X^2 + 16X} \\
\ 12X - 24 \\
\ 12X - 24
\end{array}$$

$X^2 - 8X + 12$ hat die Lösungen $X_{2,3} = 4 \pm \sqrt{16 - 12}$. Also ist $X_2 = 6$, $X_3 = 2$. Nach Satz 12.3 hat $\mathcal{A}$ die Eigenwerte $\lambda_1 = X_1 = X_3 = 2$ und $\lambda_2 = X_2 = 6$.

Der Eigenraum $Ker(\mathcal{E} \cdot \lambda_1 - \mathcal{A})$ zum Eigenwert λ_1 ist die Lösungsgesamtheit des homogenen Gleichungssystems mit der Koeffizientenmatrix

$$\mathcal{E} \cdot 2 - \mathcal{A} = \begin{pmatrix} -1 & -1 & -1 \\ -2 & -2 & -2 \\ -1 & -1 & -1 \end{pmatrix}.$$

Da der Rang $rg(\mathcal{E} \cdot 2 - \mathcal{A}) = 1$, ist *dim* $Ker(\mathcal{E} \cdot 2 - \mathcal{A}) = 2$ nach Satz 5.9. Deshalb bilden $v_1 = (1, -1, 0)$ und $v_2 = (1, 0, -1)$ eine Basis von $Ker(\mathcal{E} \cdot \lambda_1 - \mathcal{A})$.

Ebenso sieht man, daß *dim* $Ker(\mathcal{E} \cdot \lambda_2 - \mathcal{A}) = 1$ und $v_3 = (1, 2, 1)$ ein Eigenvektor zum Eigenwert $\lambda_2 = 6$ ist, weil

$$(\mathcal{E} \cdot 6 - \mathcal{A}) = \begin{pmatrix} 3 & -1 & -1 \\ -2 & 2 & -2 \\ -1 & -1 & 3 \end{pmatrix}$$

den Rang 2 hat.

Beispiel: Mit Satz 12.3 sollen nun die Eigenwerte der Übergangsmatrix $\mathcal{A}$ von Beispiel 12.1 berechnet werden. Dazu berechnen wir das charakteristische Polynom

$$p(X) = char\ Pol_{\mathcal{A}}(X) = \begin{pmatrix} X - \frac{70}{100} & -\frac{10}{100} & -\frac{4}{100} \\ -\frac{20}{100} & X - \frac{80}{100} & -\frac{6}{100} \\ -\frac{11}{100} & -\frac{12}{100} & X - \frac{89}{100} \end{pmatrix}$$

$$= X^3 - 2.39X^2 + 1.8634X - 0.47366 \text{ nach Bemerkung 11.1 (b).}$$

Es ist am bequemsten, die Nullstellen von $p(X)$ in Näherung anzugeben. Man findet $\lambda_1 = 1.000305$, $\lambda_2 = 0.786685$ und $\lambda_3 = 0.600266$. Zu diesen drei Eigenwerten findet man die angenäherten Eigenvektoren

$$\begin{aligned}
v_1 &= (3.66026, 6.78634, 10.7651) \\
v_2 &= (1.99405, 4.81465, -7.71527) \\
v_3 &= (64.7689, -65.6343, 2.59388)
\end{aligned}$$

Dabei ist zu beachten, daß diese Eigenvektoren jeweils nur bis auf Multiplikation mit Skalaren $\neq 0$ bestimmt sind. Multipliziert man v_1 mit $\mu = 4.71438$, so ergibt sich ebenfalls ein Eigenvektor zum Eigenwert λ_1, nämlich

$$w_1 = (17.2559, 31.9934, 50.7508).$$

Die Summe der Komponenten dieses Vektors ist 100, also gibt dies die gesuchte prozentuale Zusammensetzung der Bevölkerung: Etwa 17 % Beschäftigte in der Industrie, 32 % im Dienstleistungssektor und 51 % Nichtbeschäftigte. Dabei ergibt sich wegen $\lambda_1 = 1.00305$ ein mäßiges Bevölkerungswachstum von ca. 3 $^o/_{oo}$ im Jahr.

Die beiden anderen Eigenwerte λ_1 und λ_2 führen dagegen zu keiner Lösung des Ausgangsproblems, denn jedes skalare Vielfache $\neq 0$ von v_2 und v_3 hat negative Komponenten, die offenbar als Anzahl der Mitglieder einer Bevölkerungsgruppe nicht interpretiert werden können.

Bemerkung: Die Nullstellen eines gegebenen Polynoms zu finden, ist oft eine nicht ganz einfache Aufgabe. Es sind dafür (Näherungs-) Verfahren entwickelt worden, auf die hier nicht eingegangen wird, da sie nicht zur Linearen Algebra gehören.

Satz 12.4: Eigenvektoren zu verschiedenen Eigenwerten einer $n \times n$-Matrix $\mathcal{A}$ sind linear unabhängig.

Beweis: Seien $v_1, \ldots, v_t \in F^n$ mit $\mathcal{A} \cdot v_i = v_i \cdot \lambda_i$, wobei $\lambda_i \neq \lambda_j$ für $i \neq j$. Angenommen, $v_1, \ldots, v_t$ sind linear abhängig. Dann gibt es Linearkombinationen $0 = \sum_{i=1}^{t} v_i \cdot \mu_i$, wobei nicht alle $\mu_i = 0$. Wähle unter diesen eine derart, daß die Anzahl der $\mu_i \neq 0$ minimal ist. Sei $\mu_1 \neq 0$. Aus $0 = [\sum_{i=1}^{t} v_i \cdot \mu_i] \cdot \lambda_1$ und $0 = \mathcal{A} \cdot 0 = \sum_{i=1}^{t} v_i \cdot \lambda_i \cdot \mu_i$ folgt $0 = \sum_{i=2}^{t} v_i \cdot (\lambda_1 - \lambda_i) \cdot \mu_i$. Dies ist eine Linearkombination der Vektoren v_i mit weniger Koeffizienten $\neq 0$. Daher ist $(\lambda_1 - \lambda_i) \cdot \mu_i = 0$ für $i = 2, \ldots, t$. Wegen $\lambda_1 - \lambda_i \neq 0$ ist $\mu_i = 0$ und so $0 = v_1 \cdot \mu_1$. Dies ist ein Widerspruch, weil $\mu_1 \neq 0$ und $v_1 \neq 0$.

Folgerung 12.5: Wenn es n verschiedene Nullstellen des charakteristischen Polynoms der $n \times n$-Matrix $\mathcal{A}$ gibt, dann besitzt F^n eine Basis, die aus Eigenvektoren von $\mathcal{A}$ besteht.

Beweis: Wenn $b_1, \ldots, b_n$ Eigenvektoren zu den verschiedenen Eigenwerten $\lambda_1, \ldots, \lambda_n$ sind, so sind sie linear unabhängig nach Satz 12.4. Nach Folgerung 5.7 bilden sie eine Basis von F^n.

Beispiel: Wir nehmen noch einmal das Beispiel 12.1 des Beschäftigungsvektors auf. Nach Folgerung 12.5 bilden v_1, v_2, v_3 eine Basis des F^3 für $F = \mathbf{R}$. Sei nun $b \in F^3$ beliebig. Dann ist $b = v_1 \cdot \mu_1 + v_2 \cdot \mu_2 + v_3 \cdot \mu_3$ für geeignete $\mu_1, \mu_2, \mu_3 \in F$. Daher ist

$$\mathcal{A} \cdot b = (\mathcal{A} \cdot v_1) \cdot \mu_1 + (\mathcal{A} \cdot v_2) \cdot \mu_2 + (\mathcal{A} \cdot v_3) \cdot \mu_3 = v_1 \cdot \lambda_1 \cdot \mu_1 + v_2 \cdot \lambda_2 \cdot \mu_2 + v_3 \cdot \lambda_3 \cdot \mu_3 \, ,$$

woraus folgt, daß

$$\mathcal{A}^k \cdot b = v_1 \cdot \lambda_1^k \cdot \mu_1 + v_2 \cdot \lambda_2^k \cdot \mu_2 + v_3 \cdot \lambda_3^k \cdot \mu_3 \quad \text{für} \quad k = 1, 2, 3, \ldots$$

Nun ist $|\lambda_2| < 1$, also ist $\lambda_2, \lambda_2^2, \lambda_2^3, \ldots$ eine "Nullfolge" im Sinne der Analysis. Ebenso bilden die Potenzen λ_3^k eine Nullfolge. Daher unterscheidet sich $\mathcal{A}^k \cdot b$ für großes k nur wenig vom Eigenvektor $v_1 \cdot \lambda_1^k \mu_1$ zum Eigenwert λ_1.

Dies hat eine interessante Interpretation: Wenn sich die Übergangsmatrix $\mathcal{A}$ im Lauf der Zeit nicht ändert, dann nähert sich die proportionale Beschäftigungsverteilung der für das Beispiel 12.1 oben gefundenen stabilen Verteilung immer mehr an, und zwar unabhängig von der Ausgangsverteilung.

Bemerkung 12.6:   Es kann passieren, daß das charakteristische Polynom von $\mathcal{A}$ gar keine Nullstellen in F hat. Dann hat $\mathcal{A}$ nach Satz 12.2 auch keine Eigenvektoren in F^n. Hierfür ist $\mathcal{A} = \begin{pmatrix} 0 & 1 \\ -1 & 0 \end{pmatrix}$ im Fall des Körpers $F = \mathbf{R}$ der reellen Zahlen ein Beispiel; denn das *char Pol*$_\mathcal{A}(X) = X^2 + 1$ hat in $\mathbf{R}$ keine Nullstellen.

Definition: (a)   Eine quadratische Matrix $\mathcal{D} = (d_{ij})$ heißt Diagonalmatrix, falls $d_{ij} = 0$ für alle $i \neq j$ gilt.

(b)   Eine quadratische Matrix heißt diagonalisierbar, wenn es eine invertierbare Matrix $\mathcal{P}$ gibt derart, daß $\mathcal{P}^{-1} \cdot \mathcal{A} \cdot \mathcal{P}$ eine Diagonalmatrix ist.

Folgerung 12.7:   (a)   Wenn $\mathcal{D} = \begin{pmatrix} \mu_1 & & 0 \\ & \ddots & \\ 0 & & \mu_n \end{pmatrix}$ eine Diagonalmatrix ist,

dann ist

$$char\ Pol_\mathcal{D}(X) = (X - \mu_1) \cdot \ldots \cdot (X - \mu_n),$$

d.h. die Diagonalelemente μ_i sind genau die Eigenwerte von $\mathcal{D}$.

(b)   Ist $\mathcal{P}$ eine invertierbare $n \times n$-Matrix und $\mathcal{A}$ eine $n \times n$-Matrix, dann haben $\mathcal{P}^{-1}\mathcal{A} \cdot \mathcal{P}$ und $\mathcal{A}$ die gleichen Eigenwerte.

Beweis: (a)   folgt unmittelbar aus Satz 12.3 und Bemerkung 11.1 (c).

(b)   ergibt sich sofort aus den Sätzen 12.2 und 12.3.

Satz 12.8:   Sei $\mathcal{A}$ eine $n \times n$-Matrix und $\lambda_1, \ldots, \lambda_t$ die verschiedenen Eigenwerte von $\mathcal{A}$. Weiter sei $d_i = dim\ Ker(\mathcal{E} \cdot \lambda_i - \mathcal{A})$ die Dimension des Eigenraums zu λ_i. Dann sind die folgenden Aussagen äquivalent.

(a) Es gibt eine Basis von F^n, welche aus Eigenvektoren von $\mathcal{A}$ besteht.

(b) $\mathcal{A}$ ist diagonalisierbar.

(c) $\sum_{i=1}^{t} d_i = n$.

Beweis: (a) $\Rightarrow$ (b):   Sei $B = \{b_1, \ldots, b_n\}$ eine Basis, die aus Eigenvektoren zu Eigenwerten μ_i besteht. Dann ist $\mathcal{A} \cdot b_i = b_i \cdot \mu_i$. Die Matrix $\mathcal{A}_\alpha(B, B)$ der linearen Abbildung $\alpha : v \to \mathcal{A} \cdot v$ von F^n nach F^n bezüglich dieser Basis ist die

Diagonalmatrix $\mathcal{D} = \begin{pmatrix} \mu_1 & & 0 \\ & \ddots & \\ 0 & & \mu_n \end{pmatrix}$. Wenn $\mathcal{P}$ die Matrix des Basiswechsels von

$\{e_1, \ldots, e_n\}$ nach $\{b_1, \ldots, b_n\}$ ist, dann gilt $\mathcal{D} = \mathcal{P}^{-1} \cdot \mathcal{A} \cdot \mathcal{P}$ nach Satz 7.3. Also ist $\mathcal{A}$ diagonalisierbar.

(b) $\Rightarrow$ (c):   Sei $\mathcal{D} = \mathcal{P}^{-1} \cdot \mathcal{A} \cdot \mathcal{P} = \begin{pmatrix} \mu_1 & & 0 \\ & \ddots & \\ 0 & & \mu_n \end{pmatrix}$ eine Diagonalmatrix, deren Koef-

fizienten μ_j nicht paarweise verschieden sein müssen. Nach Satz 12.2 und Folgerung 12.7 gilt

$$char\ Pol_\mathcal{A}(X) = char\ Pol_\mathcal{D}(X) = (X - \mu_1) \cdot \ldots \cdot (X - \mu_n),$$

woraus $\{\lambda_1,\ldots,\lambda_t\} = \{\mu_1,\ldots,\mu_n\}$ folgt. Sei c_i die Anzahl der j's mit $\mu_j = \lambda_i$ für $i = 1,\ldots,t$. Dann ist $\sum_{i=1}^{t} c_i = n$. Außerdem hat die Diagonalmatrix $\mathcal{E} \cdot \lambda_i - \mathcal{D}$ genau c_i Nullen auf der Diagonalen. Daher ist

$$
\begin{aligned}
n - c_i &= rg(\mathcal{E} \cdot \lambda_i - \mathcal{D}) \\
&= rg(\mathcal{E} \cdot \lambda_i - \mathcal{P}^{-1} \cdot \mathcal{A} \cdot \mathcal{P}) \\
&= rg[\mathcal{P}^{-1} \cdot (\mathcal{E} \cdot \lambda_i - \mathcal{A}) \cdot \mathcal{P}] \\
&= rg(\mathcal{E} \cdot \lambda_i - \mathcal{A}) \text{ nach Satz 6.9} \\
&= dim\, Im(\mathcal{E} \cdot \lambda_i - \mathcal{A}) \text{ nach Folgerung 6.5 (c)} \\
&= n - dim\, Ker(\mathcal{E} \cdot \lambda_i - \mathcal{A}) \text{ nach Satz 5.9} \\
&= n - d_i.
\end{aligned}
$$

Also ist $d_i = c_i$ und $\sum_{i=1}^{t} d_i = \sum_{i=1}^{t} c_i = n$.

(c) $\Rightarrow$ (a): Sei U_i der Eigenraum zum Eigenwert λ_i. Nach Voraussetzung ist $d_i = dim\, U_i$. Wähle für jedes $i = 1,\ldots,t$ eine Basis $b_{ij}, j = 1,\ldots,d_i$ von U_i. Dann hat man also insgesamt genau $\sum_{i=1}^{t} d_i = n$ Vektoren b_{ij} gewählt. Alle b_{ij}'s sind Eigenvektoren von $\mathcal{A}$.

Nach Folgerung 5.7 bleibt zu zeigen, daß die b_{ij}'s linear unabhängig sind: Angenommen,

$$
(*) \qquad \sum_{i=1}^{t} \sum_{j=1}^{d_i} b_{ij} \cdot \mu_{ij} = 0.
$$

für $\mu_{ij} \in F$, die nicht alle gleich 0 sind. Setze $u_i = \sum_{j=1}^{d_i} b_{ij} \cdot \mu_{ij}$ für $1 \le i \le t$. Dann ist $u_i \in U_i$. Also ist u_i ein Eigenvektor zum Eigenwert λ_i oder $u_i = 0$. Aus $(*)$ folgt $\sum_{i=1}^{t} u_i = 0$. Daher sind die u_i's linear abhängig. Nach Satz 12.4 sind sie keine Eigenvektoren. Deshalb gilt $0 = u_i = \sum_{j=1}^{d_i} b_{ij} \cdot \mu_{ij}$ für $i = 1,\ldots,t$. Da die b_{ij}'s nach Voraussetzung eine Basis von U_i bilden, folgt $\mu_{ij} = 0$ für alle i und j. Dieser Widerspruch beendet den Beweis.

Beispiele: (a) Sei $\mathcal{A} = \begin{pmatrix} 1 & 1 \\ 0 & 1 \end{pmatrix}$. Dann ist $char\, Pol\, _{\mathcal{A}}(X) = (X - 1)^2$, also ist 1 der einzige Eigenwert von $\mathcal{A}$. Weil $rg(\mathcal{E} - \mathcal{A}) = rg \begin{pmatrix} 0 & -1 \\ 0 & 0 \end{pmatrix} = 1$ ist, folgt $d_1 = 2 - 1 = 1 < 2 = n$. Also ist $\mathcal{A}$ nicht diagonalisierbar.

(b) Die Matrix $\mathcal{A} = \begin{pmatrix} 3 & 1 & 1 \\ 2 & 4 & 2 \\ 1 & 1 & 3 \end{pmatrix}$ aus dem Beispiel von S. 98 ist dagegen diagonalisierbar, denn dort wurde schon gezeigt, daß $\mathcal{A}$ zwei Eigenwerte $\lambda_1 = 2$ und $\lambda_2 = 6$ hat, für die $d_1 = 2$ und $d_2 = 1$ gilt. Daher ist $d_1 + d_2 = n = 3$.

Übungsaufgaben

12.1. Zeigen Sie: Für jede $n \times n$-Matrix $\mathcal{A}$ ist $char\ Pol_{\mathcal{A}}(X) = X^n + a_{n-1}X^{n-1} + \ldots + a_1 X + a_0 \in F[X]$ für geeignete $a_i \in F$.

12.2. a) Bestimmen Sie das charakteristische Polynom der Matrix

$$A = \begin{pmatrix} 2 & -1 & 2 \\ -1 & 2 & 2 \\ 2 & 2 & -1 \end{pmatrix}$$

b) Zeigen Sie, daß -3 ein Eigenwert von A ist.

c) Bestimmen Sie die übrigen Eigenwerte von A.

d) Bestimmen Sie von jedem Eigenraum eine Basis.

12.3. Seien

$$\mathcal{A} = \begin{pmatrix} 1 & 2 & -1 & 3 & 2 \\ 2 & 0 & -3 & 5 & 1 \end{pmatrix}$$

und

$$\mathcal{B} = \begin{pmatrix} 5 & 15 \\ 7 & -4 \\ -24 & -8 \\ -3 & 1 \\ 3 & 1 \end{pmatrix}.$$

Berechnen Sie die charakteristischen Polynome von $\mathcal{A} \cdot \mathcal{B}$ und von $\mathcal{B} \cdot \mathcal{A}$.

13. Gram-Schmidt'sches Orthogonalisierungsverfahren und Hauptachsentheorem

In diesem Abschnitt wird gezeigt, daß reelle symmetrische Matrizen reelle Eigenwerte haben und sich diagonalisieren lassen. Zum Beweis wird das Gram-Schmidt'sche Orthonormalisierungsverfahren benötigt, das ebenfalls dargestellt wird. Im folgenden ist $F = \mathbf{R}$ der Körper der reellen Zahlen.

Definition: Zwei Vektoren a und b aus F^n heißen zueinander <u>orthogonal</u> (oder auch senkrecht), wenn ihr Skalarprodukt $a \cdot b = 0$ ist.

Bemerkung 13.1:   (a)   Der Nullvektor ist zu jedem Vektor orthogonal.

(b)   Zwei verschiedene Einheitsvektoren e_i und e_j sind zueinander orthogonal.

(c)   Wenn $a = (a_1, \ldots, a_n) \neq 0$ ist, dann ist $a \cdot a = \sum_{i=1}^{n} a_i^2 > 0$, weil die Summe von endlichen vielen Quadraten reeller Zahlen $a_i \neq 0$ stets positiv ist. Also ist a nicht senkrecht zu a.

Hilfssatz 13.2:   Die Vektoren $u_i \neq 0$ von F^n, $1 \leq i \leq k$, seien paarweise orthogonal. Dann sind sie linear unabhängig.

Beweis: Angenommen, $\sum_{i=1}^{k} u_i \cdot \lambda_i = 0$ für $\lambda_i \in F$. Dann ist das Skalarprodukt eines jeden Vektors u_j mit $\sum_{i=1}^{k} u_i \cdot \lambda_i$ ebenfalls Null. Also gilt

$$0 = u_j \cdot \left(\sum_{i=1}^{k} u_k \cdot \lambda_i \right) = (u_j \cdot u_j) \cdot \lambda_j \quad \text{für alle } 1 \leq j \leq k.$$

Nach Bemerkung 13.1 (c) ist $u_j^2 \neq 0$. Also ist $\lambda_j = 0$, womit der Hilfssatz bewiesen ist.

Definition: Ein Vektor $v \in F^n$ heißt <u>normiert</u>, wenn das Skalarprodukt $v \cdot v = 1$ ist.

Definition: Eine Basis $\{b_1, \ldots, b_n\}$ von F^n heißt eine <u>Orthogonalbasis</u>, wenn je zwei verschiedene Basiselemente zueinander orthogonal sind. Wenn zusätzlich die b_i's auch normiert sind, dann spricht man von einer <u>Orthonormalbasis</u>.

Beispiele: (a)   Die Einheitsvektoren $\{e_1, \ldots, e_n\}$ bilden eine Orthonormalbasis von F^n.

(b) $b_1 = (1,2)$ und $b_2 = (2,-1)$ bilden eine Orthogonal- aber keine Orthonormalbasis von F^2.

Hilfssatz 13.3: Für jeden Vektor $0 \neq u \in F^n$ ist $u' = \frac{1}{\sqrt{u \cdot u}} u$ normiert.

Beweis: $u' \cdot u' = \left(\frac{1}{\sqrt{u \cdot u}} \right)^2 u \cdot u = \frac{u \cdot u}{u \cdot u} = 1.$

Zu jeder Basis $\mathcal{B}$ des F^n kann man eine Orthonormalbasis von F^n konstruieren:

Satz 13.4 (Gram-Schmidt'sches Orthonormalisierungsverfahren): Sei $\{b_1, \ldots, b_n\}$ eine Basis von F^n. Dann existiert eine Orthonormalbasis $\{u_1, \ldots, u_n\}$ von F^n derart, daß $<b_1, \ldots, b_k> \ = \ <u_1, \ldots, u_k>$ für jedes $k = 1, \ldots, n$.

Beweis: Für jedes $k = 1, \ldots, n$ werden induktiv $u_1, \ldots, u_k \in <b_1, \ldots, b_k>$ konstruiert mit $u_i \cdot u_j = 0$ für $i \neq j$ und $u_i \cdot u_i = 1$. Für $k = 1$ setzt man

$$u_1 = \frac{b_1}{\sqrt{b_1 \cdot b_1}} \ .$$

Nach Hilfssatz 13.3 ist u_1 normiert. Wenn schon $u_1, \ldots, u_{k-1}$ gefunden sind, setze

$$a = b_k - \sum_{i=1}^{k-1} u_i \cdot (b_k \cdot u_i) \ .$$

Dann ist $a \in< b_1, \ldots, b_k >$ und für $j < k$ ist

$$a \cdot u_j = b_k \cdot u_j - \sum_{i=1}^{k-1} (b_k \cdot u_i) \cdot (u_i \cdot u_j) = 0 \ .$$

Schließlich ist $a \neq 0$, denn sonst wäre

$$b_k = \sum_{i=1}^{k-1} u_i \cdot (b_k \cdot u_i) \in< b_1, \ldots, b_{k-1} > \ .$$

Also ist $u_k = \frac{a}{\sqrt{a \cdot a}}$ ein normierter Vektor, der zu allen u_j mit $j < k$ orthogonal ist. Somit bilden $\{u_1, \ldots, u_k\}$ nach Hilfssatz 13.2 und Folgerung 5.7 eine Basis des k-dimensionalen Unterraums $< b_1, \ldots, b_k >$. Durch vollständige Induktion folgt, daß $\{u_1, \ldots, u_n\}$ eine Orthonormalbasis von F^n ist.

Bemerkung: Die Aussage des Satzes 12.4 gibt nur die Existenz einer solchen Basis. Der Beweis besteht aus einem Algorithmus, der zu einer gegebenen Basis $\{b_1, \ldots, b_n\}$ eine Orthonormalbasis $\{u_1, \ldots, u_n\}$ des F^n konstruiert.

Definition: Eine $n \times n$-Matrix A heißt <u>orthogonal</u>, falls $A^T \cdot A = \mathcal{E}$ ist.

Beispiel: (a) Die Einheitsmatrix ist orthogonal.

(b) $\quad \mathcal{A} = \frac{1}{2}\begin{pmatrix} 1 & -\sqrt{3} \\ \sqrt{3} & 1 \end{pmatrix}$ ist orthogonal, denn $\mathcal{A}^T = \frac{1}{2}\begin{pmatrix} 1 & \sqrt{3} \\ -\sqrt{3} & 1 \end{pmatrix}$ und $\mathcal{A}^T \cdot \mathcal{A} = \mathcal{E}$.

Hilfssatz 13.5: (a) Die Matrix $\mathcal{B}$ des Basiswechsels von $\{e_1, e_2, \ldots, e_n\}$ zu einer Orthonormalbasis des F^n ist orthogonal.

(b) Ist $\mathcal{A}$ eine orthogonale Matrix, dann ist $\{u_i = \mathcal{A} \cdot e_i \mid 1 \leq i \leq n\}$ eine Orthonormalbasis von F^n.

(c) Die Inverse einer orthogonalen $n \times n$-Matrix $\mathcal{A}$ ist $\mathcal{A}^{-1} = \mathcal{A}^T$.

(d) Produkte orthogonaler $n \times n$-Matrizen sind orthogonal.

Beweis: (a) Die Matrix $\mathcal{B}$ des Basiswechsels von $\{e_1, \ldots, e_n\}$ zu einer beliebigen anderen Basis $\{b_1, \ldots, b_n\}$ von F^n erhält man nach der in Abschnitt 7 gegebenen Definition, indem man b_j als j-te Spalte von $\mathcal{B}$ einträgt. Wenn man den Eintrag an der Stelle (i, j) in der Matrix $\mathcal{B}^T \cdot \mathcal{B}$ berechnet, so erhält man gerade das Skalarprodukt $b_i \cdot b_j$, denn die i-te Zeile von $\mathcal{B}^T$ ist die i-te Spalte von $\mathcal{B}$, also b_i. Wenn nun $\{b_1, \ldots, b_n\}$ eine Orthonormalbasis von F^n ist, dann ist $b_i \cdot b_j = 0$ für $i \neq j$ und $b_i \cdot b_i = 1$ für alle i und j. Also $\mathcal{B}^T \cdot \mathcal{B} = \mathcal{E}$, d.h. $\mathcal{B}$ ist orthogonal.

(b) Da $\mathcal{A}$ invertierbar ist, ist $\{u_i = \mathcal{A} \cdot e_i \mid 1 \leq i \leq n\}$ nach Folgerungen 6.5 und 5.7 eine Basis von F^n. Dies ist sogar eine Orthonormalbasis, weil $u_i \cdot u_j = (\mathcal{A} \cdot e_i)^T \cdot \mathcal{A} \cdot e_j = (e_i)^T \cdot (\mathcal{A}^T \cdot \mathcal{A}) \cdot e_j = e_i \cdot \mathcal{E} \cdot e_j = e_i \cdot e_j$ gilt.

(c) Nach Definition ist $\mathcal{A}^T \cdot \mathcal{A} = \mathcal{E}$. Daher ist $\mathcal{A}^{-1} = \mathcal{A}^T$ nach Folgerung 6.8.

(d) Seien $\mathcal{A}$ und $\mathcal{B}$ zwei orthogonale $n \times n$-Matrizen. Dann folgt aus Satz 6.1, daß

$$(\mathcal{A} \cdot \mathcal{B})^T \cdot \mathcal{A} \cdot \mathcal{B} = \mathcal{B}^T \cdot \mathcal{A}^T \cdot \mathcal{A} \cdot \mathcal{B} = \mathcal{B}^T \cdot \mathcal{E} \cdot \mathcal{B} = \mathcal{E}$$

ist. Also ist $\mathcal{A} \cdot \mathcal{B}$ eine orthogonale Matrix.

Definition: Eine $n \times n$-Matrix $\mathcal{S}$ heißt <u>symmetrisch</u>, wenn $\mathcal{S}^T = \mathcal{S}$ ist.

Beispiel: (a) Die Einheitsmatrix ist symmetrisch.

(b) Jede Diagonalmatrix ist symmetrisch.

(c) $\quad \mathcal{S} = \frac{1}{2}\begin{pmatrix} 1 & \sqrt{3} \\ \sqrt{3} & -1 \end{pmatrix}$ ist symmetrisch und orthogonal.

Hilfssatz 13.6: Sei $\mathcal{S}$ eine symmetrische $n \times n$-Matrix und $\mathcal{A}$ eine orthogonale $n \times n$- Matrix. Dann ist $\mathcal{A}^{-1} \cdot \mathcal{S} \cdot \mathcal{A} = \mathcal{A}^T \cdot \mathcal{S} \cdot \mathcal{A}$ eine symmetrische Matrix.

Beweis: Nach Hilfssatz 13.5 ist $\mathcal{A}^{-1} = \mathcal{A}^T$. Wegen $\mathcal{S} = \mathcal{S}^T$ ergibt sich aus Satz 6.1, daß $(\mathcal{A}^{-1} \cdot \mathcal{S} \cdot \mathcal{A})^T = \mathcal{A}^T \cdot \mathcal{S}^T \cdot (\mathcal{A}^T)^T = \mathcal{A}^{-1} \cdot \mathcal{S} \cdot \mathcal{A}$.

Der folgende Satz heißt aus geometrischen Gründen, auf die hier nicht eingegangen werden kann, "Hauptachsentheorem". In dem hier gegebenen Beweis wird der <u>Zwischenwertsatz</u> der reellen Analysis verwendet, der besagt: Sei $f(x)$ eine reellwertige stetige Funktion auf dem offenen Intervall I. Gibt es in I zwei Punkte $x_1 < x_2$ derart, daß die reellen Zahlen $f(x_1)$ und $f(x_2)$ nicht beide positiv oder negativ sind, dann hat $f(x)$ im Intervall $[x_1, x_2]$ eine Nullstelle x_0, d.h. $f(x_0) = 0$. Bezüglich der Definitionen und des Beweises wird auf die Vorlesungen und Lehrbücher der Analysis verwiesen.

Satz 13.7 (Hauptachsentheorem):   Sei S eine reelle symmetrische $n \times n$-Matrix. Dann gibt es eine orthogonale $n \times n$-Matrix A derart, daß $A^{-1} \cdot S \cdot A$ eine Diagonalmatrix ist. Alle Eigenwerte von S sind reell, d.h. *char Pol$_S(X)$* $= (X - \mu_1) \cdot \ldots \cdot (X - \mu_n)$ für geeignete reelle Zahlen $\mu_1, \ldots, \mu_n$.

Beweis: Durch Induktion über n. Wenn $n = 1$, dann ist S eine Diagonalmatrix, und man kann $A = \mathcal{E}$ nehmen.

Sei $n > 1$. Dann ist die $(n-1) \times (n-1)$-Matrix T, welche aus S durch Weglassen der letzten Zeile und Spalte entsteht, eine symmetrische Matrix. Nach Induktion ist also

$$B^{-1} \cdot T \cdot B = \begin{pmatrix} \lambda_1 & 0 & \ldots & 0 \\ 0 & \ddots & & \vdots \\ \vdots & & \ddots & 0 \\ 0 & \ldots & 0 & \lambda_{n-1} \end{pmatrix}$$

eine Diagonalmatrix für eine geeignete orthogonale $(n-1) \times (n-1)$-Matrix B. Sei $\tilde{B} = \begin{pmatrix} B & 0 \\ 0 & 1 \end{pmatrix}$. Dann ist $\tilde{B}$ eine orthogonale $n \times n$-Matrix und nach Hilfssatz 13.6

$$\mathcal{R} = \tilde{B}^{-1} \cdot S \cdot \tilde{B} = \begin{pmatrix} \lambda_1 & 0 & \ldots & 0 & r_1 \\ 0 & \ddots & & \vdots & \vdots \\ \vdots & & \ddots & 0 & \vdots \\ 0 & \ldots & 0 & \lambda_{n-1} & r_{n-1} \\ r_1 & \ldots & \ldots & r_{n-1} & r \end{pmatrix}$$

eine symmetrische Matrix. Wenn $r_i = 0$ für $i = 1, \ldots, n-1$ ist, dann ist $\mathcal{R}$ eine Diagonalmatrix, und wir sind fertig mit $A = \tilde{B}$.

Andernfalls wählen wir das größte λ_i mit $r_i \neq 0$ und betrachten die Funktion

$$f(x) = x - r - \sum_{\substack{j=1 \\ r_j \neq 0}}^{n-1} \frac{r_j^2}{x - \lambda_j}$$

für $\lambda_i < x < \infty$. Dann ist die reellwertige Funktion $f(x)$ im offenen Intervall (λ_i, ∞) stetig. Wenn x nur wenig größer als λ_i ist, dann ist $x - \lambda_i$ ein sehr kleiner, positiver Wert, also $\frac{r_i^2}{x - \lambda_i}$ ein sehr großer positiver Wert, und daher $f(x)$ negativ. Wenn dagegen x sehr groß wird, dann sind alle $\frac{r_j^2}{x - \lambda_j}$ sehr klein, also $f(x)$ ungefähr gleich $x - r$, und daher $f(x)$ positiv. Nach dem Zwischenwertsatz gibt es ein μ mit $\lambda_i < \mu < \infty$ derart, daß $f(\mu) = 0$.

Sei nun

$$a = e_n + \sum_{\substack{j=1 \\ r_j \neq 0}}^{n-1} e_j \cdot \frac{r_j}{\mu - \lambda_j} \, .$$

Dann ist

$$
\mathcal{R} \cdot a = \mathcal{R} \cdot e_n + \sum_{\substack{j=1 \\ r_j \neq 0}}^{n-1} \mathcal{R} \cdot e_j \cdot \frac{r_j}{\mu - \lambda_j}
$$

$$
= e_n \cdot r + \sum_{j=1}^{n-1} e_j \cdot r_j + \sum_{\substack{j=1 \\ r_j \neq 0}}^{n-1} (e_j \cdot \lambda_j + e_n \cdot r_j) \cdot \frac{r_j}{\mu - \lambda_j}
$$

$$
= e_n \cdot \left(r + \sum_{\substack{j=1 \\ r_j \neq 0}}^{n-1} \frac{r_j^2}{\mu - \lambda_j} \right) + \sum_{\substack{j=1 \\ r_j \neq 0}}^{n-1} e_j \cdot \left(r_j + \frac{r_j \cdot \lambda_j}{\mu - \lambda_j} \right)
$$

$$
= e_n \cdot [\mu - f(\mu)] + \sum_{\substack{j=1 \\ r_j \neq 0}}^{n-1} e_j \cdot \frac{r_j \cdot \mu}{\mu - \lambda_j}
$$

$$
= a \cdot \mu.
$$

Offenbar ist $a \neq 0$, also ist a ein Eigensvektor von $\mathcal{R}$ zum Eigenwert μ. Daher ist $b = \tilde{B} \cdot a \neq 0$ ein Eigenvektor von $\mathcal{S}$ mit Eigenwert μ.

Nun sei $W = \{v \in F^n \mid b \cdot v = 0\}$. Dann ist W die Lösungsgesamtheit des linearen Gleichungssystems $b_1 \cdot x_1 + b_2 \cdot x_2 + \ldots + b_n \cdot x_n = 0$. Wegen $b = (b_1, b_2, \ldots, b_n) \neq 0$ ist W ein Unterraum von F^n mit $dim_F W = n-1$ nach Satz 5.9. Wegen Bemerkung 13.1 (c) ist $b \notin W$. Mit Hilfe des Gram-Schmidt'schen Orthonormalisierungsverfahrens 13.4 konstruiert man eine Orthonormalbasis $\{u_1, \ldots, u_{n-1}\}$ von W. Zusammen mit $u_n = \frac{b}{\sqrt{b \cdot b}}$ erhält man dann eine Orthonormalbasis $\{u_1, \ldots, u_n\}$ von F^n.

Wenn $\mathcal{A}_1$ die Matrix des Basiswechsels von $\{e_1, \ldots, e_n\}$ nach $\{u_1, \ldots, u_n\}$ ist, dann ist $\mathcal{A}_1$ orthogonal nach Hilfssatz 13.5 (a). Also ist $\mathcal{A}_1^{-1} \cdot \mathcal{S} \cdot \mathcal{A}_1$ symmetrisch nach Hilfssatz 13.6. Da $u_n = \mathcal{A}_1 \cdot e_n$ ein Eigenvektor von $\mathcal{S}$ zum Eigenwert μ ist, hat $\mathcal{A}_1^{-1} \cdot \mathcal{S} \cdot \mathcal{A}_1$ die Form

$$
\mathcal{A}_1^{-1} \cdot \mathcal{S} \cdot \mathcal{A}_1 = \begin{pmatrix} \mathcal{S}_1 & 0 \\ 0 & \mu \end{pmatrix},
$$

wobei $\mathcal{S}_1$ eine symmetrische $(n-1) \times (n-1)$-Matrix ist. Nach Induktion gibt es eine orthogonale $(n-1) \times (n-1)$-Matrix $\mathcal{A}_2$ derart, daß

$$
\mathcal{A}_2^{-1} \cdot \mathcal{S}_1 \cdot \mathcal{A}_2 = \begin{pmatrix} \mu & & 0 \\ & \ddots & \\ 0 & & \mu_{n-1} \end{pmatrix}
$$

eine Diagonalmatrix ist. Setzt man $\mathcal{A} = \mathcal{A}_1 \cdot \begin{pmatrix} \mathcal{A}_2 & 0 \\ 0 & 1 \end{pmatrix}$, so ist $\mathcal{A}$ orthogonal nach

Hilfssatz 13.5 (c). Außerdem ist

$$\mathcal{A}^{-1} \cdot \mathcal{S} \cdot \mathcal{A} = \begin{pmatrix} A_2^{-1} & 0 \\ 0 & 1 \end{pmatrix} \cdot \mathcal{A}_1^{-1} \cdot \mathcal{S} \cdot \mathcal{A}_1 \cdot \begin{pmatrix} A_2 & 0 \\ 0 & 1 \end{pmatrix}$$

$$= \left(\begin{array}{c|c} A_2^{-1} \cdot \mathcal{S}_1 \cdot A_2 & 0 \\ \hline 0 \ldots 0 & \mu \end{array} \right)$$

$$= \begin{pmatrix} \mu_1 & 0 & \underline{\hspace{2cm}} & 0 \\ 0 & \ddots & & \\ & & \ddots & \\ 0 & & \mu_{n-1} & 0 \\ 0 & \underline{\hspace{2cm}} & 0 & \mu \end{pmatrix}$$

eine Diagonalmatrix. Da die reellen Zahlen $\mu_1, \ldots, \mu_{n-1}$ und μ nach Folgerung 12.7 die Eigenwerte von S sind, wurden hiermit alle Aussagen des Satzes 13.7 bewiesen.

Folgerung 13.8:   Sei S eine reelle symmetrische $n \times n$-Matrix. Dann gibt es eine Orthonormalbasis von F^n, welche aus Eigenvektoren von S besteht.

Beweis: Nach Satz 13.7 gibt es eine orthogonale Matrix $\mathcal{A}$ derart, daß

$$\mathcal{A}^{-1} \cdot \mathcal{S} \cdot \mathcal{A} = \begin{pmatrix} \mu_1 & & \\ & \ddots & \\ & & \mu_n \end{pmatrix}$$

eine Diagonalmatrix ist. Sei $u_i = \mathcal{A} \cdot e_i$ für $1 \leq i \leq n$. Dann bilden die u_i nach Hilfssatz 13.5 (b) eine Orthonormalbasis von F^n. Außerdem ist $\mathcal{A}^{-1} \cdot \mathcal{S} \cdot \mathcal{A} \cdot e_i = e_i \cdot \mu_i$, d.h. $S \cdot u_i = S \cdot \mathcal{A} \cdot e_i = \mathcal{A} \cdot e_i \cdot \mu_i = u_i \cdot \mu_i$. Alle u_i's sind daher Eigenvektoren von S.

Hilfssatz 13.9:   Wenn S eine relle symmetrische Matrix ist, und a und b Eigenvektoren von S zu verschiedenen Eigenwerten sind, dann sind a und b orthogonal **zueinander.**

Beweis: Sei $S \cdot a = a \cdot \lambda$ und $S \cdot b = b \cdot \mu$. Schreibt man a und b als Spaltenvektoren, so gilt

$$(a \cdot b) \cdot \mu = a^T \cdot (S \cdot b) = (a^T \cdot S^T) \cdot b = (S \cdot a)^T \cdot b = (a \cdot \lambda)^T \cdot b = (a \cdot b) \cdot \lambda \, .$$

Wegen $\lambda \neq \mu$ folgt $a \cdot b = 0$.

Bemerkung 13.10:   Wenn man in F^n eine Orthonormalbasis aus Eigenvektoren einer gegebenen reellen, symmetrischen $n \times n$-Matrix S finden möchte, kann man wie folgt vorgehen:

(a) Berechne das charakteristische Polynom $p(X) = det\,(\mathcal{E} \cdot X - S)$ von S.

(b) Bestimme die Nullstellen $\mu_1, \ldots, \mu_m$ von $p(X)$. Nach Satz 13.7 sind sie alle reell.

(c) Zu jedem Eigenwert μ_j berechne eine Basis des Eigenraums $W_j = Ker(\mathcal{E} \cdot \mu_j - \mathcal{S})$.

(d) Mittels des Gram-Schmidt'schen Orthonormalisierungsverfahrens wird diese Basis in eine Orthonormalbasis von W_j transformiert.

(e) Die Vereinigungsmenge all dieser Orthonormalbasen für $j = 1, \ldots, m$ ist die gesuchte Orthonormalbasis $\{u_1, \ldots, u_n\}$ aus Eigenvektoren von $\mathcal{S}$.

(f) Sei $\mathcal{P}$ die $n \times n$-Matrix, deren Spaltenvektoren die Vektoren u_j der Orthonormalbasis von F^n sind. Dann ist $\mathcal{P}$ eine orthogonale Matrix derart, daß $\mathcal{D} = \mathcal{P}^T \cdot \mathcal{S} \cdot \mathcal{P}$ eine Diagonalmatrix ist.

<u>Beweis:</u>   (e)   Es ist nur noch zu zeigen, daß $u_i \cdot u_j = 0$ falls $i \neq j$. Dies ist klar, falls u_i und u_j zum selben Eigenraum gehören. Andernfalls folgt es aus Hilfssatz 13.9.

(f)   Nach Hilfssatz 13.5 ist $\mathcal{P}$ orthogonal und $\mathcal{P}^{-1} = \mathcal{P}^T$. Da die Vektoren u_j Eigenvektoren von $\mathcal{S}$ sind, folgt aus Satz 7.3, daß $\mathcal{D}$ eine Diagonalmatrix ist.

Übungsaufgaben

13.1. Finden Sie eine orthogonale Matrix $\mathcal{P}$ derart, daß

$$\mathcal{P}^T \cdot \begin{pmatrix} 2 & -1 & 2 \\ -1 & 2 & 2 \\ 2 & 2 & -1 \end{pmatrix} \cdot \mathcal{P}$$

eine Diagonalmatrix ist.

13.2. Eine Automobilfabrik hat das Marktmonopol. Sie stellt drei Modelle her: den "Primitiv" (ohne Scheibenwischer) zum Preis von DM x_1, den "Luxus" (mit Scheibenwischer und Radzierkappen) für DM x_2 und als Top-Modell den "587XRSi" (ohne Radzierkappen aber mit Scheibenwischer und Metallic-Lackierung) für DM x_3. Dabei ist $x_1 \leq x_2 \leq x_3$. Das Kaufverhalten der potentiellen Kunden K_i, $i = 1, \ldots, 10.000$, ist bekannt: Jeder setzt sich eine Obergrenze von g_i DM, die er für ein Auto auszugeben bereit ist, und kauft dann den teuersten Wagen, dessen Preis unterhalb von g_i bleibt. Falls es einen solchen nicht gibt, verzichtet er auf den Kauf. Die Anzahl der Kunden K_i mit $g_i \geq x$ ist in guter Näherung

$$a(x) = \begin{cases} 10.000 & \text{für } x < 0 \\ 10.000 - x/8 & \text{für } 0 \leq x \leq 80.000 \\ 0 & \text{für } x > 80.000 \end{cases}$$

Wie wird die Fabrik die Preise ihrer drei Modelle festlegen, um den Gesamtverkaufserlös zu maximieren?

14. Lineare Ungleichungssysteme

Anhand eines einfachen Beispiels aus der Landwirtschaft, das dem Buch von Collatz und Wetterling [15], S. 3, entnommen wurde, wird in diesem Abschnitt die Formulierung allgemeiner linearer Optimierungsaufgaben entwickelt. Anschließend werden erste Aussagen zur Lösbarkeit gemacht.

Beispiel 14.1:   In einem landwirtschaftlichen Betrieb werden Kühe und Schafe gehalten. Für 50 Kühe und 200 Schafe sind Ställe vorhanden. Der Betrieb verfügt über 72 Morgen Weideland. Für eine Kuh werden ein Morgen, für ein Schaf 0,2 Morgen benötigt. Auf eine Kuh entfallen jährlich 150 Arbeitsstunden, auf ein Schaf 25 Arbeitsstunden. Zur Versorgung des Viehs stehen jährlich bis zu 10.000 Arbeitsstunden zur Verfügung. Der jährlich erzielte Reingewinn beträgt DM 250 pro Kuh und DM 45 pro Schaf. Die Anzahlen x_1 und x_2 der gehaltenen Kühe bzw. Schafe sind so zu bestimmen, daß der Gesamtgewinn möglichst groß wird.

Aus den im Text genannten Bedingungen an x_1 und x_2 ergeben sich die folgenden Ungleichungen:

$$
\begin{array}{lrcl}
I & x_1 & \leq & 50 \\
II & x_2 & \leq & 200 \\
III & x_1 + 0,2x_2 & \leq & 72 \\
IV & 150x_1 + 25x_2 & \leq & 10.000 \\
V & x_1 & \geq & 0 \\
VI & x_2 & \geq & 0
\end{array}
$$

Es liegt ökonomisch nahe, zu versuchen, die Ressourcen "Arbeitskraft" und "Weideland" voll auszunutzen. Mathematisch heißt das, die Ungleichungen III und IV als Gleichungen zu behandeln. Tut man dies, so erhält man genau eine Lösung, nämlich $x = (40, 160)$. Durch Einsetzen in I, II, V und VI überzeugt man sich, daß x eine Lösung des Ungleichungssystems ist. Der Gewinn (in DM) ist dann

$$\gamma(x) = 250\, x_1 + 45\, x_2 = 17.200\ .$$

Als Anwendung von Satz 14.9 werden wir in Beispiel 14.11 sehen, daß x sogar eine "optimale" Lösung ist, d. h. eine Lösung mit dem größten Gewinn. Mathematisch heißt dies, daß $\gamma(x) \geq \gamma(y)$ für alle Lösungen y des Ungleichungssystems.

Variation von 14.1:   Wenn der Gewinn pro Schaf auf DM 55 steigt, man also eine andere Gewinnfunktion γ' hat, dann steigt auch der Gewinn bei dieser Lösung auf

$$\gamma' = 250\, x_1 + 55\, x_2 = 18.800\ ,$$

die Lösung ist aber nicht mehr optimal, denn $y = (32, 200)$ ist ebenfalls eine Lösung, wie man durch Einsetzen sieht, und

$$\gamma'(y) = 250 \cdot 32 + 55 \cdot 200 = 19.000 \ .$$

Bei dieser Lösung y wird die vorhandene Arbeitskraft nicht voll in Anspruch genommen, da $150y_1 + 25y_2 = 150 \cdot 32 + 25 \cdot 200 = 9.800 < 10.000$.

Es ist oft ökonomisch von Interesse, einen Überblick über nicht ausgenutzte Ressourcen zu haben. Man kann dies mathematisch fassen, indem man z. B. die Ungleichung IV zu einer Gleichung

$$150x_1 + 25x_2 + x_3 = 10.000$$

macht: Man führt eine neue Unbestimmte x_3 ein, die gerade die Differenz zwischen 10.000 und $150x_1 + 25x_2$ mißt. Die ursprüngliche Ungleichung wird dann durch $x_3 \geq 0$ ausgedrückt.

In vielen Büchern finden Sie diese zusätzlichen Unbestimmten unter dem Namen "Schlupfvariable". In diesem Buch vermeiden wir die Schlupfvariablen aus Gründen der Rechenökonomie: je weniger Unbestimmte und Ungleichungen ein System hat, desto leichter ist es zu behandeln.

Die folgende Abbildung zeigt die graphische Veranschaulichung der Aufgabe 14.1.

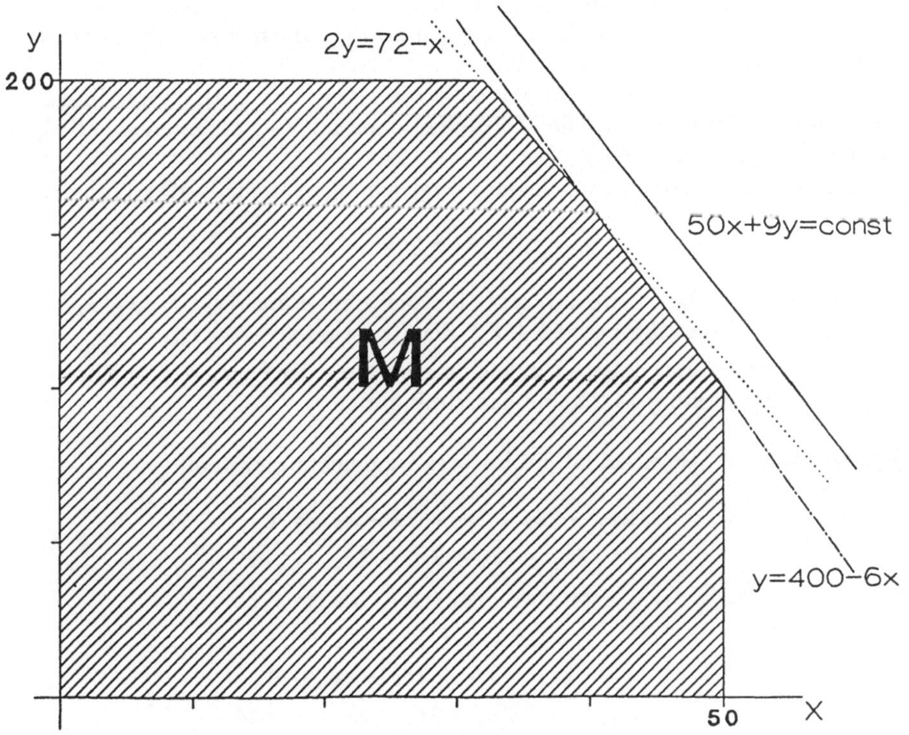

Die Punkte, deren Koordinaten x_1, x_2 allen sechs Ungleichungen genügen, sind genau die Punkte des schraffierten Sechsecks M einschließlich seiner Randpunkte.

Definition: a)   Eine <u>lineare Ungleichung</u> über F in k Unbestimmten x_i, $1 \leq i \leq k$, hat eine der beiden folgenden Formen

$$a_1 \cdot x_1 + a_2 \cdot x_2 + \ldots + a_k \cdot x_k \geq b \,,$$

oder

$$a_1 \cdot x_1 + a_2 \cdot x_2 + \ldots + a_k \cdot x_k \leq b \,.$$

b)   Ein <u>lineares Ungleichungssystem</u> über F in k Unbestimmten x_i, $1 \leq i \leq k$, besteht aus linearen Ungleichungen und eventuell einigen linearen Gleichungen.

c)   Ein Element $u \in F^k$ ist eine <u>Lösung eines linearen Ungleichungssystems</u>, wenn u alle linearen Ungleichungen und Gleichungen des Systems erfüllt. Die <u>Lösungsgesamtheit</u> $\mathcal{L}$ besteht aus allen Lösungen u.

Bezeichnung: Wenn $a = (a_1, \ldots, a_m)$ und $b \in (b_1, \ldots, b_m)$ zwei Vektoren aus F^m sind, dann schreiben wir $a \leq b$, falls $a_i \leq b_i$ für $i = 1, \ldots, m$.

Bemerkung 14.2:   Die eventuell auftretenden linearen Gleichungen eines linearen Ungleichungssystems (*) werden in einem Gleichungssystem (G) zusammengefaßt.

(a) Hat (G) keine Lösung, dann ist (*) unlösbar.

(b) Hat (G) Lösungen, so benutzt man sie, um in (*) möglichst viele Unbestimmte zu eliminieren, vgl. Bemerkung 9.6.

(c) Das hierdurch entstehende lineare Ungleichungssystem enthält nur lineare Ungleichungen. Durch eventuelle Multiplikationen mit (-1) können sie alle gleichsinnig ”$\geq$” gemacht werden.

(d) Man kann dieses gleichsinnige lineare Ungleichungssystem als <u>Matrixungleichung</u>

$$\mathcal{A} \cdot x \geq b$$

schreiben, wobei die $m \times n$-Matrix $\mathcal{A}$ die Koeffizientenmatrix, $x = (x_1, x_2, \ldots, x_n)$ der Unbestimmtenvektor und $b \in F^m$ der Konstantenvektor ist.

Im folgenden werden nur lineare Ungleichungssysteme der Form $\mathcal{A} \cdot x \geq b$ betrachtet. Dies ist nach Bemerkung 14.2 keine Einschränkung.

Beispiel 14.3:   Gegeben ist ein lineares Ungleichungssystem:

$$
\begin{array}{ll}
I & 2x_1 - 2x_2 + 2x_3 + x_4 - x_5 = 1 \\
II & 3x_1 - 3x_2 + 3x_3 + 2x_4 = -2 \\
III & -x_1 + x_2 - x_3 - x_4 - x_5 = 3 \\
IV & x_1 + 2x_2 + 3x_3 + x_4 \geq -1 \\
V & 2x_1 - 3x_2 + 2x_3 + x_4 \leq 4 \\
VI & x_1 - x_2 + 2x_3 + 2x_4 + 4x_5 \geq -14 \\
VII & -2x_1 + 10x_2 + 5x_3 + x_4 + 5x_5 \leq -1
\end{array}
$$

Zunächst wird die erweiterte Matrix $\mathcal{B}$ des Gleichungssystems, das aus den Gleichungen I, II und III besteht, mit Hilfe des Gauß-Jordan-Algorithmus auf Treppennormalform $\mathcal{T}$ gebracht:

$$\mathcal{B} = \begin{pmatrix} 2 & -2 & 2 & 1 & -1 & \vdots & 1 \\ 3 & -3 & 3 & 2 & 0 & \vdots & -2 \\ -1 & 1 & -1 & -1 & -1 & \vdots & 3 \end{pmatrix}$$

$$zpivot(\mathcal{B},1,1) \rightarrow \mathcal{B}' = \begin{pmatrix} 1 & -1 & 1 & 1/2 & -1/2 & \vdots & 1/2 \\ 0 & 0 & 0 & 1/2 & 3/2 & \vdots & -7/2 \\ 0 & 0 & 0 & -1/2 & -3/2 & \vdots & 7/2 \end{pmatrix}$$

$$zpivot(\mathcal{B}',2,4) \rightarrow \mathcal{T} = \begin{pmatrix} 1 & -1 & 1 & 0 & -2 & \vdots & 4 \\ 0 & 0 & 0 & 1 & 3 & \vdots & -7 \\ 0 & 0 & 0 & 0 & 0 & \vdots & 0 \end{pmatrix}$$

Also gilt

$$\begin{aligned} x_1 &= x_2 - x_3 + 2x_5 + 4 \\ x_4 &= -3x_5 - 7 \end{aligned}$$

Man setzt diese Gleichungen in die Ungleichungen IV, V, VI und VII ein und erhält:

IV'	$3x_2 + 2x_3 - x_5 \geq 2$
V'	$-x_2 + x_5 \leq 3$
VI'	$x_3 \geq -4$
VII'	$8x_2 + 7x_3 - 2x_5 \leq 14$

Anschließend multipliziert man V' und VII' mit (-1) und erhält das gleichsinnige System

$$\mathcal{A} \cdot x = \begin{pmatrix} 3 & 2 & -1 \\ 1 & 0 & -1 \\ 0 & 1 & 0 \\ -8 & -7 & 2 \end{pmatrix} \begin{pmatrix} x_2 \\ x_3 \\ x_5 \end{pmatrix} \geq \begin{pmatrix} 2 \\ -3 \\ -4 \\ -14 \end{pmatrix} = b.$$

Dieses Ungleichungssystem $\mathcal{A} \cdot x \geq b$ hat mehr als eine Lösung, z. B. sind $y = (1,1,1)$ und $y' = (1,1,2)$ Lösungen, wie man durch Einsetzen nachprüft. Dagegen ist $(0,0,0)$ keine Lösung, weil die erste Ungleichung für dieses x nicht gilt. Natürlich muß man zu einer Lösung dieses Ungleichungssystems anschließend noch die Werte für x_1 und x_4 berechnen, um zu einer Lösung des ursprünglichen Problems zu kommen; z. B. führt $(x_2, x_3, x_5) = (1,1,2)$ zu $(x_1, x_2, x_3, x_4, x_5) = (8,1,1,-13,2)$.

In der Ökonomie treten lineare Ungleichungssysteme bei der sogenannten <u>linearen Programmierung</u> oder <u>Optimierung</u> auf.

Definition: Sei $\mathcal{A} \cdot x \geq b$ ein lineares Ungleichungssystem mit m Ungleichungen und n Unbestimmten $x_1, x_2, \ldots, x_n$. Sei $\gamma : F^n \rightarrow F$ eine lineare Funktion mit der beschreibenden Funktionsgleichung

$$\gamma(x_1, x_2, \ldots, x_n) = g_0 + g_1 \cdot x_1 + g_2 \cdot x_2 + \ldots + g_n \cdot x_n$$

wobei die $g_i \in F$ sind.

Eine Lösung $y = (y_1, y_2, \ldots, y_n) \in F^n$ von $\mathcal{A} \cdot x \geq b$ heißt <u>optimal bezüglich</u> der <u>Gewinn-</u> oder <u>Zielfunktion</u> γ, falls

$$\gamma(y) \geq \gamma(y')$$

für alle Lösungen y' von $\mathcal{A} \cdot x \geq b$ gilt.

Beispiel 14.4: Wir betrachten $\gamma(x) = 2x_1 - 2x_2 + 2x_3 + x_4 - 2$ und wollen dies auf der Lösungsmenge $\mathcal{L}$ des in Beispiel 14.3 gegebenen Ungleichungssystems maximieren. Da wir schon wissen, daß $x_1 = x_2 - x_3 + 2x_5 + 4$ und $x_4 = -3x_5 - 7$, setzen wir dies ein und erhalten $\gamma(x) = x_5 - 1$. Für die beiden bekannten Lösungen $u_1 = (1,1,1)$ und $u_2 = (1,1,2)$ erhalten wir $\gamma(u_1) = 0 < 1 = \gamma(u_2)$. Daher ist u_1 sicher nicht optimal. Ob u_2 optimal ist, wissen wir nicht.

Bemerkung 14.5: Nach Definition ist eine optimale Lösung von $\mathcal{A} \cdot x \geq b$ ein Vektor $y \in F^n$, für den die Gewinnfunktion $\gamma : F^n \to F$ einen Maximalwert unter den Lösungen y' von $\mathcal{A} \cdot x \geq b$ annimmt.

Wenn man stattdessen eine lineare Funktion $\pi : F^n \to F$ minimieren möchte, dann ist diese Aufgabe äquivalent zur Bestimmung einer optimalen Lösung y von $\mathcal{A} \cdot x \geq b$ bezüglich der Gewinnfunktion $\gamma = -\pi$.

Es ist also keine Einschränkung, wenn im folgenden nur Maximierungsprobleme betrachtet werden.

Bemerkung 14.6: Sei $\mathcal{A} \cdot x \geq b$ ein lineares Ungleichungssystem mit Zielfunktion $\gamma : F^n \to F$. Dann sind folgende Fälle möglich:

(a) $\mathcal{A} \cdot x \geq b$ hat keine Lösung und somit auch keine optimale Lösungen bezüglich γ.
(b) $\mathcal{A} \cdot x \geq b$ hat Lösungen $y \in F^n$, aber kein y ist optimal bezüglich γ.
(c) $\mathcal{A} \cdot x \geq b$ hat optimale Lösungen bezüglich γ.

Hierfür werden folgende Beispiele gegeben:

(a) Sei $\mathcal{A} = \begin{pmatrix} -1 \\ 1 \end{pmatrix}$, $b = \begin{pmatrix} 0 \\ 1 \end{pmatrix}$ und $\gamma : F \to F$ beliebig. Da $-x \geq 0$ und $x \geq 1$ sich gegenseitig widersprechen, hat $\mathcal{A} \cdot x \geq b$ keine Lösungen.

(b) Sei $\mathcal{A} = \begin{pmatrix} 1 & 0 \\ 0 & 1 \end{pmatrix}$, $b = \begin{pmatrix} 0 \\ 0 \end{pmatrix}$ und $\gamma : F^2 \to F$ gegeben durch $\gamma(x_1, x_2) = x_1 + x_2$. Dann hat $\mathcal{A} \cdot x \geq b$ unendlich viele Lösungen $x = (x_1, x_2)$ und für jedes solche x ist $x' = (x_1 + 1, x_2)$ bezüglich γ eine bessere Lösung, weil

$$\gamma(x) = x_1 + x_2 < \gamma(x') = (x_1 + 1) + x_2 \ .$$

(c) Seien $\mathcal{A}$ und b wie in (b), aber $\gamma(x_1, x_2) = -x_1$. Dann ist jedes $y = (0, y_2)$ mit $y_2 \geq 0$ eine optimale Lösung bezüglich γ; denn alle $y = (y_1, y_2)$ mit $y_1 = 0$ und $y_2 \geq 0$ erfüllen $\gamma(y) = -y_1 = 0$.
Ist andererseits die Zielfunktion $\gamma : F^2 \to F$ definiert durch $\gamma(x_1, x_2) = -x_1 - x_2$, so ist nur $y = (0, 0)$ eine optimale Lösung von $\mathcal{A} \cdot x \geq b$.

Bemerkung 14.7:   Diese Beispiele zeigen, daß es im Falle der Lösbarkeit von $\mathcal{A} \cdot x \geq b$ von der Gewinnfunktion $\gamma : F^n \to F$ abhängt, ob und wieviele optimale Lösungen das System bzgl. γ besitzt. Wie bei Gleichungssystemen gilt auch für Ungleichungssysteme, daß sie unendlich viele (optimale) Lösungen haben, wenn sie zwei verschiedene (optimale) Lösungen haben.

Definition: Sei $\mathcal{A} \cdot x \geq b$ ein lineares Ungleichungssystem mit Zielfunktion $\gamma : F^n \to F$. Sei $\mathcal{L}$ die Lösungsgesamtheit von $\mathcal{A} \cdot x \geq b$. Dann ist die Zielfunktion γ auf $\mathcal{L}$ <u>nach oben unbeschränkt</u>, wenn es zu jedem $r \in F$ ein $y \in \mathcal{L}$ gibt derart, daß $\gamma(y) > r$.

Der folgende Satz gibt ein Kriterium, wann die Zielfunktion nach oben unbeschränkt ist. Daraus ergibt sich ein Weg, insbesondere die Nichtexistenz von optimalen Lösungen eines linearen Ungleichungssystems nachzuweisen.

Satz 14.8:   Sei $\mathcal{A}$ eine $m \times n$-Matrix und $\mathcal{A} \cdot x \geq b$ ein lösbares Ungleichungssystem. Die Zielfunktion sei $\gamma(x) = g_0 + g_1 \cdot x_1 + \ldots + g_n \cdot x_n$. Wenn ein $w \in F^n$ existiert mit $\gamma(w) > g_0$ und $\mathcal{A} \cdot w \geq 0$, dann ist γ auf der Lösungsmenge $\mathcal{L}$ von $\mathcal{A} \cdot x \geq b$ nach oben unbeschränkt.

Beweis: Für jedes $u \in \mathcal{L}$ und $0 \leq s \in F$ ist $u + w \cdot s \in \mathcal{L}$; denn

$$\mathcal{A} \cdot (u + w \cdot s) = \mathcal{A} \cdot u + (\mathcal{A} \cdot w) \cdot s \geq b + (\mathcal{A} \cdot w) \cdot s \geq b.$$

Zu jeder reellen Zahl r existiert nach Satz 7 von Anhang 2 eine Zahl $0 \leq s \in F$ mit

$$(\gamma(w) - g_0) \cdot s > r - \gamma(u) \ .$$

Sei $g = (g_1, g_2, \ldots, g_n) \in F^n$. Dann ist $\gamma(v) = g \cdot v + g_0$ für alle $v \in F^n$. Hieraus folgt:

$$\begin{aligned}
\gamma(u + w \cdot s) &= g \cdot (u + w \cdot s) + g_0 = g \cdot u + g_0 + g \cdot (w \cdot s) \\
&= \gamma(u) + (\gamma(w) - g_0) \cdot s > \gamma(u) + r - \gamma(u) = r.
\end{aligned}$$

Also ist γ auf $\mathcal{L}$ unbeschränkt; denn $u + w \cdot s \in \mathcal{L}$.

Satz 14.9:   Sei $\mathcal{L}$ die Lösungsgesamtheit des linearen Ungleichungssystems $\mathcal{A} \cdot x \geq b$ und seien $z_i, 1 \leq i \leq m$ die Zeilenvektoren der $m \times n$-Matrix $\mathcal{A}$. Die Zielfunktion sei

$$\gamma(x) = g_0 + g \cdot x \quad \text{mit} \quad g = (g_1, g_2, \ldots, g_n) \in F^n \quad \text{und} \quad g_0 \in F \ .$$

Angenommen, es gibt eine Teilmenge T der Ziffern $\{1, 2, \ldots, m\}$ derart, daß die folgenden drei Bedingungen erfüllt sind:

(a) $\{z_t \mid t \in T\}$ ist eine Basis des Zeilenraums von $\mathcal{A}$.
(b) Es gibt ein $v \in \mathcal{L}$ mit $z_t \cdot v = b_t$ für alle $t \in T$.
(c) $g = \sum_{t \in T} z_t \cdot h_t$ ist eine Linearkombination der Zeilenvektoren z_t von $\mathcal{A}$, $t \in T$, mit Koeffizienten $h_t \leq 0$.

Dann gelten die folgenden Aussagen:

117

(1) Das lineare Gleichungssystem

$$(G) \qquad\qquad z_t \cdot x = b_t, \quad t \in T$$

ist lösbar.

(2) Jede Lösung $y \in F^n$ von (G) ist eine optimale Lösung von $\mathcal{A} \cdot x \geq b$ bezüglich γ.

<u>Beweis:</u>   Die Behauptung (1) folgt sofort aus der Bedingung (b); denn $v \in \mathcal{L}$ ist eine Lösung des linearen Gleichungssystems (G).

(2)   Sei $y \in F^n$ eine beliebige Lösung von (G). Nach a) ist jeder Zeilenvektor z_i von $\mathcal{A}$ eine Linearkombination der z_t, $t \in T$. Also existieren $f_t \in F^n$ (abhängig von i) mit

$$z_i = \sum_{t \in T} z_t \cdot f_t \ .$$

Da y eine Lösung von (G) ist, gilt $z_t \cdot y = b_t$ für alle $t \in T$. Hieraus folgt

$$z_i \cdot y = \left(\sum_{t \in T} z_t \cdot f_t \right) \cdot y = \sum_{t \in T} (z_t \cdot y) \cdot f_t = \sum_{t \in T} b_t \cdot f_t$$

Nach (b) gilt $z_t \cdot v = b_t$ für alle $t \in T$. Wegen $v \in \mathcal{L}$ ist $z_i \cdot v \geq b_i$ für alle $i = 1, 2, \ldots, m$. Daher ist

$$z_i \cdot y = \sum_{t \in T} b_t \cdot f_t = \sum_{t \in T} (z_t \cdot v) \cdot f_t = z_i \cdot v \geq b_i$$

für alle $i = 1, 2, \ldots, m$. Also ist $y \in \mathcal{L}$.

Sei nun $q \in \mathcal{L}$ eine beliebige Lösung von $\mathcal{A} \cdot x \geq b$. Dann ist $z_i \cdot q \geq b_i$ für alle $1 \leq i \leq m$. Insbesondere folgt für alle $t \in T$, daß

$$z_t \cdot q \geq b_t \ .$$

Nach Bedingung (c) ist $g = \sum_{t \in T} z_t \cdot h_t$ mit Koeffizienten $h_t \leq 0$. Nach Satz 5 (c) von Anhang 2 folgt $(z_t \cdot h_t) \cdot q = (z_t \cdot q) \cdot h_t \leq b_t \cdot h_t$, und somit $g \cdot q = (\sum_{t \in T} z_t \cdot h_t) \cdot q \leq \sum_{t \in T} b_t \cdot h_t = \sum_{t \in T} (z_t \cdot y) \cdot h_t$. Daher ist $\gamma(q) - g_0 = g \cdot q \leq (\sum_{t \in T} z_t \cdot h_t) \cdot y = g \cdot y = \gamma(y) - g_0$. Also gilt $\gamma(q) \leq \gamma(y)$, womit (2) bewiesen ist.

Bemerkung 14.10:   a)   Erfüllt das lineare Ungleichungssystem $\mathcal{A} \cdot x \geq b$ mit Zielfunktion $\gamma : F^n \to F$ die Voraussetzungen des Satzes 14.8, dann gibt es keine optimalen Lösungen.

b)   Erfüllt $\mathcal{A} \cdot x \geq b$ mit Zielfunktion γ die Voraussetzungen des Satzes 14.9, dann genügt es, die Teilmenge T von $\{1, 2, \ldots, m\}$ zu kennen, weil sich dann bezüglich γ optimale Lösungen von $\mathcal{A} \cdot x \geq b$ durch Lösen des Gleichungssystems (G) von Satz 14.9 finden lassen. Hierzu wird auf Abschnitt 9 verwiesen.

c)   Es ist klar, daß sich die Voraussetzungen der Sätze 14.8 und 14.9 gegenseitig ausschließen. Weniger klar (aber richtig) ist, daß immer einer der beiden Fälle auftritt, sofern das Ungleichungssystem überhaupt lösbar ist. In den anschließenden Abschnitten wird ein Algorithmus beschrieben, der entweder eine Teilmenge T der Ziffern $\{1, 2, \ldots, m\}$ konstruiert, die den Bedingungen (a), (b) und (c) des Satzes 14.9 genügt, oder einen Vektor $w \in F^n$ findet, der die Voraussetzungen des Satzes 14.8 erfüllt.

Schließlich wird Beispiel 14.1 mit Hilfe von Satz 14.9 zuende geführt.

Beispiel 14.11:   Im Beispiel 14.1 galt es, eine Lösung des linearen Ungleichungssystems

$$
\begin{array}{lrcl}
I & -x_1 & \leq & -50 \\
II & -x_2 & \leq & -200 \\
III & -x_1 - 0,2x_2 & \leq & -72 \\
IV & -150x_1 - 25x_2 & \leq & -10.000 \\
V & x_1 & \geq & 0 \\
VI & x_2 & \geq & 0
\end{array}
$$

zu finden, welche optimal bezüglich $\gamma(x) = 250x_1 + 45x_2$ ist. Wir wissen schon, daß $x = (40, 160)$ die einzige Lösung des Gleichungssystems

$$
(G) \qquad \begin{array}{rcl}
x_1 + 0,2x_2 & = & 72 \\
150x_1 + 25x_2 & = & 10.000
\end{array}
$$

ist. Die Zeilenvektoren $z_3 = (-1, -0,2)$, $z_4 = (-150, -25)$ der Koeffizientenmatrix $\mathcal{A}$ des linearen Ungleichungssystems bilden eine Basis des Zeilenraums von $\mathcal{A}$. Sei $T = \{3, 4\}$ und $(b_3, b_4) = (-72, -10.000)$. Wegen (G) gilt dann

$$
z_t \cdot x = b_t \quad \text{für alle } t \in T .
$$

Es ist $g = (g_1, g_2) = (250, 45)$. Für die negativen Zahlen $h_3 = -100$ und $h_4 = -1$ gilt:

$$
\begin{aligned}
z_3 \cdot h_3 + z_4 \cdot h_4 & = (-1, -0,2) \cdot (-100) + (-150, -25) \cdot (-1) \\
& = (100, 20) + (150, 25) = (250, 45) = g .
\end{aligned}
$$

Also sind alle drei Bedingungen (a), (b) und (c) des Satzes 14.9 erfüllt. Daher ist die Lösung $x = (40, 160)$ von (G) eine optimale Lösung des linearen Ungleichungssystems.

Übungsaufgaben

14.1. Ein Diätkoch bereitet eine Mahlzeit aus zwei Speisen A und B vor. Eine Einheit von A enthält eine Einheit Eisen und zwei Einheiten Vitamin D, während eine Einheit von B zwei Einheiten Eisen und zwei Einheiten Vitamit D enthält. Die Speisen A und B enthalten 300 bzw. 400 Kilokalorien. Der Diätplan verlangt, daß die Mahlzeit mindestens 8 Einheiten Eisen und mindestens 10 Einheiten Vitamin D enthält. Wieviel Einheiten der Speisen A und B muß die Mahlzeit enthalten, damit die Anzahl der Kalorien minimal wird?

14.2. Ein Automobilfabrikant stelle in seinen zwei Werken Personen- und Lastwagen her. In Werk 1 werden die grundlegenden Montagearbeiten durchgeführt. Hier werden Fünf-Mann-Tage pro Lastwagen und Zwei-Mann-Tage pro Personenwagen benötigt. Im Werk 2, in dem die Endmontage durchgeführt wird, seien pro Personenwagen und pro Lastwagen je Drei-Mann-Tage nötig. Die Kapazität des Werkes 1 betrage 180-Mann-Tage pro Woche und die des Werkes 2 135-Mann-Tage pro Woche. Wie viele Personen- und Lastwagen sollte der Fabrikant herstellen, um seinen Gewinn zu maximieren, wenn er an einem Lastwagen DM 300 verdient und an einem Personenwagen DM 200?

14.3. Zeigen Sie, daß in Beispiel 10.1 gilt: Die geringsten Kosten für x Produkte entstehen im

- kaum automatisierten,
- stärker automatisierten, oder im
- voll automatisierten

Verfahren, falls

- $x \leq 60$,
- $60 < x \leq 140$, oder
- $140 < x$

ist.

14.4. Zeigen Sie mit graphischen Methoden, daß in der Variation von 14.1 die einzige optimale Lösung $y = (32, 200)$ ist.

14.5. Zeigen Sie, daß ein Ungleichungssystem unendlich viele (optimale) Lösungen hat, wenn es mindestens zwei (optimale) Lösungen hat.

(Hinweis: Wenn x, y zur Lösungsmenge $\mathcal{L}$ gehören und $0 \leq \lambda \leq 1$, dann gilt auch $x \cdot \lambda + y \cdot (1 - \lambda) \in \mathcal{L}$. Mengen mit dieser Eigenschaft nennt man <u>konvex</u>.)

15. Eckenfindung

In diesem und im nächsten Abschnitt werden lineare Ungleichungssysteme

$$(*) \qquad\qquad A \cdot x \geq b$$

mit einer nicht leeren Lösungsgesamtheit $\mathcal{L}$ betrachtet. Dabei ist das Ziel, eine Ausgangslösung u in eine optimale Lösung von (*) bezüglich einer gegebenen Gewinnfunktion zu transformieren. Hierzu wird der Eckenfindungs-Algorithmus beschrieben. Er ist ein wichtiger Bestandteil des <u>Simplexverfahrens</u>, zu dem noch der Eckenaustausch-Algorithmus des nächsten Abschnitts gehört. Dieses Verfahren wird später auch zur Bestimmung einer Ausgangslösung eines linearen Ungleichungssystems verwendet.

Die praktische Berechnung besteht in einer Reihe von elementaren Matrizenoperationen, ganz ähnlich wie beim Lösen linearer Gleichungssysteme. Während aber dabei die Zeilenoperationen die entscheidende Rolle spielten, haben wir es jetzt hauptsächlich mit Spaltenoperationen zu tun. Wie bei Gleichungssystemen geht man von der Koeffizientenmatrix zu einer erweiterten Matrix über.

Definition: Sei u eine Lösung des linearen Ungleichungssystems $A \cdot x \geq b$ mit $m \times n$-Koeffizientenmatrix A und $b \in F^m$. Die Gewinnfunktion sei $\gamma(x) = g_0 + g \cdot x$, wobei $g = (g_1, g_2, \ldots, g_n)$. Setze $k = A \cdot u - b$ und $G = \gamma(u)$. Die Matrix

$$B = \left(\begin{array}{c|c} A & k \\ \hline g & G \end{array} \right)$$

heißt die zu u gehörige <u>Ausgangsmatrix</u> des linearen Optimierungsproblems. Man nennt A die <u>Koeffizientenmatrix</u>, G den <u>Gewinn</u>, k die <u>Kontrollspalte</u> und g die <u>Gewinnzeile</u> von B.

Bemerkungen: (1)   Im strengen Sinn ist g kein Zeilenvektor und k kein Spaltenvektor von B, weil jeweils der letzte Eintrag fehlt.

(2)   Wir werden B im folgenden umformen zu $B', B'', \ldots$ und immer noch von der Koeffizientenmatrix, dem Gewinn, der Kontrollspalte und der Gewinnzeile von $B', B'', \ldots$ reden.

(3)   Die Kontrollspalte k kontrolliert, ob ein Element $v \in F^n$ zu $\mathcal{L}$ gehört; stets muß $k \geq 0$ sein.

Beispiel 15.1:   Das lineare Ungleichungssystem (*) $A \cdot x \geq b$ habe die Koeffizientenmatrix

$$A = \begin{pmatrix} 3 & 2 & -1 \\ 1 & 0 & -1 \\ 0 & 1 & 0 \\ -8 & -7 & 2 \end{pmatrix}$$

und den Konstantenvektor $b = (2, -3, -4, -14)$.

Die Zielfunktion sei $\gamma(x) = x_3 - 1$. Es ist $u = (1, 1, 1)$ eine Lösung von (*) und $G = \gamma(u) = 0$ der zugehörige Gewinn. Mit der Kontrollspalte

$$k = \mathcal{A} \cdot u - b = \begin{pmatrix} 3 & 2 & -1 \\ 1 & 0 & -1 \\ 0 & 1 & 0 \\ -8 & -7 & 2 \end{pmatrix} \cdot \begin{pmatrix} 1 \\ 1 \\ 1 \end{pmatrix} - \begin{pmatrix} 2 \\ -3 \\ -4 \\ -14 \end{pmatrix} = \begin{pmatrix} 2 \\ 3 \\ 5 \\ 1 \end{pmatrix} \geq 0 \,,$$

ergibt sich die zu u gehörige Ausgangsmatrix

$$\mathcal{B} = \left(\begin{array}{ccc|c} 3 & 2 & -1 & 2 \\ 1 & 0 & -1 & 3 \\ 0 & 1 & 0 & 5 \\ -8 & -7 & 2 & 1 \\ \hline 0 & 0 & 1 & 0 \end{array} \right)$$

In diesem Abschnitt spielen die folgenden Spaltenumformungen eine wichtige Rolle.

Definition: (1) Eine $(n + 1) \times (n + 1)$-Matrix $\mathcal{M}$ heißt <u>zulässig</u>, wenn sie invertierbar ist und ihr letzter Zeilenvektor gleich dem $(n + 1)$-ten Einheitsvektor $e_{n+1} \in F^{n+1}$ ist.

(b) Eine elementare Spaltenumformung heißt <u>zulässig</u>, wenn die zugehörige Elementarmatrix zulässig ist.

Beispiele: (a) Die Matrix $\mathcal{M}_1 = \begin{pmatrix} 1 & 2 & 5 \\ 3 & 4 & 6 \\ 0 & 0 & 1 \end{pmatrix}$ ist zulässig.

(b) Die Matrix $\mathcal{M}_2 = \begin{pmatrix} 1 & 2 & 5 \\ 3 & 4 & 6 \\ 0 & 1 & 1 \end{pmatrix}$ ist nicht zulässig.

(c) Die Matrix $\mathcal{M}_3 = \begin{pmatrix} 1 & 2 & 5 \\ 2 & 4 & 6 \\ 0 & 0 & 1 \end{pmatrix}$ ist nicht zulässig, weil sie nicht invertierbar ist.

Hilfssatz 15.2: (a) Zu jeder zulässigen $(n + 1) \times (n \times 1)$-Matrix $\mathcal{M}$ gehört eine invertierbare $n \times n$-Matrix $\mathcal{N}$ und ein Vektor $s \in F^n$ derart, daß

$$\mathcal{M} = \begin{pmatrix} \mathcal{N} & s \\ 0 & 1 \end{pmatrix}$$

(b) Das Produkt zweier zulässiger Matrizen ist zulässig.

<u>Beweis:</u>   (a)   Die Form von $\mathcal{M}$ ist klar. Daher ist *det* $\mathcal{M} = $ *det* $\mathcal{N}$ nach Satz 11.14. Daher ist $\mathcal{N}$ wegen Satz 11.10 und Satz 6.7 invertierbar.

(b)   Wenn $\mathcal{M}_1 = \begin{pmatrix} \mathcal{N}_1 & s_1 \\ 0 & 1 \end{pmatrix}$ und $\mathcal{M} = \begin{pmatrix} \mathcal{N}_2 & s_2 \\ 0 & 1 \end{pmatrix}$, dann ist $\mathcal{M}_1 \cdot \mathcal{M}_2 = \begin{pmatrix} \mathcal{N}_1 \cdot \mathcal{N}_2 & \mathcal{N}_1 \cdot s_2 + s_1 \\ 0 & 1 \end{pmatrix}$ wieder zulässig als Produkt invertierbarer Matrizen.

<u>**Hilfssatz 15.3:**</u>   Die folgenden elementaren Spaltenumformungen einer $(m+1) \times (n+1)$-Matrix C mit den Spaltenvektoren $s_1, \ldots, s_{n+1}$ sind zulässig:

(1) Vertauschung der Spaltenvektoren s_i und s_j mit $1 \le i, j \le n$.
(2) Multiplikation der $i - ten$ Spalte mit einem $0 \ne \lambda \in F$, wobei $1 \le i \le n$.
(3) Ersetzung der $i - ten$ Spalte durch die Summe $s_i + s_j \lambda$ für ein $\lambda \in F$, wobei $i \ne j$ und $j \le n$ (es darf $i = n + 1$ sein).

<u>Beweis:</u>   Wendet man die oben beschriebenen Spaltenumformungen auf die Einheitsmatrix an, so hat die resultierende Matrix e_{n+1} als letzte Zeile.

<u>**Satz 15.4:**</u>   Sei u eine Lösung des linearen Ungleichungssystems $\mathcal{A} \cdot x \ge b$ mit $m \times n$- Matrix $\mathcal{A}$. Sei $\gamma(x) = g_0 + g \cdot x$ die Gewinnfunktion. Sei

$$B = \left(\begin{array}{c|c} \mathcal{A} & k \\ \hline g & G \end{array} \right)$$

die zu u gehörige Ausgangsmatrix. Sei C eine Matrix, welche aus B durch zulässige Spaltenumformungen hervorgeht. Wenn C einen Spaltenvektor s_j mit $j \le n$ hat, dessen Komponenten alle das gleiche Vorzeichen haben und dessen letzte Komponente von 0 verschieden ist, dann gelten folgende Aussagen:

(a) Es gibt ein $w \in F^n$ mit $\gamma(w) > g_0$ und $\mathcal{A} \cdot w \ge 0$.
(b) γ ist auf der Lösungsmenge $\mathcal{L}$ nach oben unbeschränkt.

<u>Beweis:</u>   (a)   Nach Voraussetzung existiert eine zulässige Matrix $\mathcal{M} = \begin{pmatrix} \mathcal{N} & s \\ 0 & 1 \end{pmatrix}$ mit

$$C = B \cdot \mathcal{M} = \begin{pmatrix} \mathcal{A} & k \\ g & G \end{pmatrix} \cdot \begin{pmatrix} \mathcal{N} & s \\ 0 & 1 \end{pmatrix}$$
$$= \begin{pmatrix} \mathcal{A} \cdot \mathcal{N} & \mathcal{A} \cdot s + k \\ g \cdot \mathcal{N} & g \cdot s + G \end{pmatrix}.$$

Da $j \le n$, ist die j-te Spalte von C gerade $s_j = \begin{pmatrix} \mathcal{A} \cdot w_1 \\ g \cdot w_1 \end{pmatrix}$, wobei w_1 die j-te Spalte von $\mathcal{N}$ ist. Sei $s_j \ge 0$. Dann ist $\mathcal{A} \cdot w_1 \ge 0$ und $0 < g \cdot w_1 = \gamma(w_1) - g_0$, weil $g \cdot w_1 \ne 0$. Also ist $\gamma(w_1) > g_0$. Man kann dann $w = w_1$ wählen. Wenn $s_j \le 0$, dann sieht man genauso, daß $w = -w_1$ die gewünschten Eigenschaften hat.

(b)   folgt aus (a) und Satz 14.8.

Wir suchen nun ein analoges Kriterium, um die Voraussetzungen von Satz 14.9 zu kontrollieren. Dazu dient die folgende

Definition: Sei C eine $(m+1) \times (n+1)$-Matrix mit den Zeilenvektoren $z_1, ..., z_{m+1}$. Eine Teilmenge T von $\{1, ..., m+1\}$ heißt eine <u>Eckmenge</u> von C, wenn die folgenden Bedingungen erfüllt sind:

(a) Die Zeilenvektoren z_t, $t \in T$, sind voneinander verschiedene Einheitsvektoren.

(b) $z_t \neq e_{n+1}$ für alle $t \in T$.

(c) Wenn $j \leq n$ und die j-te Spalte $\neq 0$ ist, dann ist $z_t = e_j$ für ein $t \in T$.

Beispiele: (a) Die Matrix

$$C = \begin{pmatrix} 0 & 1 & 0 & 0 & 0 & 0 \\ 0 & 2 & -1 & -2 & 0 & -3 \\ 0 & 0 & 1 & 0 & 0 & 0 \\ 0 & 2 & 3 & -7 & 0 & 5 \\ 0 & 0 & 0 & 1 & 0 & 0 \end{pmatrix}$$

hat die Eckmenge $\{1, 3, 5\}$; denn die Zeilenvektoren $z_1 = e_2$, $z_3 = e_3$ und $z_5 = e_4$ erfüllen die Bedingungen (a), (b) und (c) der Definition.

(b) Die Matrix

$$C_1 = \begin{pmatrix} 0 & 1 & 0 & 0 & 0 & 4 \\ 0 & 2 & -1 & -2 & 0 & -3 \\ 0 & 0 & 1 & 0 & 0 & 0 \\ 0 & 0 & 0 & 1 & 0 & 0 \\ 0 & 0 & 0 & 1 & 0 & 0 \end{pmatrix}$$

hat keine Eckmenge, denn $s_2 \neq 0$, aber e_2 ist kein Zeilenvektor.

Bemerkung 15.5: (a) Sei C eine Matrix mit Eckmenge T und sei C' die Matrix, die aus C durch Weglassen der letzten Spalte entsteht. Dann bilden die Zeilen z_t', $t \in T$, von C' eine Basis des Zeilenraumes von C'.

(b) Der merkwürdige Name "Eckmenge" wird im nächsten Abschnitt durch ein Beispiel erläutert.

Satz 15.6: Sei u eine Lösung des linearen Ungleichungssystems (*) $A \cdot x \geq b$ mit $m \times n$-Matrix A. Sei $\gamma(x) = g_0 + g \cdot x$ die Gewinnfunktion und

$$B = \begin{pmatrix} A & k \\ g & G \end{pmatrix}$$

die zu u gehörige Ausgangsmatrix. Sei C eine Matrix, die aus B durch zulässige Spaltenumformungen hervorgeht und die folgenden Eigenschaften besitzt:

(1) Die Kontrollspalte von C ist ≥ 0.

(2) Die Gewinnzeile von C ist ≤ 0.

(3) C hat eine Eckmenge T.

Dann gilt:

(a) T erfüllt die Bedingungen von Satz 14.9.

(b) Sind z_i die Zeilenvektoren von A, dann ist das Gleichungssystem

$$(G) \qquad z_t \cdot x = b_t, \ t \in T, \ x = (x_1, x_2, ..., x_n)$$

lösbar, und jede Lösung $y \in F^n$ von (G) ist eine optimale Lösung von (*) mit Gewinn $\gamma(y)$ gleich dem Gewinn G^* von $\mathcal{C}$.

<u>Beweis:</u>   (a)   Nach dem Beweis von Satz 15.4 ist

$$\mathcal{C} = \begin{pmatrix} \mathcal{A} \cdot \mathcal{N} & \mathcal{A} \cdot s + k \\ g \cdot \mathcal{N} & g \cdot s + G \end{pmatrix}$$

für eine invertierbare $n \times n$-Matrix $\mathcal{N}$ und ein $s \in F^n$. Sei k^* die Kontrollspalte von $\mathcal{C}$. Dann gilt für $v = s + u$ die Ungleichung

$$(**) \qquad 0 \leq k^* = \mathcal{A} \cdot s + k = \mathcal{A} \cdot s + \mathcal{A} \cdot u - b = \mathcal{A} \cdot v - b \,,$$

Also ist v ist eine Lösung von $\mathcal{A} \cdot x \geq b$. Für jedes $t \in T$ ist $k_t^* = 0$, weil T eine Eckmenge von $\mathcal{C}$ ist. Aus (**) folgt, daß $z_t \cdot v = b_t$. Damit ist Bedingung (b) von 14.9 gezeigt.

Da T eine Eckmenge von $\mathcal{C}$ ist, bilden nach Bemerkung 15.5 die Zeilen $z_t^* = z_t \cdot \mathcal{N}$ mit $t \in T$ der Koeffizientenmatrix $\mathcal{A}^* = \mathcal{A} \cdot \mathcal{N}$ von $\mathcal{C}$ eine Basis des Zeilenraumes von $\mathcal{A}^*$. Weil $\mathcal{N}$ invertierbar ist, bilden die $z_t, t \in T$, eine Basis des Zeilenraumes von $\mathcal{A}$. Außerdem gilt für die Gewinnzeile g^* von $\mathcal{C}$, daß $g^* = g \cdot \mathcal{N} \leq 0$. Also ist g^* eine Linearkombination der z_t^*'s mit lauter Koeffizienten ≤ 0. Genau diese Koeffizienten braucht man aber auch, um g als Linearkombination der z_t's zu schreiben, wieder weil $\mathcal{N}$ invertierbar ist. Damit sind auch (a) und (c) von 14.9 gezeigt.

(b)   Die erste Aussage folgt aus (a) und Satz 14.9. Der Gewinn G^* von $\mathcal{C}$ ist $G^* = g \cdot s + G = g \cdot s + g \cdot u + g_0 = g \cdot (s + u) + g_0 = \gamma(s + u) = \gamma(v)$. Da v eine Lösung von (G) ist, sind alle Behauptungen bewiesen.

In manchen Beispielen genügt schon der folgende Algorithmus, um die Ausgangsmatrix $\mathcal{B}$ in eine Matrix $\mathcal{C}$ mit den Eigenschaften (1) bis (3) des Satzes 15.6 zu transformieren.

Algorithmus 15.7 (Eckenfindung):   Sei $\mathcal{B}$ eine $(m+1) \times (n+1)$-Matrix mit Gewinnzeile $g = (g_1, \ldots, g_n)$ und Kontrollspalte $k = (k_1, \ldots, k_m) \geq 0$. Wir setzen zunächst $h = 1$.

1. Schritt: (Maximumkriterium) Wähle einen Spaltenindex j mit $h \leq j \leq n$ derart, daß $s_j \neq 0$ und $|g_j|$ möglichst groß sind. Wenn ein solches j nicht existiert, dann endet der Algorithmus. Wenn es mehrere Möglichkeiten zur Wahl von j gibt, wählt man unter diesen das kleinste.

2. Schritt: (Quotientenkriterium) Ist $s_j = (b_{1j}, \ldots, b_{mj}, g_j)$ die im ersten Schritt gewählte Spalte, dann ist die "relevante Zeilenindexmenge"

$$R = \{i \mid b_{ij} \neq 0 \ \text{ und } \ b_{ij}\, g_j \leq 0\} \,.$$

(a) Wenn $R = \emptyset$, dann bricht der Algorithmus ab.
(b) Wenn $R \neq \emptyset$, wähle einen Zeilenindex $i \in R$ mit $\frac{k_i}{|b_{ij}|} \leq \frac{k_r}{|b_{rj}|}$ für alle $r \in R$. Gibt es dafür mehrere Möglichkeiten, so wähle man i minimal unter diesen.

3. Schritt: Ersetze $\mathcal{B}$ durch die Matrix, welche aus $\mathcal{B}$ durch Spaltenpivotierung an der Stelle (i, j) entsteht.

4. Schritt: Wenn $j \neq h$, ersetze $\mathcal{B}$ durch die Matrix, welche aus $\mathcal{B}$ durch Vertauschung der $j - ten$ und h-ten Spalte entsteht.

5. Schritt: Ersetze h durch $h + 1$.

Wiederhole die Schritte 1 bis 5 so lange, bis der Algorithmus endet. Die dabei aus $\mathcal{B}$ entstehende Endmatrix wird mit $\mathcal{B}^*$ bezeichnet.

Beispiel 15.8: Wir wenden den Eckenfindungs-Algorithmus auf die Matrix $\mathcal{B}$ aus Beispiel 15.1 an.

$$\mathcal{B} = \mathcal{B}_0 = \begin{pmatrix} 3 & 2 & -1 & 2 \\ 1 & 0 & -1 & 3 \\ 0 & 1 & 0 & 5 \\ -8 & -7 & 2 & 1 \\ 0 & 0 & 1 & 0 \end{pmatrix}$$

Der dem Betrag nach größte Eintrag in der Gewinnzeile ist 1 in der dritten Spalte. Diese wählen wir als Pivotspalte. Dann gibt es zwei Einträge mit umgekehrten Vorzeichen in dieser Spalte, nämlich die beiden -1 in der ersten und zweiten Zeile. Also ist $R = \{1, 2\}$. Man bildet nun die Quotienten $\frac{2}{|-1|}$ und $\frac{3}{|-1|}$ mit den Einträgen 2 und 3 in der Kontrollspalte. Da der erste der kleinere ist, wählen wir die erste Zeile als Pivot-Zeile. Spalten-Pivot bei (1,3) ergibt eine neue Matrix

$$\mathcal{B}' = \begin{pmatrix} 0 & 0 & 1 & 0 \\ -2 & -2 & 1 & 1 \\ 0 & 1 & 0 & 5 \\ -2 & -3 & -2 & 5 \\ 3 & 2 & -1 & 2 \end{pmatrix}$$

Schließlich werden die erste und dritte Spalte vertauscht. Man erhält

$$\mathcal{B}_1 = \mathcal{B}'' = \begin{pmatrix} 1 & 0 & 0 & 0 \\ 1 & -2 & -2 & 1 \\ 0 & 1 & 0 & 5 \\ -2 & -3 & -2 & 5 \\ -1 & 2 & 3 & 2 \end{pmatrix} .$$

Beachte: Die Pivotzeile ist jetzt ein Einheitsvektor. Die Kontrollspalte ist immer noch ≥ 0. Der Gewinn ist gestiegen.

Im zweiten Durchgang wird die erste Spalte von $\mathcal{B}_1$ nicht mehr berücksichtigt. Weil in der Gewinnzeile $3 > 2$ steht, ist die dritte Spalte die nächste Pivotspalte. Die Einträge mit umgekehrtem Vorzeichen stehen in der zweiten und vierten Zeile. Weil $\frac{1}{|-2|} < \frac{5}{|-2|}$, wählen wir die zweite Zeile als Pivotzeile. Spaltenpivot bei (2,3) ergibt

$$\mathcal{B}_1' = \begin{pmatrix} 1 & 0 & 0 & 0 \\ 0 & 0 & 1 & 0 \\ 0 & 1 & 0 & 5 \\ -3 & -1 & 1 & 4 \\ 1/2 & -1 & -3/2 & 7/2 \end{pmatrix} .$$

Anschließend werden die zweite und dritte Spalte vertauscht. Man erhält

$$\mathcal{B}_2 = \mathcal{B}_1{}'' = \begin{pmatrix} 1 & 0 & 0 & 0 \\ 0 & 1 & 0 & 0 \\ 0 & 0 & 1 & 5 \\ -3 & 1 & -1 & 4 \\ 1/2 & -3/2 & -1 & 7/2 \end{pmatrix}.$$

Im dritten und letzten Durchgang ist (3,3) die Pivotstelle. Man erhält die Endmatrix

$$\mathcal{B}^* = \mathcal{B}_2' = \begin{pmatrix} 1 & 0 & 0 & 0 \\ 0 & 1 & 0 & 0 \\ 0 & 0 & 1 & 0 \\ -3 & 1 & -1 & 9 \\ 1/2 & -3/2 & -1 & 17/2 \end{pmatrix}.$$

Damit ist der Eckenfindungs-Algorithmus beendet. $\mathcal{B}^*$ hat eine Eckmenge, nämlich $T = \{1,2,3\}$, die Menge der gewählten Pivotzeilen. Die Kontrollspalte von $\mathcal{B}^*$ ist $(0,0,0,9) \geq 0$ und der Gewinn ist $17/2$, also größer als der Gewinn der Ausgangsmatrix.

Bemerkung: Der vierte Schritt im Algorithmus (Vertauschung von Spalten) dient nur dazu, leicht unterscheiden zu können, welche Spalten schon behandelt wurden (die ersten h), und welche noch zu bearbeiten sind (Spalten $h+1,\ldots,n$). Rechnet man mit der Hand, so kann dieser Schritt auch unterbleiben.

Im folgenden Satz werden die wesentlichen Eigenschaften des Eckenfindungs-Algorithmus zusammengefaßt.

Satz 15.9: Wendet man den Eckenfindungs-Algorithmus auf eine $(m+1) \times (n+1)$-Matrix $\mathcal{B}$ mit Kontrollspalte $k \geq 0$ an, dann gelten die folgenden Aussagen:

(a) Im Eckenfindungs-Algorithmus werden nur zulässige Spaltenumformungen vorgenommen.

(b) Der Eckenfindungs-Algorithmus endet nach spätestens $5n$ Schritten.

Darüberhinaus hat die Endmatrix $\mathcal{B}^*$ die folgenden Eigenschaften:

(c) Die Kontrollspalte von $\mathcal{B}^*$ ist ≥ 0.

(d) Der Gewinn von $\mathcal{B}^*$ ist mindestens so groß wie der Gewinn von $\mathcal{B}$.

(e) Wenn der Eckenfindungs-Algorithmus beim Maximumkriterium endet, dann hat $\mathcal{B}^*$ eine Eckmenge, nämlich die Menge der Pivotzeilen.

(f) Wenn der Eckenfindungs-Algorithmus beim Quotientenkriterium abbricht, dann hat $\mathcal{B}^*$ eine Spalte s_j mit $j \leq n$, deren Komponenten alle das gleiche Vorzeichen haben und deren letzte Komponente von Null verschieden ist.

Beweis: (a) Beim Spaltenpivot an der Stelle (i,j) wird die j-te Spalte mit einem Skalar multipliziert. Außerdem werden Vielfache dieser Spalte zu den anderen Spalten addiert. Die Vertauschung zweier Spalten s_i und s_j wird nur für $i,j \leq n$ durchgeführt. Alle diese Operationen sind zulässig nach Hilfssatz 15.3.

(b) Der Algorithmus 15.7 endet spätestens bei $h = n+1$.

(c), (d)   Es genügt, den dritten Schritt des Algorithmus zu betrachten, da die anderen Schritte die letzte Spalte nicht verändern. Da dieser Schritt die Spaltenpivotierung an der Stelle (i, j) ist, erhält man den neuen Eintrag an der q-ten Stelle der Kontrollspalte als

$$k'_q = k_q - \frac{b_{qj}}{b_{ij}} k_i$$

und den neuen Gewinn als

$$G' = G - \frac{g_j}{b_{ij}} k_i \; .$$

Dabei ist $g = (g_1, \ldots, g_n)$ die Gewinnzeile von $\mathcal{B}$. Nach Wahl von i ist $b_{ij} \neq 0$ und $g_j \, b_{ij} \leq 0$. Also ist auch

$$\frac{g_j}{b_{ij}} = \frac{g_j \, b_{ij}}{b_{ij}^2} \leq 0 \; ,$$

daher $-\frac{g_j}{b_{ij}} k_i \geq 0$, denn $k_i \geq 0$. Dies zeigt $G' \geq G$, also gilt (d).

Angenommen $k'_q < 0$ für ein q. Dann ist $\frac{b_{qj}}{b_{ij}} k_i > k_q \geq 0$, und daher $\left|\frac{b_{qj}}{b_{ij}}\right| = \frac{b_{qj}}{b_{ij}} > 0$, weil $k_i \geq 0$. Also haben b_{qj} und b_{ij} das gleiche Vorzeichen. Da $i \in R$, ist auch q aus R, also $\frac{k_i}{|b_{ij}|} \leq \frac{k_q}{|b_{qj}|}$ nach Wahl von i und daher $\frac{|b_{qj}|}{|b_{ij}|} k_i \leq k_q$, ein Widerspruch. Damit ist (c) gezeigt.

(e)   Es ist klar, daß die i-te Zeile einer an der Stelle (i, j) (Spalten-)pivotierten Matrix gerade e_j ist. Durch Spaltenvertauschung wird daraus höchstens ein anderer Einheitsvektor. Das ändert sich nicht, wenn anschließend noch an weiteren Stellen pivotiert wird, die in anderen Spalten liegen. Da nach Voraussetzung das Verfahren erst endet, wenn außer der letzten nur noch Null-Spalten übrig sind, folgt die Behauptung.

(f)   Sei $g = (g_1, \ldots, g_n)$ die Gewinnzeile von $\mathcal{B}^*$. Da der Eckenfindungs-Algorithmus beim Quotientenkriterium abbricht, existiert eine Pivotspalte s_j derart, daß die Zeilenindexmenge

$$R = \{i | b^*_{ij} \neq 0 \text{ und } b^*_{ij} \cdot g_j \leq 0\} = \emptyset.$$

Wenn $g_j = 0$ ist, dann gibt es ein i mit $b^*_{ij} \neq 0$. Aber dann ist $i \in R$, ein Widerspruch. Also ist $g_j \neq 0$, das heißt der letzte Eintrag der j-ten Spalte ist von Null verschieden. Wenn $b^*_{ij} \neq 0$, dann ist $b^*_{ij} \cdot g_j > 0$, daher haben alle Einträge $\neq 0$ in der $j - ten$ Spalte von $\mathcal{B}^*$ dasselbe Vorzeichen wie g_j.

Bemerkung 15.10:   (a)   Sei $\mathcal{B}$ nun wieder eine Ausgangsmatrix zu einem gegebenen linearen Optimierungsproblem. Da der Eckenfindungs-Algorithmus auf jeden Fall endet, tritt entweder der in (e) oder der in (f) des Satzes 15.9 beschriebene Fall ein.

(b)   Wenn der in (f) beschriebene Fall eintritt, dann sind die Voraussetzungen von Satz 15.4 erfüllt. Also ist die Gewinnfunktion auf der Lösungsmenge des linearen Ungleichungssystems nach oben unbeschränkt. Es gibt deshalb keine optimale Lösung.

Allerdings ist dies manchmal nicht das Ende des Problems. Es kann nämlich sein, daß beim Übersetzen der ökonomischen Bedingungen in ein mathematisches Ungleichungssystem einige - oft die "selbstverständlichen" - Bedingungen vergessen wurden. Man sollte dies überprüfen. Ein neues Ungleichungssystem mit zusätzlichen

Bedingungen hat eine kleinere Lösungsmenge, auf der die Gewinnfunktion vielleicht beschränkt ist.

(c)　Wenn der Fall (e) des Satzes 15.9 eintritt, dann hat B^* eine Eckmenge und eine Kontrollspalte $k \geq 0$. Zwei der drei Bedingungen von Satz 15.6 werden daher von B^* erfüllt. Allerdings ist nicht sichergestellt, daß $g^* \leq 0$ für die Gewinnzeile g^* von B^* gilt, vgl. Beispiel 15.8. Also muß B^* weiter umgeformt werden. Das geschieht im nächsten Abschnitt.

Wir betrachten nun das Flußdiagramm für den Eckenfindungs-Algorithmus und nennen diese Prozedur "$ecke[B]$". Die Eingabe besteht aus der Ausgangsmatrix B eines linearen Ungleichungssystems zu einer festen Lösung u bezüglich der Zielfunktion γ. In "ecke" werden zwei weitere Prozeduren aufgerufen, nämlich "findeeckspalte" und "findepivotzeile", deren Flußdiagramme ebenfalls angegeben werden.

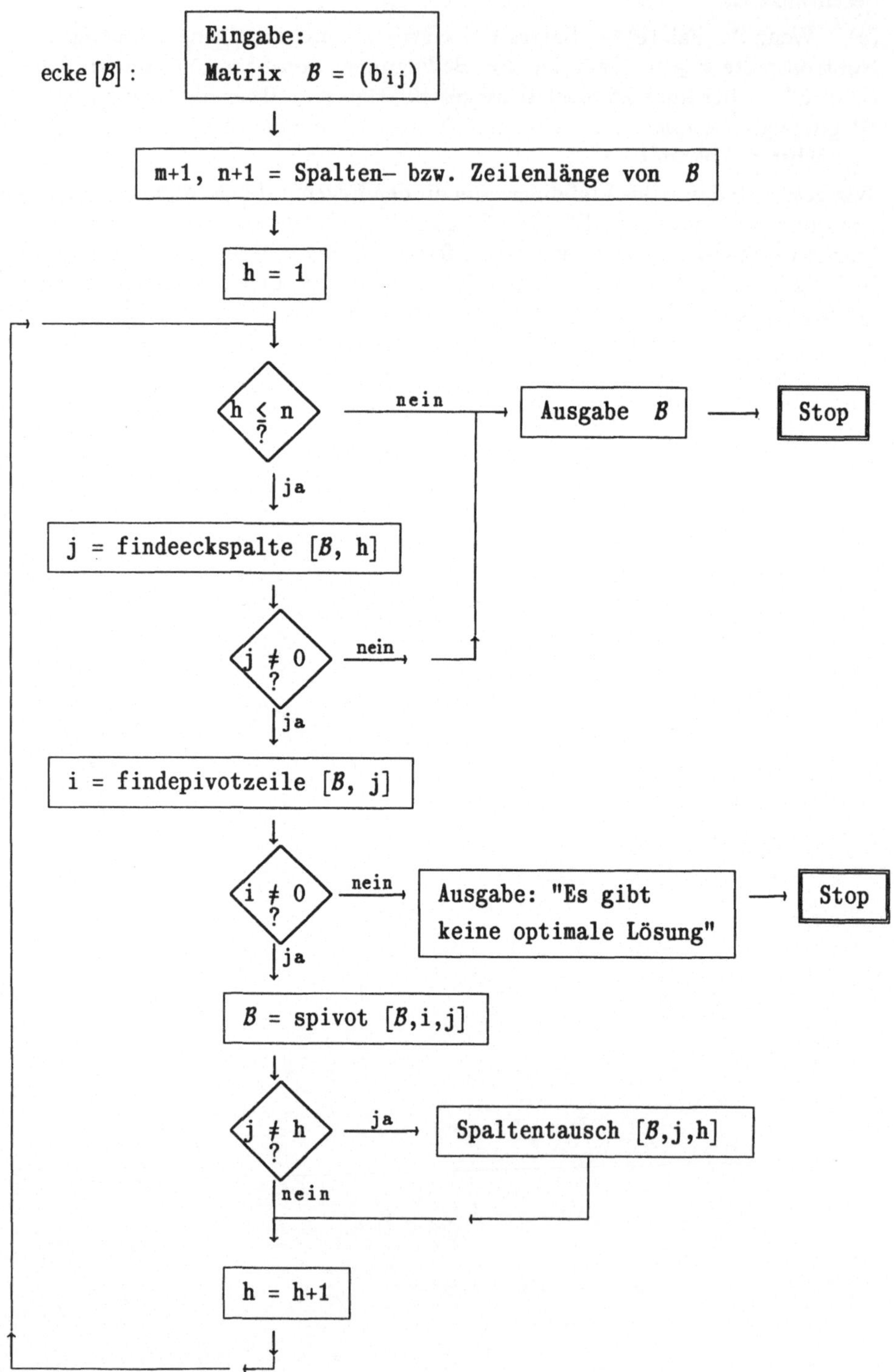

ecke [B] :
Eingabe:
Matrix B = (bij)
m+1, n+1 = Spalten- bzw. Zeilenlänge von B
h = 1
h ≤ n ?
nein
Ausgabe B
Stop
ja
j = findeeckspalte [B, h]
j ≠ 0 ?
nein
ja
i = findepivotzeile [B, j]
i ≠ 0 ?
nein
Ausgabe: "Es gibt keine optimale Lösung"
Stop
ja
B = spivot [B,i,j]
j ≠ h ?
ja
Spaltentausch [B,j,h]
nein
h = h+1

findeeckspalte [B,h] :

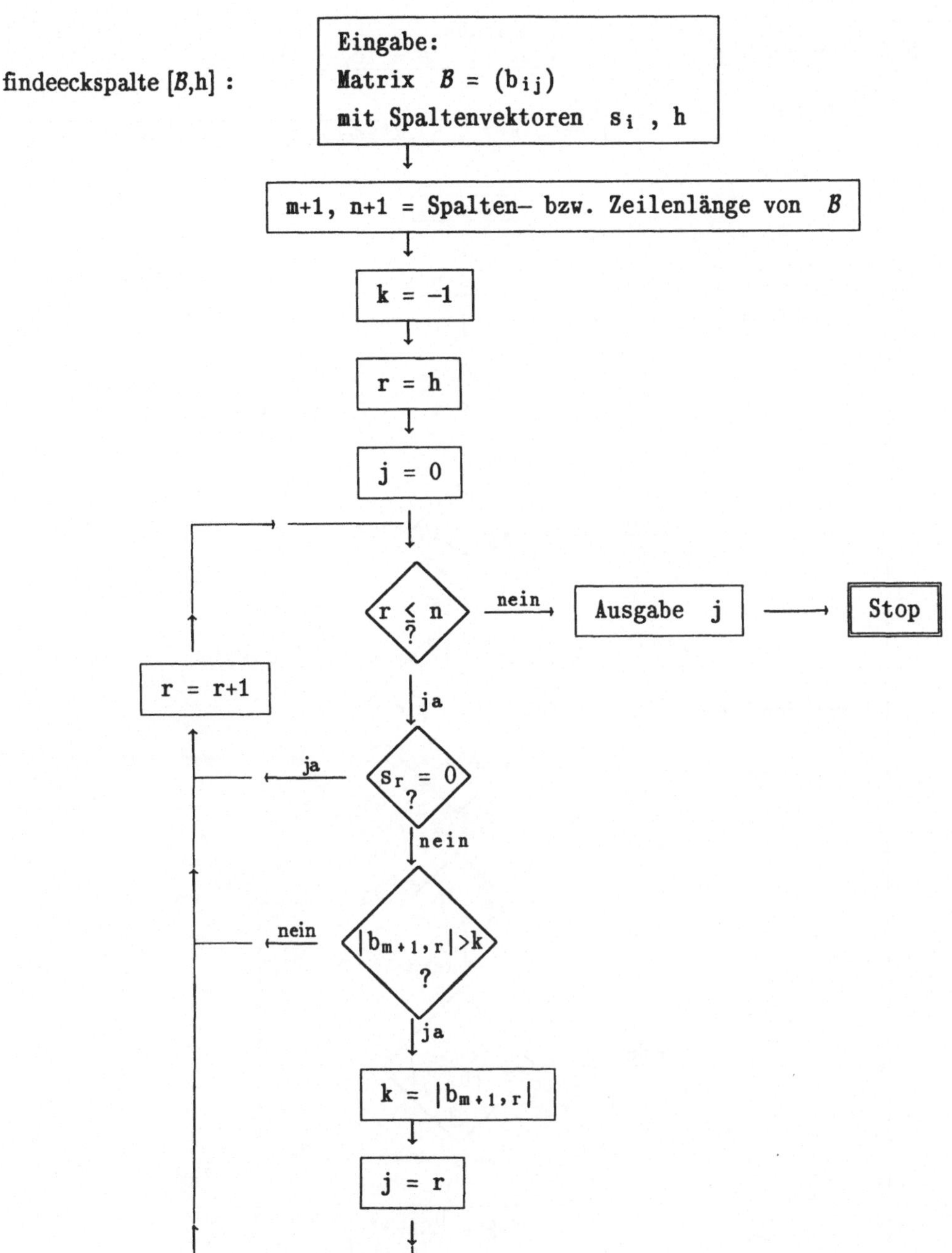

findepivotzeile $[B,j]$:

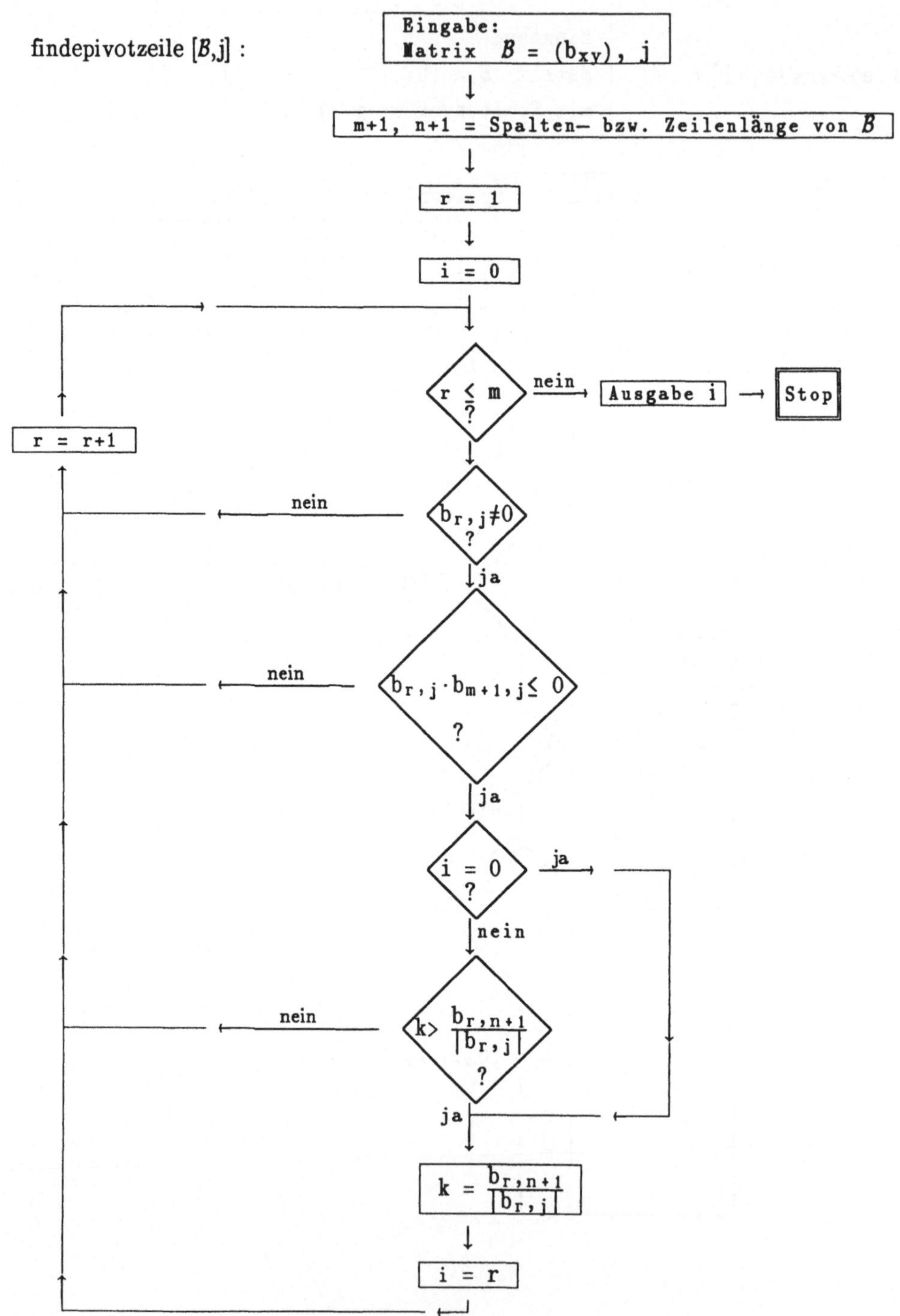

Übungsaufgaben

15.1. Man betrachte folgendes lineares Ungleichungssystem

$$(*) \qquad \begin{aligned} x_1 - 2x_3 &\geq -5 \\ 3x_1 + 2x_2 - x_3 &\geq 2 \\ x_2 &\geq -4 \\ -8x_1 - 7x_2 + x_3 &\geq -14 \end{aligned}$$

(a) Zeigen Sie, daß $v = (1,1,1)$ eine Lösung von (*) ist.

(b) Bestimmen Sie die Ausgangsmatrix für den Eckenfindungs-Algorithmus bezüglich $v = (1,1,1)$ und Gewinnfunktion $\gamma((x_1, x_2, x_3)) = x_3 - 1$.

(c) Bestimmen Sie mit Hilfe des Eckenfindungs-Algorithmus eine Ecke für (*) (falls sie existiert).

(d) Bestimmen Sie eine optimale Lösung (falls sie existiert).

15.2. Berechnen Sie eine optimale Lösung des folgenden linearen Ungleichungssystems

$$\begin{aligned} x_1 + 3x_2 + x_3 &= 15 \\ 5x_1 + 6x_2 + x_3 + 2x_4 + x_5 &= 41 \\ 5x_1 + 3x_2 + x_4 + 2x_5 &= 31, \end{aligned}$$

$$x_i \geq 0 \quad \text{für} \quad 1 \leq i \leq 5,$$

bezüglich der Zielfunktion $\gamma(x) = x_1 + 2x_2$.

16. Eckenaustausch

Der Eckenaustausch-Algorithmus setzt da ein, wo der Eckenfindungs-Algorithmus endet. Die beiden Algorithmen unterscheiden sich im wesentlichen nur bei der Auswahl der Pivotspalte im ersten Schritt.

Algorithmus 16.1 (Eckenaustausch):   Sei $\mathcal{B}$ eine $(m+1) \times (n+1)$-Matrix mit Gewinnzeile g, Kontrollspalte $k \geq 0$ und Eckmenge T.

1. Schritt: (Maximumkriterium) Wenn $g \leq 0$, endet der Algorithmus. Andernfalls wählt man einen Spaltenindex $j \leq n$ mit g_j maximal. Gibt es dazu mehrere Möglichkeiten, so wählt man j minimal unter diesen.

2. Schritt: (Quotientenkriterium) Ist $s_j = (b_{1j}, \ldots, b_{mj}, g_j)$ die im ersten Schritt gewählte Spalte, dann ist die "relevante Zeilenindexmenge"

$$R = \{i \mid b_{ij} \neq 0 \ \text{und} \ b_{ij}\, g_j \leq 0\} \ .$$

(a) Wenn $R = \emptyset$, dann bricht der Algorithmus ab.

(b) Wenn $R \neq \emptyset$, wähle einen Zeilenindex $i \in R$ mit $\frac{k_i}{|b_{ij}|} \leq \frac{k_r}{|b_{rj}|}$ für alle $r \in R$. Gibt es dafür mehrere Möglichkeiten, so wähle man i minimal unter diesen.

3. Schritt: Ersetze $\mathcal{B}$ durch die Matrix, welche aus $\mathcal{B}$ durch Spaltenpivotierung an der Stelle (i, j) entsteht.

Anschließend wiederholt man diese Schritte, ausgehend von der neuen Matrix.

Beispiel 16.2:   (a)   Wir nehmen Beispiel 15.8 noch einmal auf. Nach Abschluß des Eckenfindungs-Algorithmus hatten wir die Matrix

$$\mathcal{B}^* = \begin{pmatrix} 1 & 0 & 0 & 0 \\ 0 & 1 & 0 & 0 \\ 0 & 0 & 1 & 0 \\ -3 & 1 & -1 & 9 \\ 1/2 & -3/2 & -1 & 17/2 \end{pmatrix}$$

mit Eckmenge $T = \{1, 2, 3\}$ erhalten. Da die Gewinnzeile noch den positiven Wert $1/2$ in der ersten Spalte enthält, ist dies nach Algorithmus 16.1 die Pivotspalte. Das Quotientenkriterium ergibt die vierte Zeile als Pivotzeile. Spaltenpivotierung an der Stelle (4,1) führt zur Matrix

$$\begin{pmatrix} -1/3 & 1/3 & -1/3 & 3 \\ 0 & 1 & 0 & 0 \\ 0 & 0 & 1 & 0 \\ 1 & 0 & 0 & 0 \\ -1/6 & -4/3 & -7/6 & 10 \end{pmatrix}$$

Jetzt ist die Gewinnzeile ≤ 0. Der Eckenaustausch-Algorithmus endet also. Die neue Eckmenge ist $\{2,3,4\}$. An dieser Matrix läßt sich schon ablesen, daß $\gamma(v) = 10$ für jede optimale Lösung v gilt.

Mittels Satz 15.6 findet man eine optimale Lösung, indem man die zweite, dritte und vierte Ungleichung des linearen Ungleichungssystems $\mathcal{A} \cdot x \geq b$ von Beispiel 15.1 zu Gleichungen macht. Dadurch erhält man das Gleichungssystem

$$
\begin{pmatrix} 1 & 0 & -1 \\ 0 & 1 & 0 \\ -8 & -7 & 2 \end{pmatrix} \cdot \begin{pmatrix} x_1 \\ x_2 \\ x_3 \end{pmatrix} = \begin{pmatrix} -3 \\ -4 \\ -14 \end{pmatrix} .
$$

Man findet $x_1 = 8$, $x_2 = -4$, $x_3 = 11$. Daraus ergibt sich der Gewinn $\gamma(x) = x_3 - 1 = 10$. Man kann dies zur Probe auf Rechenfehler verwenden.

(b)   Betrachten Sie das lineares Ungleichungssystem

$$
\begin{pmatrix} 0 & 1 \\ 1 & -1 \\ 1 & -2 \end{pmatrix} \cdot \begin{pmatrix} x \\ y \end{pmatrix} \geq \begin{pmatrix} 0 \\ 0 \\ -1 \end{pmatrix} ,
$$

mit der Gewinnfunktion $\gamma(x,y) = y$. Zur Lösung ist $u = (\frac{1}{2}, 0)$ gehört die Ausgangsmatrix

$$
\mathcal{B} = \begin{pmatrix} 0 & 1 & 0 \\ 1 & \boxed{-1} & 1/2 \\ 1 & -2 & 3/2 \\ 0 & 1 & 0 \end{pmatrix}
$$

Die Pivotstelle ist eingerahmt. Die weitere Rechnung ergibt der Reihe nach

$$
\mathcal{B}' = \begin{pmatrix} 1 & -1 & 1/2 \\ 0 & 1 & 0 \\ \boxed{-1} & 2 & 1/2 \\ 1 & -1 & 1/2 \end{pmatrix}
$$

$$
\mathcal{B}^* = \begin{pmatrix} -1 & 1 & 1 \\ 0 & 1 & 0 \\ 1 & 0 & 0 \\ -1 & 1 & 1 \end{pmatrix} .
$$

Jetzt ist der Eckenfindungs-Algorithmus abgeschlossen. Dabei wurde auf die Spaltenvertauschung verzichtet.

Im Eckenaustausch-Algorithmus wird nun zunächst die zweite Spalte als Pivotspalte gewählt, weil dort der einzige positive Eintrag in der Gewinnzeile steht. Bei der Suche nach einer Pivotzeile bricht der Algorithmus ab, da die zweite Spalte $s_2 \geq 0$ ist. Die Gewinnfunktion γ ist also nach Satz 15.4 auf der Lösungsgesamtheit des Ungleichungssystems unbeschränkt.

Analog zu Satz 15.9 gilt der

Satz 16.3:   Sei $\mathcal{B}$ eine $(m+1) \times (n+1)$-Matrix mit Gewinnzeile g, Kontrollspalte $k \geq 0$ und Eckmenge T. Sei $\mathcal{C}$ eine Matrix, die aus $\mathcal{B}$ durch wiederholte Anwendung des Eckenaustausch-Algorithmus hervorgeht. Dann gelten:

(a) Beim Eckenaustausch-Algorithmus werden nur zulässige Spaltenumformungen verwendet.

(b) Die Kontrollspalte von $\mathcal{C}$ ist ≥ 0.

(c) Der Gewinn von $\mathcal{C}$ ist mindestens so groß wie der Gewinn von $\mathcal{B}$.

(d) $\mathcal{C}$ hat eine Eckmenge.

(e) Wenn der Eckenaustausch-Algorithmus mit $\mathcal{C}$ bei Anwendung des Maximumkriteriums endet, dann erfüllt $\mathcal{C}$ alle Bedingungen von Satz 15.6.

(f) Wenn der Eckenaustausch-Algorithmus mit $\mathcal{C}$ bei Anwendung des Quotientenkriteriums endet, dann erfüllt $\mathcal{C}$ alle Bedingungen von Satz 15.4.

<u>Beweis:</u>   (a), (b) und (c) wurden schon in Satz 15.9 bewiesen.

(d)   Man braucht nur den Fall zu betrachten, daß $\mathcal{C}$ aus $\mathcal{B}$ durch einen Pivotschritt hervorgeht. Sei (i,j) die Pivotstelle. Dann ist die j-te Spalte von $\mathcal{B}$ nicht 0, also gibt es ein $t \in T$ derart, daß die t-te Zeile z_t von $\mathcal{B}$ der Einheitsvektor e_j ist. Beim Pivotieren wird die i-te Zeile zu e_j, und die übrigen Zeilen z_u, $t \neq u \in T$, bleiben unverändert. Also ist die Menge T', die man aus T erhält, wenn man t durch i ersetzt, eine Eckmenge von $\mathcal{C}$.

(e)   Wenn das Verfahren bei Anwendung des Maximumkriteriums abbricht, dann gilt $\tilde{g} \leq 0$ für die Gewinnzeile $\tilde{g}$ von $\mathcal{C}$. Nach (a) geht $\mathcal{C}$ aus $\mathcal{B}$ durch zulässige Spaltenumformungen hervor. Die Aussagen (b) und (d) sind gerade die Bedingungen (1) und (3) von Satz 15.6.

(f)   Dies wurde schon in Satz 15.9 bewiesen.

Beispiel 16.4:   Das Beispiel 14.1 aus der Landwirtschaft führt zu den Ungleichungen:

$$x_1 \geq 0 \quad \text{(Die Anzahl der Kühe ist nicht negativ)}$$
$$x_2 \geq 0 \quad \text{(Die Anzahl der Schafe ist nicht negativ)}$$
$$x_1 \leq 50 \quad \text{(Der Stallplatz für Kühe ist beschränkt)}$$
$$x_2 \leq 200 \quad \text{(Der Stallplatz für Schafe ist beschränkt)}$$
$$x_1 + 0{,}2x_2 \leq 72 \quad \text{(Mehr Weideland ist nicht vorhanden)}$$
$$150x_1 + 25x_2 \leq 10.000 \quad \text{(Mehr Arbeitsstunden stehen nicht zur Verfügung)}$$

Dazu betrachtet man die "variierte" Gewinnfunktion $\gamma(x) = 250x_1 + 55x_2$. Offenbar ist $x_1 = x_2 = 0$ eine Lösung des Ungleichungssystems. Die Ausgangsmatrix zu dieser Lösung ist

$$\mathcal{B} = \begin{pmatrix} 1 & 0 & 0 \\ 0 & 1 & 0 \\ -1 & 0 & 50 \\ 0 & -1 & 200 \\ -1 & -1/5 & 72 \\ -150 & -25 & 10000 \\ 250 & 55 & 0 \end{pmatrix}.$$

Wendet man erst den Eckenfindungs- und dann den Eckenaustausch-Algorithmus auf diese Matrix an, so erhält man

$$
C = \begin{pmatrix}
-1 & 1/5 & 32 \\
0 & -1 & 200 \\
1 & -1/5 & 18 \\
0 & 1 & 0 \\
1 & 0 & 0 \\
150 & -5 & 200 \\
-250 & -5 & 19000
\end{pmatrix}.
$$

Die letzte Spalte dieser Matrix enthält wirtschaftlich interessante Informationen. Für eine optimale Lösung $x = (x_1, x_2)$ gilt:

Die erste Ungleichung $x_1 \geq 0$ ist mit Abstand 32 erfüllt, also ist $x_1 = 32$ und ebenso $x_2 = 200$.

Die dritte Ungleichung $x_1 \leq 50$ ist mit Abstand 18 erfüllt, d.h. 18 Stallplätze für Kühe bleiben frei.

Die vierte Ungleichung $x_2 \leq 200$ ist mit Abstand 0 erfüllt, d.h. alle 200 Stallplätze für Schafe sind belegt.

Die fünfte Ungleichung ist mit Abstand 0 erfüllt, d.h. das Weideland wird voll ausgenutzt.

Die sechste Ungleichung ist mit Abstand 200 erfüllt, d.h., der Bauer hat im Jahr 200 Stunden mehr Freizeit; tatsächlich sind zur Versorgung von 32 Kühen und 200 Schafen nun $32 \cdot 150 + 200 \cdot 25 = 9.800$ Stunden erforderlich.

Der Gewinn schließlich ist $\gamma(x) = 19.000$.

Bemerkung: In diesem Beispiel braucht man also kein Gleichungssystem mehr lösen, sondern kann das Ergebnis $x_1 = 32$, $x_2 = 200$ einfach in der Matrix C ablesen. Eine entsprechende Aussage gilt allgemeiner:

Wenn man eine Ungleichung $a_i \cdot x_i \geq b_i$ mit $a_i \neq 0$ hat, dann kann man an der i-ten Stelle der Kontrollspalte der Matrix C ablesen, daß $a_i \cdot v_i - b_i = k_i$ für eine optimale Lösung $v = (v_1, \ldots, v_n)$ gilt, woraus man sofort $v_i = a_i^{-1} \cdot (k_i + b_i)$ erhält. (Im obigen Beispiel war der besonders einfache Fall $a_i = 1$, $b_i = 0$, also $v_i = k_i$ für $i = 1, 2$ gegeben.)

Beispiel: Man betrachte die Gewinnfunktion $\gamma(x, y) = y$ auf der Lösungsmenge $\mathcal{L}$ des Ungleichungssystems

$$
\begin{aligned}
(1) \qquad\qquad x &\geq 0 \\
(2) \qquad\qquad y &\geq 0 \\
(3) \qquad -2x - y &\geq -8 \\
(4) \qquad -x - 2y &\geq -7 \\
(5) \qquad\qquad -y &\geq -3.
\end{aligned}
$$

Betrachtet man eine dieser Ungleichungen als Gleichung, so bildet deren Lösungsmenge eine Gerade; z.B. ist g_3 in der Skizze die Menge der Lösungen von $-2x - y = -8$.

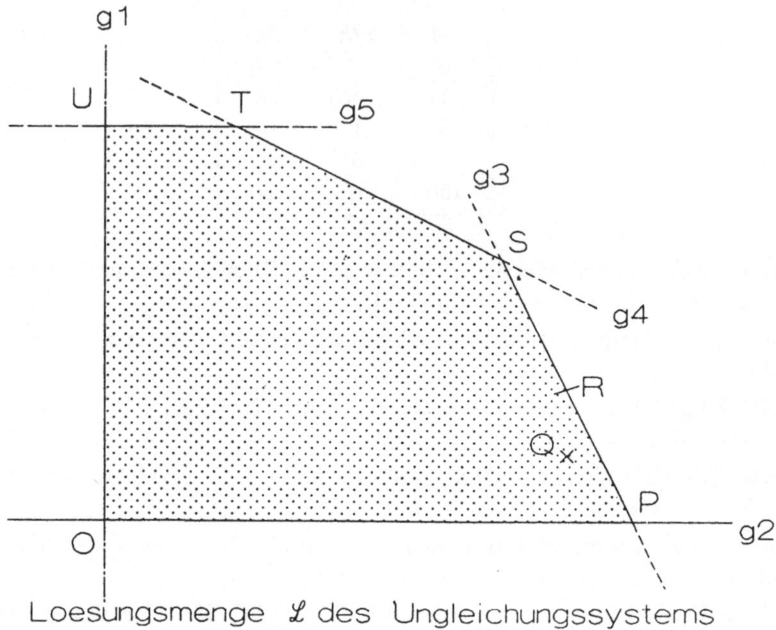

Es ist $Q = (7/2, 1/2) \in \mathcal{L}$. Die zugehörige Ausgangsmatrix ist

$$\begin{pmatrix} 1 & 0 & 7/2 \\ 0 & 1 & 1/2 \\ -2 & -1 & 1/2 \\ -1 & -2^{\circ} & 5/2 \\ 0 & -1 & 5/2 \\ 0 & 1 & 1/2 \end{pmatrix} .$$

Die Koordinaten von Q stehen am Anfang der Kontrollspalte. Nach dem ersten Schritt des Eckenfindungs-Algorithmus erhält man

$$\begin{pmatrix} 1 & 0 & 7/2 \\ -2 & -1 & 1 \\ 0 & 1 & 0 \\ 3 & 2 & 3/2 \\ 2 & 1 & 2 \\ -2 & -1 & 1 \end{pmatrix} ,$$

d.h. man hat Q ersetzt durch $R = (7/2, 1)$. Diesen Punkt erhält man, indem man von Q in Richtung wachsenden Gewinns geht, bis man an den Rand von $\mathcal{L}$ kommt.

Im nächsten Schritt ergibt sich

$$\begin{pmatrix} 1/3 & -2/3 & 3 \\ -2/3 & 1/3 & 2 \\ 0 & 1 & 0 \\ 1 & 0 & 0 \\ 2/3 & -1/3 & 1 \\ -2/3 & 1/3 & 2 \end{pmatrix},$$

also der Punkt $S = (3,2)$; dies ist der Eckpunkt zur Eckmenge $\{3,4\}$, nämlich der Schnittpunkt von g_3 und g_4. Damit ist der Eckenfindungs-Algorithmus beendet und ein Eckpunkt gefunden.

Im Eckenaustausch-Algorithmus erhält man

$$\begin{pmatrix} -1 & 2 & 1 \\ 0 & -1 & 3 \\ 2 & -3 & 3 \\ 1 & 0 & 0 \\ 0 & 1 & 0 \\ 0 & -1 & 3 \end{pmatrix},$$

also die neue Eckmenge $\{4,5\}$ und als neuen Eckpunkt den Schnittpunkt $T = (1,3)$ von g_4 und g_5. Dieser ist optimal, und der Algorithmus endet.

Übrigens führt die Ausgangslösung O in nur einem Schritt zum optimalen Eckpunkt $U = (0,3)$. Also hängt es von der Wahl der Ausgangslösung ab, wie hoch der Rechenaufwand ist, und welche optimale Ecke gefunden wird.

Bemerkung: Sobald der Eckenfindungs-Algorithmus eine Eckmenge konstruiert hat, bestehen etliche Zeilen aus Einheitsvektoren. Man kann sich u. U. Schreibarbeit bzw. Rechenzeit und Speicherplatz sparen, indem man diese Zeilen nicht ausschreibt. Allerdings muß man immer noch notieren, welcher Vektor in welcher Zeile steht.

Beispiel 16.5:   Betrachte

$$\mathcal{B} = \begin{pmatrix} 0 & 1 & 0 & 0 & 0 \\ 2 & -1 & 3 & -4 & 2 \\ 0 & 0 & 0 & 1 & 0 \\ -1 & -1 & 0 & 0 & 7 \\ 2 & 3 & 4 & 5 & 6 \\ 1 & 0 & 0 & 0 & 0 \\ 0 & 0 & 1 & 0 & 0 \\ 7 & 2 & -1 & -1 & 10 \end{pmatrix}$$

Die Einheitsvektoren stehen in der ersten, dritten, sechsten und siebten Zeile, d.h. $\{1,3,6,7\}$ ist die Eckmenge von $\mathcal{B}$. Diese Zeilen werden nicht aufgeschrieben, sondern nur die übrigen:

$$\begin{pmatrix} 2 & \vdots & 2 & -1 & 3 & -4 & 2 \\ 4 & \vdots & -1 & -1 & 0 & 0 & 7 \\ 5 & \vdots & 2 & 3 & 4 & 5 & 6 \\ 8 & \vdots & 7 & 2 & -1 & -3 & 10 \end{pmatrix}$$

Dabei ist noch eine "nullte" Spalte angefügt, in der die Indizes der verbleibenden Zeilen notiert sind.

Außerdem muß noch notiert werden, in welcher Zeile von B der erste, zweite, dritte und vierte Einheitsvektor steht. Dazu fügt man eine "nullte" Zeile an, in diesem Fall $(6, 1, 7, 3)$, weil e_1 in der sechsten Zeile, e_2 in der ersten Zeile, e_3 in der siebten Zeile und e_4 in der dritten Zeile von B steht. Das Ergebnis sieht dann so aus:

$$B' = \begin{pmatrix} - & \vline & 6 & 1 & 7 & 3 & - \\ 2 & \vline & 2 & -1 & 3 & 4 & 2 \\ 4 & \vline & -1 & -1 & 0 & 0 & 7 \\ 5 & \vline & 2 & 3 & 4 & 5 & 6 \\ 8 & \vline & 7 & 2 & -1 & -3 & 10 \end{pmatrix}$$

Diese Matrixgestalt von B' ist ein Beispiel für das in der Literatur weit verbreitete "Simplex-Tableau" oder "Simplex-Schema". Mit ihm kann man den Eckenaustausch-Algorithmus ebenfalls allgemein beschreiben. Auf diese etwas komplizierte Beschreibung wird in diesem Buch nicht eingegangen.

Vergleicht man die Sätze 15.9 und 16.3, so fällt auf, daß in 16.3 nicht gesagt ist, daß der Eckenaustausch-Algorithmus nach endlich vielen Schritten ein Endergebnis liefert. Das ist kein Zufall:

Beispiel 16.6:   Wendet man den Eckenfindungs-Algorithmus auf die Matrix

$$B = \begin{pmatrix} 0 & 0 & 4 & 0 & 3 \\ 0 & 0 & 4 & 2 & 6 \\ 4 & 0 & 0 & 0 & 1 \\ 4 & 3 & 0 & 0 & 3 \\ -26 & -27 & 20 & 11 & 7 \\ -2 & -3 & 4 & 3 & 5 \\ -8 & -3 & -6 & -1 & 0 \\ -11 & -9 & -8 & -6 & -5 \end{pmatrix}$$

an, so erhält man

$$B^* = \begin{pmatrix} 0 & 0 & 1 & 0 & 0 \\ 0 & 0 & 0 & 1 & 0 \\ 1 & 0 & 0 & 0 & 0 \\ 0 & 1 & 0 & 0 & 0 \\ 5/2 & -9 & -1/2 & 11/2 & 0 \\ 1/2 & -1 & -1/2 & 3/2 & 0 \\ -1 & -1 & -1 & -1/2 & 10 \\ 1/4 & -3 & 1 & -3 & 75/4 \end{pmatrix}$$

Jetzt wird der Eckenaustausch-Algorithmus auf B^* angewendet. Nach zwölf Pivot-Schritten erhält man wieder B^*! Also wiederholen sich dann diese zwölf Schritte immer wieder. Der Algorithmus "zykelt" und bricht nicht ab.

Das bedeutet nicht, daß es unmöglich ist, eine optimale Lösung zu finden, sondern nur, daß der Algorithmus 16.1 dies nicht tut. Pivotiert man $\mathcal{B}^*$ erst an der Stelle $(7,1)$ und anschließend an der Stelle $(6,3)$, so erhält man

$$\tilde{\mathcal{B}} = \begin{pmatrix} -1/2 & -3/2 & -1 & 5/4 & 5 \\ 0 & 0 & 0 & 1 & 0 \\ -1/2 & 1/2 & 1 & -7/4 & 5 \\ 0 & 1 & 0 & 0 & 0 \\ -1 & -7 & 3 & 1/2 & 10 \\ 0 & 0 & 1 & 0 & 0 \\ 1 & 0 & 0 & 0 & 0 \\ -5/8 & -35/8 & -3/4 & -35/16 & 25 \end{pmatrix}$$

Damit ist die Gewinnzeile $g \leq 0$, und die Eckmenge $T = \{2,4,6,7\}$ führt zu optimalen Lösungen.

Es ist nicht allzu schwierig, das Simplexverfahren so abzuändern, daß das Zykeln nicht mehr auftreten kann. Zur Vorbereitung wird ein Algorithmus beschrieben, der ein anderes Ziel als das Simplexverfahren hat, aber die Matrix mit den gleichen Methoden und in die gleiche Richtung, nämlich die wachsenden Gewinns, verändert.

Algorithmus 16.7 (Positiver Gewinn): Sei $\mathcal{B} = \begin{pmatrix} A & k \\ g & G \end{pmatrix}$ eine Ausgangsmatrix mit Kontrollspalte $k \geq 0$. Auf $\mathcal{B}$ wird zunächst der Eckenfindungs- und dann der Eckenaustausch-Algorithmus angewendet, und zwar so lange, bis einer der folgenden Fälle eintritt:

(a) $G \geq 0$;

(b) Es gibt eine Eckmenge, und es gilt für den Gewinn $G < 0$ und die Gewinnzeile $g \leq 0$.

(c) Die in Schritt 2 von Algorithmus 15.7 bzw. Algorithmus 16.1 betrachtete relevante Zeilenindexmenge R ist leer.

Im Fall (a) ist der Positive-Gewinn-Algorithmus erfolgreich abgeschlossen; daher der nicht ganz exakte Name. Im Fall (b) ist der maximale erzielbare Gewinn negativ. Der Positive-Gewinn-Algorithmus endet dann mit einem Mißerfolg. Im Fall (c) versagt das Quotientenkriterium bei der Suche nach der Pivotzeile. Man pivotiert dann in der Gewinnzeile. Dadurch erreicht man $G = 0$, also wieder den Fall (a).

Beispiel: (a) $\mathcal{B} = \begin{pmatrix} 3 & -1 & 2 & 3 \\ -2 & 2 & -1 & 4 \\ 5 & -1 & 0 & 2 \\ 12 & -4 & 3 & 1 \\ -1 & 3 & -7 & 1 \end{pmatrix}$. Der Positive-Gewinn-Algorithmus endet, da der Gewinn G von $\mathcal{B}$ gleich $1 \geq 0$ ist.

(b) $\mathcal{B}_1$ wie $\mathcal{B}$, außer daß $G = -2$. Dann ist $(4,3)$ die erste Pivotstelle. Man erhält

$$\begin{pmatrix} -5 & 5/3 & 2/3 & 7/3 \\ 2 & 2/3 & -1/3 & 13/3 \\ 5 & -1 & 0 & 2 \\ 0 & 0 & 1 & 0 \\ 27 & -19/3 & -7/3 & 1/3 \end{pmatrix}.$$

Der Algorithmus endet, da der Gewinn $1/3 \geq 0$ ist.

(c) $\mathcal{B}_2$ wie $\mathcal{B}$, außer daß $G = -20$. Nach dem zweiten Schritt des Eckenfindungs-Algorithmus erhält man

$$\begin{pmatrix} 1 & 0 & 0 & 0 \\ -2/5 & 4/3 & -1/15 & 79/15 \\ -1 & 2/3 & 2/3 & 13/3 \\ 0 & 0 & 1 & 0 \\ -27/5 & 8/3 & 19/15 & -76/15 \end{pmatrix} .$$

Die nächste Pivotspalte ist die zweite. Hier versagt das Quotientenkriterium. Also pivotiert man in der Gewinnzeile, d.h. an der Stelle $(5,2)$ und erhält

$$\begin{pmatrix} 1 & 0 & 0 & 0 \\ 23/10 & 1/2 & -7/10 & 39/5 \\ 7/20 & 1/4 & 7/20 & 28/5 \\ 0 & 0 & 1 & 0 \\ 0 & 1 & 0 & 0 \end{pmatrix} .$$

Damit endet der Algorithmus.

Bemerkung: Auch der Positive-Gewinn-Algorithmus kann zu Zyklen führen. Als Beispiel kann man $\mathcal{B}_1$ wie $\mathcal{B}$ aus Beispiel 16.6 mit abgeändertem Gewinn $G = -24$ wählen. Um dies zu vermeiden, müssen beide Algorithmen modifiziert werden.

Algorithmus 16.8 (Modifikation des Positiven-Gewinn-Algorithmus): Der modifizierte Positive-Gewinn-Algorithmus wird induktiv über die Anzahl der Spalten erklärt. Die Abbruchkriterien, das Vorgehen im unbeschränkten Fall und die Eckenfindung bleiben gegenüber Algorithmus 16.7 unverändert. Insbesondere bricht der Algorithmus ab, wenn die Matrix nur eine Spalte hat.

Es sei also $\mathcal{B}$ eine $(m + 1) \times (n + 1)$-Matrix mit Eckmenge, Gewinn G und Kontrollspalte $k \geq 0$. Es wird vorausgesetzt, daß der Algorithmus nicht abbricht; daher ist $G < 0$, und die Gewinnzeile g enthält noch positive Einträge.

1. Schritt: Nach dem Maximumkriterium von Algorithmus 16.1 wird die Pivotspalte s_j gewählt. Dann ist ihre Komponente g_j in der Gewinnzeile positiv.

2. Schritt: Man betrachtet wie üblich die Menge der relevanten Zeilenindizes

$$\begin{aligned} R &= \{i \mid b_{ij} \neq 0 \text{ und } b_{ij} \cdot g_j \leq 0\} \\ &= \{i \mid b_{ij} < 0\}. \end{aligned}$$

(a) Ist $R = \emptyset$, dann pivotiert man in der Gewinnzeile an der Stelle $(m + 1, j)$.
(b) Ist $k_r \neq 0$ für alle $r \in R \neq \emptyset$, dann wählt man die Pivotzeile z_i wie üblich nach dem Quotientenkriterium von Algorithmus 16.1 und pivotiert an der Stelle (i, j).
(c) Andernfalls vertauscht man die j-te Spalte mit der n-ten, also vorletzten, und setzt

$$I = \{i \mid 1 \leq i \leq m, k_i = 0\} .$$

Anschließend wird die letzte Spalte von $\mathcal{B}$ gesondert gespeichert und in der verbleibenden $(m+1) \times n$-Restmatrix $\mathcal{B}_0$ an der Stelle $(m+1, n)$ pivotiert. Da weder (a) noch (b) gelten, gibt es ein $r \in R$ mit $k_r = 0$. Also ist $D = R \cap I \neq \emptyset$. Man wählt nun $i \in D$ minimal und betrachtet die Teilmatrix $\mathcal{T}$ von $\mathcal{B}_0$, deren "temporäre" Kontrollspalte aus allen b_{sn} mit $s \in I$ und $s \notin D$ besteht und die zusätzlich die "temporäre" Gewinnzeile $(b_{i1}, b_{i2}, \ldots, b_{i\,n-1})$ und den "temporären" Gewinn b_{in} hat. Da diese Matrix nur n Spalten hat, kann auf sie nach Induktion schon der modifizierte Positiven-Gewinn-Algorithmus angewendet werden. Dadurch wird in $\mathcal{T}$ eine Pivotstelle (s, t) bestimmt. An ihr wird Spaltenpivot für die ganze Matrix $\mathcal{B}_0$ durchgeführt. Wenn der modifizierte Positive-Gewinn-Algorithmus erfolgreich ist, dann wird der temporäre Gewinn nicht-negativ, d.h. in der entstehenden Restmatrix $\mathcal{B}_0'$ ist $b_{in}' \geq 0$ und so $i \notin D'$. Man wiederholt dieses Verfahren bis entweder $D = \emptyset$ wird oder der modifizierte Positive-Gewinn-Algorithmus mit einem Mißerfolg endet, d.h. $(b_{i1}, b_{i2}, \ldots, b_{in}) \leq 0$ und $b_{in} \neq 0$. Jetzt fügt man die letzte Spalte wieder an die entstandene $(m+1) \times n$-Matrix an. Wenn $D = \emptyset$, dann liegt einer der Fälle (a) oder (b) vor. Wenn $(b_{i1}, \ldots, b_{in}) \leq 0$ und $b_{in} \neq 0$, dann führt Spaltenpivot an der Stelle (i, n) zu einer letzten Zeile von $\mathcal{B}$ ohne positive Einträge, also zu einem Abbruchkriterium.

Anschließend werden diese Schritte wiederholt.

Bemerkung 16.9: In den Fällen (a) und (b) des zweiten Schrittes von Algorithmus 16.8 wächst der Gewinn.

Algorithmus 16.10 (Modifikation des Eckenaustausch-Algorithmus): Sei $\mathcal{B}$ eine $(m+1) \times (n+1)$-Matrix mit einer Eckmenge und Kontrollspalte $k \geq 0$. Es wird vorausgesetzt, daß der Algorithmus 16.1 nicht abbricht. Daher enthält die Gewinnzeile g noch positive Einträge.

1. Schritt: Nach dem Maximumkriterium von Algorithmus 16.1 wird die Pivotspalte s_j gewählt.

2. Schritt: Da der Algorithmus 16.1 nicht abbricht, ist in Schritt 2 von 16.1 die relevante Zeilenmenge

$$R = \{i \mid b_{ij} \neq 0 \text{ und } b_{ij} \cdot g_j \leq 0\} \neq \emptyset \,.$$

Wende nun die Verfahren (b) oder (c) des zweiten Schrittes des modifizierten Positiven-Gewinn-Algorithmus an.

Anschließend wiederholt man diese Schritte, ausgehend von der neuen Matrix.

Beispiel: Auf die Matrix

$$\mathcal{B} = \begin{pmatrix} 0 & 0 & 1 & 0 & 0 \\ 0 & 0 & 0 & 1 & 0 \\ 1 & 0 & 0 & 0 & 0 \\ 0 & 1 & 0 & 0 & 0 \\ 5/2 & -9 & -1/2 & 11/2 & 0 \\ 1/2 & -1 & -1/2 & 3/2 & 0 \\ -1 & -1 & -1 & -1/2 & 10 \\ 1/4 & -3 & 1 & -3 & 75/4 \end{pmatrix}$$

soll der modifizierte Eckenaustausch-Algorithmus angewendet werden.

Die dritte Spalte ist die Pivotspalte. Die relevanten Zeilenindizes sind $5, 6$ und 7 die zugehörigen Quotienten also $\frac{0}{|-\frac{1}{2}|}$, $\frac{0}{|-\frac{1}{2}|}$ und $\frac{10}{|-1|}$. Ihr Minimum ist 0. Dahe: wird die dritte Spalte mit der vierten vertauscht und dann geeignete Vielfache de: vierten Spalte zu den ersten drei Spalten addiert, um

$$\begin{pmatrix} -1/4 & 3 & 3 & 1 & 0 \\ 0 & 0 & 1 & 0 & 0 \\ 1 & 0 & 0 & 0 & 0 \\ 0 & 1 & 0 & 0 & 0 \\ 21/8 & -21/2 & 4 & -1/2 & 0 \\ 5/8 & -5/2 & 0 & -1/2 & 0 \\ -3/4 & -4 & -7/2 & -1 & 10 \\ 0 & 0 & 0 & 1 & 75/4 \end{pmatrix}$$

zu erhalten. Es ist $I = \{1, 2, 3, 4, 5, 6\}$ und $D = \{5, 6\}$. Zunächst ist also $i = 5$ Die temporäre Gewinnzeile und Kontrollspalte sind eingerahmt. Weil $4 > 21/8$ ist die dritte Spalte die Pivotspalte. Da $(3, 1, 0, 0, 4) \geq 0$, wird in der temporäre: Gewinnzeile pivotiert, also an der Stelle $(5, 3)$. Man erhält

$$\begin{pmatrix} -71/32 & 87/8 & 3/4 & 11/8 & 0 \\ -21/32 & 21/8 & 1/4 & 1/8 & 0 \\ 1 & 0 & 0 & 0 & 0 \\ 0 & 1 & 0 & 0 & 0 \\ 0 & 0 & 1 & 0 & 0 \\ 5/8 & -5/2 & 0 & -1/2 & 0 \\ 99/64 & -211/16 & -7/8 & -23/16 & 10 \\ 0 & 0 & 0 & 1 & 75/4 \end{pmatrix} .$$

Jetzt ist $D = \{6\}$. Wieder sind die temporäre Kontrollspalte und Gewinnzeil eingerahmt. Die erste Spalte ist Pivotspalte. Das Quotientenkriterium liefert di zweite Zeile als Pivotzeile. Spalten-Pivot an der Stelle $(2, 1)$ ergibt

$$\begin{pmatrix} 71/21 & 2 & -2/21 & 20/21 & 0 \\ 1 & 0 & 0 & 0 & 0 \\ -32/21 & 4 & 8/21 & 4/21 & 0 \\ 0 & 1 & 0 & 0 & 0 \\ 0 & 0 & 1 & 0 & 0 \\ -20/21 & 0 & 5/21 & -8/21 & 0 \\ -33/14 & -7 & -2/7 & 8/7 & 10 \\ 0 & 0 & 0 & 1 & 75/4 \end{pmatrix} .$$

Die nächste Pivot-Stelle ist $(1, 3)$. Dann erhält man

$$\begin{pmatrix} 0 & 0 & 1 & 0 & 0 \\ 1 & 0 & 0 & 0 & 0 \\ 12 & 12 & -4 & 4 & 0 \\ 0 & 1 & 0 & 0 & 0 \\ 71/2 & 21 & -21/2 & 10 & 0 \\ 15/2 & 5 & -5/2 & 2 & 0 \\ -25/2 & -13 & 3 & -4 & 10 \\ 0 & 0 & 0 & 1 & 75/4 \end{pmatrix}$$

Jetzt ist $D = \emptyset$. Beim nächsten Pivotieren an der Stelle $(7,4)$ wächst also der Gewinn. Nach nochmaligem Pivotieren an der Stelle $(6,3)$ endet der Algorithmus mit maximalem Gewinn $G = 25$.

In diesem Beispiel bricht der modifizierte Eckenaustausch-Algorithmus also schließlich ab. Jetzt soll gezeigt werden, daß dies generell gilt.

Hilfssatz 16.11: Die Matrix $\mathcal{B}'$ gehe durch zulässige Spaltenumformungen aus $\mathcal{B}$ hervor. Wenn $\mathcal{B}$ und $\mathcal{B}'$ die gleiche Eckmenge haben, dann haben $\mathcal{B}$ und $\mathcal{B}'$ auch den gleichen Gewinn.

<u>Beweis:</u> Sei $\mathcal{B} = \begin{pmatrix} \mathcal{A} & k \\ g & G \end{pmatrix}$ und

$$\begin{pmatrix} \mathcal{A}' & k' \\ g' & G' \end{pmatrix} = \mathcal{B}' = \mathcal{B} \cdot \mathcal{M} = \begin{pmatrix} \mathcal{A} & k \\ g & G \end{pmatrix} \cdot \begin{pmatrix} \mathcal{N} & s \\ 0 & 1 \end{pmatrix} = \begin{pmatrix} \mathcal{A} \cdot \mathcal{N} & \mathcal{A} \cdot s + k \\ g \cdot \mathcal{N} & g \cdot s + G \end{pmatrix}.$$

Wenn t zur Eckmenge T gehört, dann ist $k_t = 0 = k'_t = z_t \cdot s + k_t$, also auch $z_t \cdot s = 0$; dabei ist z_t die t-te Zeile von $\mathcal{A}$. Nach Bemerkung 15.5 läßt sich g als Linearkombination der Einheitsvektoren z_t, $t \in T$, schreiben. Es folgt $g \cdot s = 0$, also $G' = G$.

Satz 16.12: Der modifizierte Eckenaustausch-Algorithmus und der modifizierte Positive-Gewinn-Algorithmus brechen nach endlich vielen Schritten ab.

<u>Beweis</u> erfolgt durch Induktion nach der Anzahl der Spalten. Wenn schon der Eckenfindungs-Algorithmus abbricht, ist nichts zu zeigen. Daher kann man annehmen, daß die Matrix eine Eckmenge hat.

Zwischenbehauptung: Nach endlich vielen Schritten brechen die beiden Algorithmen ab oder führen zu einer Matrix mit größerem Gewinn.

Beweis dazu: Bei einem Pivot-Schritt mit Wahl der Pivotstelle (i,j) nach (a) oder (b) von Schritt 2 der Algorithmen 16.8 bzw. 16.10 wächst der Gewinn nach Bemerkung 16.9.

Im Fall (c) geht man zu einer Matrix mit einer Spalte weniger über und wendet den modifizierten Positiven-Gewinn-Algorithmus wiederholt auf diese Matrix an. Per Induktion bricht der Algorithmus nach endlich vielen Schritten ab.

Im nächsten Schritt erhält man dann entweder einen Gewinnzuwachs oder eine Gewinnzeile ≤ 0. Damit ist die Zwischenbehauptung bewiesen.

Jetzt zum eigentlichen Beweis: Ausgehend von einer Matrix mit Eckmenge findet man mittels der modifizierten Algorithmen nach jeweils endlich vielen Schritten neue Matrizen mit Eckmenge und größerem Gewinn solange, bis die Algorithmen abbrechen. Nach dem Hilfssatz 16.11 kann dabei keine Eckmenge zweimal auftreten. Da es nur endlich viele mögliche Eckmengen gibt, folgt die Behauptung.

Übungsaufgaben

16.1. Minimieren Sie $\gamma(u_1, u_2, v_1, v_2, w_1, w_2) = 290u_1 + 320u_2 + 430v_1 + 360v_2 + 390w_1 + 300w_2$ unter den Bedingungen

$$u_1 + u_2 = 40$$
$$v_1 + v_2 = 30$$
$$w_1 + w_2 = 60$$
$$5u_1 + 3u_2 + 3v_1 + 4v_2 + 2w_1 + 6w_2 \leq 500$$
$$2u_1 + 4u_2 + 5v_1 + 2v_2 + 4w_1 + 3w_2 \leq 500$$
$$3u_1 + 2u_2 + 4v_1 + 6v_2 + 5w_1 + w_2 \leq 500$$

$$u_1, u_2, v_1, v_2, w_1, w_2 \geq 0.$$

16.2. Ein Produktionsprozess ist durch den folgenden Gozinto-Graphen beschrieben:

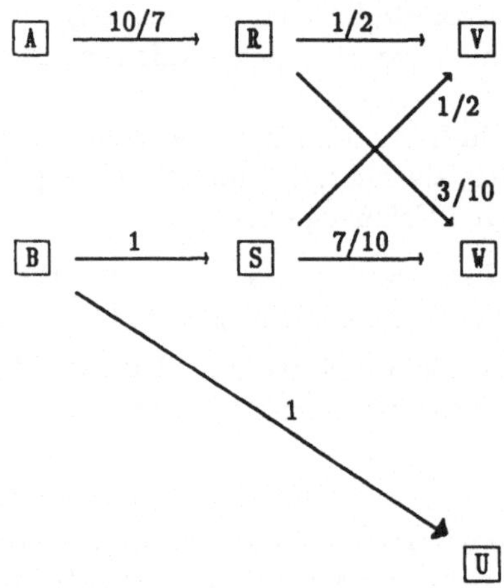

Außerdem entstehen beim Einsatz von je 10 ME des Rohstoffes A direkt 3 ME eines weiteren Endprodukts X.

Wie lautet das optimale Produktionsprogramm, wenn die beschaffbaren Mengen der Rohstoffe A und B mit 90.000 ME bzw. 150.000 ME begrenzt sind, sich von V und W maximal 80.000 ME bzw. 105.000 ME absetzen lassen, von U und X insgesamt 110.000 ME verkauft werden können, alle erzeugten Zwischenproduktmengen (R, S) zu Endprodukten (U, V, W, X) verarbeitet werden müssen, die Beschaffungspreise für A und B 190,- DM/ME bzw. 140,- DM/ME, die Verkaufspreise für U, V, W und X 150,- DM/ME, 180,- DM/ME, 170,- DM/ME bzw. 150,- DM/ME betragen und ansonsten keine weiteren variablen Herstellungskosten entstehen? Stellen Sie das lineare Ungleichungssystem und die Zielfunktion auf und bestimmen Sie die optimale Lösung.

16.3.   Aus Rundeisen der Länge $l = 20m$ sollen hergestellt werden

$$4000 \text{ Stücke der Länge } l_1 = 9m$$
$$5000 \text{ Stücke der Länge } l_2 = 8m$$
$$3000 \text{ Stücke der Länge } l_3 = 6m$$

Gesucht wird ein solcher Zuschnittplan, bei dem möglichst wenig Abfall entsteht.

17. Bestimmung spezieller Lösungen eines linearen Ungleichungssystems

In den vorangehenden Abschnitten wurden nur lösbare lineare Ungleichungssysteme

$$(*) \qquad\qquad \mathcal{A} \cdot x \geq b$$

betrachtet. Deshalb ist es nun notwendig, die Frage nach der Existenz und die Bestimmung einer Lösung $u \in F^n$ von (*) zu behandeln. Dabei werden der Positive-Gewinn-Algorithmus und seine Modifikation angewendet.

Satz 17.1: Sei $\mathcal{A} = (a_{ij})$ eine $m \times n$-Matrix, $x = (x_1, x_2, \ldots, x_n)$ der Unbestimmtenvektor und $b = (b_1, b_2, \ldots, b_m)$ der Konstantenvektor des linearen Ungleichungssystems

$$(*) \qquad\qquad \mathcal{A} \cdot x \geq b \ .$$

Sei $w = Max\{b_i \mid 1 \leq i \leq m\}$. Dann gelten die folgenden Aussagen:

(a) Sind alle $b_i \leq 0$, dann ist der Nullvektor $x = 0 \in F^n$ eine Lösung von (*).

(b) Gibt es mindestens eine Komponente b_i von b mit $b_i > 0$, dann führt man eine neue Unbestimmte x_{n+1} ein und betrachtet das lineare Ungleichungssystem

$$(**) \qquad\qquad \tilde{\mathcal{A}} \cdot \tilde{x} \geq b$$

mit Koeffizientenmatrix $\tilde{\mathcal{A}} = (\mathcal{A} \mid -t)$
und Unbestimmtenvektor $\tilde{x} = (x_1, \ldots, x_n, x_{n+1})$,
wobei $t = (1, 1, \ldots, 1) \in F^m$ ist.
Der Vektor $\tilde{u} = (0, 0, \ldots, 0, -w) \in F^{n+1}$ ist eine Lösung des linearen Ungleichungssystems (**).

(c) Ist $\tilde{v} = (v_1, v_2, \ldots, v_n, v_{n+1}) \in F^{n+1}$ mit $v_{n+1} \geq 0$ eine Lösung von $\tilde{\mathcal{A}} \cdot \tilde{x} \geq b$, dann ist $v = (v_1, v_2, \ldots, v_n) \in F^n$ eine Lösung von $\mathcal{A} \cdot x \geq b$.

(d) Gilt $v_{n+1} < 0$ für alle Lösungen $\tilde{v} = (v_1, \ldots, v_n, v_{n+1})$ von $\tilde{\mathcal{A}} \cdot \tilde{x} \geq b$, dann hat das lineare Ungleichungssystem $\mathcal{A} \cdot x \geq b$ keine Lösung.

Beweis: (a) Für $x = 0 \in F^n$ gilt $0 = \mathcal{A} \cdot x \geq b$, da $b \leq 0$ nach Voraussetzung.

(b) Da $w = Max\{b_i \mid 1 \leq i \leq m\}$, ist $b_i \leq w$ für alle $1 \leq i \leq m$. Hieraus folgt für $\tilde{u} = (0, 0, \ldots, 0, -w)$, daß $\tilde{\mathcal{A}} \cdot \tilde{u} = \mathcal{A} \cdot 0 + t \cdot w \geq b$.

(c) Seien $\tilde{z}_i = (z_{i1}, z_{i2}, \ldots, z_{in}, -1)$ und $z_i = (z_{i1}, z_{i2}, \ldots, z_{in})$ der i-te Zeilenvektor von $\tilde{\mathcal{A}}$ bzw. $\mathcal{A}$. Da $\tilde{v}$ eine Lösung von (**) ist, gilt

$$\tilde{z}_i \cdot \tilde{v} = z_i \cdot v - v_{n+1} \geq b_i \quad \text{für alle} \ 1 \leq i \leq m \ .$$

Wegen $v_{n+1} \geq 0$ folgt

$$z_i \cdot v \geq b_i + v_{n+1} \geq b_i$$

für alle $1 \leq i \leq m$. Also ist v eine Lösung von (*).

(d) Angenommen, $r = (r_1, r_2, \ldots, r_n) \in F^n$ wäre eine Lösung von (*). Dann erfüllt $\tilde{r} = (r_1, r_2, \ldots, r_n, 0) \in F^{n+1}$ die Ungleichungen $\tilde{z}_i \cdot \tilde{r} = z_i \cdot r \geq b_i$, $1 \leq i \leq m$. Also ist $\tilde{r}$ eine Lösung von $\tilde{A} \cdot \tilde{x} \geq b$, die die Voraussetzung von (d) verletzt. Dies ist ein Widerspruch! Hiermit ist Satz 17.1 bewiesen.

Aus Satz 17.1 und dem Positiven-Gewinn-Algorithmus bzw. seiner Modifikation ergibt sich das folgende

Lösungsverfahren 17.2 für lineare Ungleichungssysteme: Sei (*) $A \cdot x \geq b$ ein lineares Ungleichungssystem mit $m \times n$-Koeffizientenmatrix A, Unbestimmtenvektor $x = (x_1, x_2, \ldots, x_n)$ und Konstantenvektor $b = (b_1, b_2, \ldots, b_m)$. Sei $w = Max\{b_i \mid 1 \leq i \leq m\}$.

(a) Ist $w \leq 0$, dann ist $x = 0 \in F^n$ eine Lösung von (*).

(b) Ist $w > 0$, dann führt man eine neue Unbestimmte x_{n+1} ein und betrachtet das lineare Ungleichungssystem

$$(**) \qquad \tilde{A} \cdot \tilde{x} \geq b$$

mit $\tilde{A} = (A \mid -t)$, $t = (1, 1, \ldots, 1) \in F^m$, $\tilde{x} = (x_1, x_2, \ldots, x_n, x_{n+1})$. Nach Satz 17.1 (b) ist $\tilde{u} = (0, 0, \ldots, 0, -w) \in F^{n+1}$ eine Lösung von (**). Sei die Gewinnfunktion $\tilde{\gamma} : F^{n+1} \to F$ definiert durch $\tilde{\gamma}(\tilde{x}) = x_{n+1}$. Zur Ausgangslösung $\tilde{u}$ von (**) mit Gewinn $\tilde{G} = \tilde{\gamma}(\tilde{u}) = -w$, Kontrollspalte $\tilde{k} = \tilde{A} \cdot \tilde{u} - b$ und Gewinnzeile $\tilde{g} = (0, 0, \ldots, 0, 1) \in F^{n+1}$ gehört die Ausgangsmatrix

$$\tilde{B} = \left(\begin{array}{c|c} \tilde{A} & \tilde{k} \\ \hline \tilde{g} & -w \end{array} \right).$$

Wendet man auf $\tilde{B}$ den Positive-Gewinn-Algorithmus bzw. seine Modifikation an, dann endet dieses Verfahren nach Satz 16.12 nach endlich vielen Schritten mit einer Matrix $\tilde{B}^*$, für deren Gewinn $\tilde{G}^*$ entweder $\tilde{G}^* < 0$ oder $\tilde{G}^* \geq 0$ gilt. Ist $\tilde{G}^* < 0$, dann hat das lineare Ungleichungssystem (*) $A \cdot x \geq b$ keine Lösung. Ist $\tilde{G}^* \geq 0$, so sei k^* die Kontrollspalte von $\tilde{B}^*$. **Dann ist das Gleichungssystem**

$$(G) \qquad A \cdot x = \tilde{k}^* + b + t \cdot \tilde{G}^*$$

lösbar. Jede Lösung von (G) ist eine Lösung des Ungleichungssystems $A \cdot x \geq b$.

<u>Beweis:</u> a) folgt unmittelbar aus Satz 17.1 (a).

(b) Ist $\tilde{G}^* < 0$, dann besitzt (*) nach Satz 17.1 (d) keine Lösung.

Sei also $\tilde{G}^* \geq 0$. Nach den Sätzen 15.9 und 16.3 existiert eine zulässige $(n+2) \times (n+2)$-Matrix

$$\tilde{M} = \left(\begin{array}{ccc|c} & & & s \\ & \mathcal{N} & & \\ & & & s_{n+1} \\ \hline 0 & \ldots & 0 & 1 \end{array} \right)$$

derart, daß $\tilde{B}^* = \tilde{B} \cdot \mathcal{M}$ ist, wobei $\mathcal{N}$ eine $(n+1) \times (n+1)$-Matrix und $s \in F^n$ ist. Hieraus folgt für die letzten Spalten

$$\begin{pmatrix} \tilde{k}^* \\ \tilde{G}^* \end{pmatrix} = \begin{pmatrix} \mathcal{A} & -t & t \cdot w - b \\ 0 & 1 & -w \end{pmatrix} \cdot \begin{pmatrix} s \\ s_{n+1} \\ 1 \end{pmatrix} = \begin{pmatrix} \mathcal{A} \cdot s - t \cdot s_{n+1} + t \cdot w - b \\ s_{n+1} - w \end{pmatrix} .$$

Daher ist

$$\begin{aligned} \mathcal{A} \cdot s &= \tilde{k}^* + b + t \cdot (s_{n+1} - w) \\ &= k^* + b + t \cdot \tilde{G}^*, \end{aligned}$$

und s ist eine Lösung von (G). Wenn u eine beliebige Lösung von (G) ist, dann ist

$$\mathcal{A} \cdot u = \tilde{k}^* + b + t \cdot \tilde{G}^* \geq b ,$$

da $\tilde{k}^* \geq 0$, $t \geq 0$ und $\tilde{G}^* \geq 0$. Also ist u eine Lösung von (*).

Beispiel 17.3:   Mit dem Positiven-Gewinn-Algorithmus wird nun gezeigt, daß das lineare Ungleichungssystem

$$\begin{aligned} -x_1 + 7x_2 + 3x_3 &\geq 209 \\ -2x_1 - x_2 + x_3 &\geq 78 \\ 2x_1 - 4x_2 - x_3 &\geq -23 \\ x_1 - 2x_2 - 3x_3 &\geq -269 \\ 3x_1 + x_2 &\geq 46 \end{aligned}$$

(*)

keine Lösung hat. Nach Satz 17.1 (b) ist $\tilde{v} = (0,0,0,-209)$ eine Lösung des Ungleichungssystems

$$(**) \qquad\qquad \tilde{\mathcal{A}} \cdot \tilde{x} \geq b$$

mit Unbestimmtenvektor $\tilde{x} = (x_1, x_2, x_3, x_4)$. Gemäß Verfahren 17.2 sei $\tilde{\gamma}(\tilde{x}) = x_4$ die Zielfunktion. Damit bildet man die Ausgangsmatrix

$$\mathcal{B} = \left(\begin{array}{cccc|c} -1 & 7 & 3 & -1 & 0 \\ -2 & -1 & 1 & -1 & 131 \\ 2 & -4 & -1 & -1 & 232 \\ 1 & -2 & -3 & -1 & 478 \\ 3 & 1 & 0 & -1 & 163 \\ \hline 0 & 0 & 0 & 1 & -209 \end{array} \right)$$

Durch Anwendung des Eckenfindungs-Algorithmus erhält man die Matrix

$$\mathcal{B}^* = \begin{pmatrix} 0 & 0 & 0 & 1 & 0 \\ 0 & 1 & 0 & 0 & 0 \\ 1 & 0 & 0 & 0 & 0 \\ -21 & 15 & 20 & -13 & 125 \\ 0 & 0 & 1 & 0 & 0 \\ 5 & -4 & -5 & 3 & -30 \end{pmatrix}$$

Da in der Gewinnzeile von $\mathcal{B}$ nicht alle $g_i \leq 0$ sind, wird nun der Eckenaustausch-Algorithmus 16.1 angewendet. Er endet mit der Matrix

$$
\tilde{\mathcal{B}} = \left(
\begin{array}{cccc|c}
0 & 0 & 0 & 1 & 0 \\
0 & 1 & 0 & 0 & 0 \\
-1/21 & 5/7 & 20/21 & -13/21 & 125/21 \\
1 & 0 & 0 & 0 & 0 \\
0 & 0 & 1 & 0 & 0 \\
\hline
-5/21 & -3/7 & -5/21 & -2/21 & -5/21
\end{array}
\right)
$$

mit Gewinnzeile $\tilde{g} \leq 0$ und Eckmenge $\tilde{T} = \{1, 2, 4, 5\}$. Der zugehörige maximale Gewinn ist $-5/21$ nach Satz 15.6. Da dieser negativ ist, hat das lineare Ungleichungssystem (*) nach Satz 17.1 (d) keine Lösung.

Beispiel 17.4:   Mittels des Lösungsverfahrens 17.2 soll nun eine Lösung des linearen Ungleichungssystems

$$
\begin{aligned}
x_1 &\geq 0,5 \\
x_2 &\geq -0,5 \\
x_3 &\geq -1,5 \\
-3x_1 + 2x_2 - 3x_3 &\geq -10,5 \\
x_1 - x_2 + x_3 &\geq -5,5
\end{aligned}
$$

(*)

gefunden werden. Mit den Bezeichnungen von 17.2 (b) erhält man für

$$
w = Max\{b_i \mid 1 \leq i \leq 5\} = 0,5
$$

die Ausgangsmatrix

$$
\tilde{\mathcal{B}} = \left(
\begin{array}{cccc|c}
1 & 0 & 0 & -1 & 0 \\
0 & 1 & 0 & -1 & 1 \\
0 & 0 & 1 & -1 & 2 \\
-3 & 2 & -3 & -1 & 11 \\
1 & -1 & 1 & -1 & 6 \\
\hline
0 & 0 & 0 & 1 & -1/2
\end{array}
\right)
$$

Der Positive-Gewinn-Algorithmus, auf diese Matrix angewendet, ergibt

$$
\tilde{\mathcal{B}}^* = \left(
\begin{array}{ccccc}
1 & 0 & 0 & 0 & 0 \\
0 & 0 & 0 & 1 & 0 \\
0 & -1 & 1 & 1 & 1 \\
-3 & -2 & -3 & 4 & 7 \\
1 & -1 & 1 & 0 & 6 \\
0 & 1 & 0 & -1 & 1/2
\end{array}
\right)
$$

Mit den Bezeichnungen von Verfahren 17.2 wird nun die Rechnung zuende geführt.

Wegen $\tilde{G}^* = \frac{1}{2}$, $\tilde{k}^* = (0,0,1,7,6)$ lautet das Gleichungssystem

$$(G) \qquad \mathcal{A} \cdot x = \tilde{k}^* + b + t \cdot \tilde{G}^* = \begin{pmatrix} 1 \\ 0 \\ 0 \\ -3 \\ 1 \end{pmatrix}$$

Es hat die einzige Lösung $x = (1,0,0)$. Nach 17.2 ist dies eine Lösung von $\mathcal{A} \cdot x \geq b$.

Bemerkung: Im Rahmen der linearen Optimierung ist man an einer Lösung u des Ungleichungssystems nur interessiert, um eine Ausgangsmatrix zu bestimmen. Mit einer Variante des oben beschriebenen Verfahrens kann man die Ausgangsmatrix ohne den Umweg über u direkt berechnen.

Übungsaufgaben

17.1. Zeigen Sie, daß das lineare Ungleichungssystem

$$(*) \qquad \begin{pmatrix} 1 & 0 & 0 \\ 0 & 1 & 0 \\ 0 & 0 & 1 \\ -3 & 2 & -3 \\ 1 & -1 & 1 \end{pmatrix} \cdot \begin{pmatrix} x_1 \\ x_2 \\ x_3 \end{pmatrix} \geq \begin{pmatrix} 6 \\ 5 \\ 4 \\ -5 \\ 0 \end{pmatrix}$$

keine Lösung hat.

17.2. Bestimmen Sie eine optimale Lösung bezüglich der Gewinnfunktion $\gamma(x) = 2x_1 - x_2 + x_3 - 2$ vom linearen Ungleichungssystem

$$(*) \qquad \begin{pmatrix} -1 & 7 & 3 \\ -2 & -1 & 1 \\ 2 & -4 & -1 \\ 1 & -2 & -3 \\ 3 & 1 & 0 \end{pmatrix} \cdot \begin{pmatrix} x_1 \\ x_2 \\ x_3 \end{pmatrix} \geq \begin{pmatrix} 209 \\ 78 \\ -23 \\ -269 \\ 44 \end{pmatrix}$$

Dazu finde man mittels des Verfahrens 17.2 zunächst eine Lösung von (*) und wende dann die Algorithmen der Abschnitte 15 und 16 an.

17.3. Man bestimme ein Minimum der Funktion $\gamma(x) = -2x_1 - 4x_2 - x_3$ bezüglich der Nebenbedingungen:

$$\begin{aligned} 2x_1 + x_2 + x_3 &\leq 10 \\ x_1 + x_2 - x_3 &\leq 4 \\ 0 \leq x_1 &\leq 4 \\ 0 \leq x_2 &\leq 6 \\ 1 \leq x_3 &\leq 4 \end{aligned}$$

18. Lineare Ungleichungssysteme und ökonomische Problemstellungen

Die in den vorigen Abschnitten dargestellten mathematischen Methoden der linearen Optimierung haben für die betriebswirtschaftliche und nationalökonomische Theorie eine zentrale Bedeutung. In den Wirtschaftswissenschaften nennt man die lineare Optimierungsmethoden auch <u>lineare Planungsrechnung</u>. Sie findet in der Praxis u. a. Anwendung bei der Erstellung von gewinnmaximierenden Produktionsprogrammen, bei der Analyse von Transportproblemen sowie in der Ernährungswissenschaft. Die folgenden Beispiele sollen diese Anwendungsmöglichkeiten erläutern.

Beispiel 18.1 (Optimale Kombination von Fertigungsverfahren, vgl. Müller-Merbach [9], S.64): Ein Betrieb fertigt in einem Quartal 50 Stück des Produkts X und 70 Stück des Produkts Y. Ihm stehen drei Maschinen A, B und C zur Verfügung, die im Quartal jeweils 500 Stunden laufen. Beide Produkte lassen sich in zwei Verfahren herstellen, die sich durch variable Kosten pro Stück und verschiedene Belastung der Maschinen unterscheiden. Alle Details befinden sich in der folgenden Tabelle.

Produkt	X		Y	
Fertigungsverfahren	1	2	1	2
Variable Kosten (DM/Stück)	4200	3800	4300	5300
Fertigungszeit (h/Stück) auf der Maschine A	3	2	4	6
Fertigungszeit (h/Stück) auf der Maschine B	4	4	5	3
Fertigungszeit (h/Stück) auf der Maschine C	6	7	2	4

Gefragt ist nach denjenigen Mengen der beiden Produkte, die im ersten und zweiten Verfahren hergestellt werden sollen, damit die Gesamtkosten möglichst gering sind. Dabei ist es erlaubt, eine beliebige Teilmenge eines Produkts im ersten und den Rest im zweiten Verfahren herzustellen.

<u>Lösung:</u> Seien x_1 und x_2 die Mengen des Produkts X, die nach dem ersten bzw. zweiten Verfahren hergestellt werden. Seien y_1 und y_2 die entsprechenden Mengen des Produkts Y. Dann lautet die zu minimierende Zielfunktion

$$\pi(x_1, x_2, y_1, y_2) = 4200x_1 + 3800x_2 + 4300y_1 + 5300y_2 \,.$$

Da 50 Stück X und 70 Stück Y produziert werden, gelten die Gleichungen:

$$I \qquad\qquad x_1 + x_2 = 50$$

$$II \qquad\qquad y_1 + y_2 = 70$$

Außerdem ergeben sich aus den Fertigungszeiten der Produkte und der gesamten Laufzeit der Maschinen die folgenden linearen Ungleichungen:

$$III \qquad 3x_1 + 2x_2 + 4y_1 + 6y_2 \leq 500$$
$$VI \qquad 4x_1 + 4x_2 + 5y_1 + 3y_2 \leq 500$$
$$V \qquad 6x_1 + 7x_2 + 2y_1 + 4y_2 \leq 500$$

Offenbar sind $x_i \geq 0$ und $y_i \geq 0$ für $i = 1, 2$. Mittels I und II lassen sich die Unbestimmten x_1 und y_1 eliminieren. Man erhält daraus:

$$-x_2 + 2y_2 \leq 70$$
$$-y_2 \leq -25$$
$$x_2 + 2y_2 \leq 60$$
$$50 - x_2 \geq 0$$
$$70 - y_2 \geq 0$$

Indem man einige dieser Ungleichungen mit (-1) multipliziert, erhält man folgendes gleichsinniges lineares Ungleichungssystem:

$$x_2 - 2y_2 \geq -70$$
$$y_2 \geq 25$$
$$-x_2 - 2y_2 \geq -60$$
$$(*) \qquad -x_2 \geq -50$$
$$-y_2 \geq -70$$
$$x_2 \geq 0$$
$$y_2 \geq 0$$

Beachtet man, daß $x_1 = 50 - x_2$ und $y_1 = 70 - y_2$ ist, dann hat die zu maximierende Zielfunktion $\gamma = -\pi$ die Gleichung

$$\gamma(x_2, y_2) = -511000 + 400x_2 - 1000y_2 \,.$$

Sicherlich ist $u = (0, 25)$ eine Lösung von $(*)$. Die zu u gehörige Kontrollspalte und die Gewinnzeile sind $k = (20, 0, 10, 50, 45, 0, 25)$ bzw. $g = (400, -1000)$. Der Gewinn ist $G = -536000$. Die Ausgangsmatrix für den Eckenfindungs-Algorithmus ist

$$\mathcal{B} = \left(\begin{array}{cc|c}
1 & -2 & 20 \\
0 & 1 & 0 \\
-1 & -2 & 10 \\
-1 & 0 & 50 \\
0 & -1 & 45 \\
1 & 0 & 0 \\
0 & 1 & 25 \\
\hline
400 & -1000 & -536000
\end{array} \right) \,.$$

Da $|g_1| = 400 \le |g_2| = |-1000|$ und $b_{22} = 1$, wird $\mathcal{B}$ nach dem Eckenfindungs-Algorithmus an der Stelle $(2,2)$ pivotiert. Da die zweite Zeile ein Einheitsvektor ist, ändert die Pivotierung an $\mathcal{B}$ nichts. Deshalb wird nach demselben Algorithmus nun an der Stelle $(3,1)$ pivotiert. Erhalte:

$$
\mathcal{B}' = \left(\begin{array}{cc|c}
1 & -4 & 30 \\
0 & 1 & 0 \\
1 & 0 & 0 \\
1 & 2 & 40 \\
0 & -1 & 45 \\
-1 & -2 & 10 \\
0 & 1 & 25 \\
\hline
-400 & -1800 & -532000
\end{array} \right)
$$

Dies ist die Endmatrix $\mathcal{B}^*$ des Eckenfindungs-Algorithmus und auch des Eckenaustausch-Algorithmus, da die Gewinnzeile $g = (-400, -1800) \le 0$ ist. Die Matrix $\mathcal{B}^*$ hat Eckmenge $T = \{2,3\}$. Hierzu gehört wegen (*) das Gleichungssystem

$$
\begin{aligned}
y_2 &= 25 \\
x_2 + 2y_2 &= 60
\end{aligned}
$$

Es hat die Lösung $v = (10, 25)$, die man auch an der sechsten und siebten Stelle der Kontrollspalte ablesen kann. Nach Satz 15.9 ist v eine optimale Lösung.

Hieraus folgt, daß $(x_1, x_2, y_1, y_2) = (40, 10, 45, 25)$ die gesuchte optimale Lösung bezüglich der zu minimierenden Zielfunktion $\pi(x_1, x_2, y_1, y_2) = 4200x_1 + 3800x_2 + 4300y_1 + 5300y_2$ ist. Die minimalen Gesamtkosten betragen 532000 DM.

Als weiteres, typisches Anwendungsbeispiel der linearen Planungsrechnung wird nun ein umfangreiches Transportproblem allgemein beschrieben, das in konkreten Fällen rechnerisch so aufwendig ist, daß seine Lösung im Rahmen dieses Buches nicht mehr durchgeführt werden kann. Der Rechenaufwand läßt sich durch mathematische Methoden verringern, die speziell für derartige Problemstellungen entwickelt wurden. Sie können jedoch hier nicht dargestellt werden.

Beispiel 18.2 (Transportproblem, vgl. W. Knödel [16]): In sieben Zuckerfabriken F_i werden pro Monat a_i Tonnen Zucker produziert, $1 \le i \le 7$. An 300 Orten G_j werden r_j Tonnen Zucker pro Monat verbraucht, $1 \le j \le 300$. Dabei wird der in allen sieben Fabriken produzierte Zucker vollständig verbraucht. Die Transportkosten je Tonne Zucker von der Fabrik F_i nach Ort G_j betragen c_{ij} DM. Wieviel Tonnen Zucker muß man von den Fabriken F_i nach den Orten G_j transportieren, damit die gesamten Transportkosten minimal werden?

Lösungsansatz: Betrachtet man die Gesamtmenge des in allen Fabriken produzierten und somit an allen Orten verbrauchten Zuckers, dann erhält man die Beziehung

$$
\sum_{i=1}^{7} a_i = \sum_{j=1}^{300} r_j \, .
$$

Sei x_{ij} die Anzahl der Tonnen, die von der Fabrik F_i zum Ort G_j in einem Monat zu transportieren sind. Dann ist

$$\sum_{i=1}^{7} x_{ij} = r_j$$

die Anzahl aller Tonnen, die von den sieben Fabriken zur Stadt G_j in einem Monat transportiert werden. Die Fabrik F_i produziert a_i Tonnen, die nach den 300 Orten transportiert werden, d.h.

$$a_i = \sum_{j=1}^{300} x_{ij} .$$

Hieraus ergeben sich die 307 Gleichungen:

$$\sum_{j=1}^{300} x_{ij} = a_i, \ 1 \leq i \leq 7,$$

$$\sum_{i=1}^{7} x_{ij} = r_j, \ 1 \leq j \leq 300,$$

sowie die 2100 Ungleichungen

$$x_{ij} \geq 0, \ 1 \leq i \leq 7, \ 1 \leq j \leq 300.$$

Die Zielfunktion lautet allgemein

$$\gamma(x_{ij}) = \sum_{i=1}^{7} \sum_{j=1}^{300} c_{ij} \cdot x_{ij}.$$

Ihr Minimum soll bestimmt werden.

Setzt man

$$\begin{aligned} x &= (x_{11}, \dots, x_{1\,300}, x_{21}, \dots, x_{7\,300}) \\ p &= (c_{11}, \dots, c_{1\,300}, c_{21}, \dots, c_{7\,300}) \\ b &= (a_1, \dots, a_7, r_1, \dots, r_{300}) \end{aligned}$$

und

$$\begin{array}{c} \text{300 Spalten} \quad \text{300 Spalten} \quad \dots \quad \text{300 Spalten} \\ \mathcal{A} = \left[\begin{array}{cccc|cccc|c|cccc} 1 & 1 & \dots & 1 & 0 & 0 & \dots & 0 & & & & & \\ 0 & 0 & \dots & 0 & 1 & 1 & \dots & 1 & \dots & & & 0 & \\ & & 0 & & & & 0 & & & & & & \\ & & & & & & & & & 1 & 1 & \dots & 1 \\ \hline 1 & & & & 1 & & & & & 1 & & & \\ & 1 & & 0 & & 1 & & 0 & & & 1 & & 0 \\ & & \ddots & & & & \ddots & & \dots & & & \ddots & \\ & 0 & & 1 & & 0 & & 1 & & & 0 & & 1 \end{array}\right] \begin{array}{l} \left.\vphantom{\begin{array}{c}1\\1\\1\\1\end{array}}\right\} \text{7 Zeilen} \\ \left.\vphantom{\begin{array}{c}1\\1\\1\\1\end{array}}\right\} \text{300 Zeilen} \end{array} \\ \text{2100 Spalten} \end{array}$$

dann ist die Zielfunktion bzgl. der Lösungsgesamtheit des Ungleichungssystems

(*) $$\mathcal{A} \cdot x = b, \ x \geq 0$$

zu minimieren.

Das nun folgenden Beispiel aus der Ernährungswissenschaft ist kaum noch mit der Hand zu berechnen. Die einzelnen Rechenschritte, die hier nicht durchgeführt werden, kann der Leser mit dem Programm WIMAT selber nachprüfen.

Beispiel 18.3:   In der folgenden Tabelle werden für Kohlehydrate (KH), Eiweiß (EW) und Fett sowie für Vitamin C (C), β-Karotin (β-Ka) und Eisen (Fe) deren (durchschnittliche) Gehalte pro Kilogramm eines bestimmten Nahrungsmittels sowie die empfohlene tägliche Mindest- und Höchstmengen dieser Stoffe in der Nahrung eines Erwachsenen angegeben:

	Brot	But-ter	Kä-se	Fleisch	Kar-tof-feln	Ge-mü-se	Milch	Min.	Max.
EW	73	6	237	190	21	20	33	55	-
KH	470	6	28	0	168	20	47	100	-
Fett	14	826	223	130	1	0	31	70	95
C	0	0	0	10	220	500	0	75	5000
β-Ka	0	10	5	0	0	60	0	2,5	30
Fe	33	1	3	25	6	35	1	12	-

Dabei sind die Angaben für Vitamit C, β-Karotin und Eisen in mg, die übrigen in g.

Die gesamte Energiezufuhr sollte 10.500 kJ betragen. Dabei liefern KH und EW jeweils 17,2 kJ/g und Fett 38,9 kJ/g.

Eine "ausgewogene Diät", welche aus x_1 kg Brot, x_2 kg Butter, ..., x_7 kg Milch besteht und y_1 g EW, y_2 g KH, ..., y_6 mg Eisen enthält, muß den folgenden Bedingungen genügen:

(1) $y = T \cdot x$, wobei $x = (x_1, \ldots, x_7)$, $y = (y_1, \ldots, y_6)$ und T die obige Tabelle ohne die beiden letzten Spalten (also eine 6×7-Matrix) ist.

(2) $17,2y_1 + 17,2y_2 + 38,9y_3 = 10.500$.

(3)
$$y_1 \geq 55$$
$$y_2 \geq 100$$
$$y_3 \geq 70$$
$$y_4 \geq 75$$
$$y_5 \geq 2,5$$
$$y_6 \geq 12$$

(4)
$$y_3 \leq 95$$
$$y_4 \leq 5.000$$
$$y_5 \leq 30$$

(5) $x_i \geq 0$ für $i = 1, \ldots, 7$, da man ja keine negativen Mengen Brot (z. B.) essen kann.

Dies ist ein System mit 13 Unbestimmten, sieben Gleichungen und 16 Ungleichungen.

Der Küchenchef einer Werkskantine muß nicht nur darauf achten, daß sein Essen ausgewogen ist, sondern er möchte dies auch zu einem möglichst günstigen Preis erreichen. Pro kg Nahrungsmittel muß er folgende Preise bezahlen: Brot DM 4,-, Butter DM 8,-, Käse DM 15,-, Fleisch DM 20,-, Kartoffeln DM 0,70, Gemüse DM 2,-, Milch DM 1,-.

1. Aufstellung des Ungleichungssystems (*)

$$-y_1 + 73x_1 + 6x_2 + 237x_3 + 190x_4 + 21x_5 + 20x_6 + 33x_7 = 0$$
$$-y_2 + 470x_1 + 6x_2 + 28x_3 + 168x_5 + 20x_6 + 47x_7 = 0$$
$$-y_3 + 14x_1 + 826x_2 + 223x_3 + 130x_4 + x_5 + 31x_7 = 0$$
$$-y_4 + 10x_4 + 220x_5 + 500x_6 = 0$$
$$-y_5 + 10x_2 + 5x_3 + 60x_6 = 0$$
$$-y_6 + 33x_1 + x_2 + 3x_3 + 25x_4 + 6x_5 + 35x_6 + x_7 = 0$$
$$172y_1 + 172y_2 + 389y_3 = 105000$$
$$y_1 \geq 55$$
$$y_2 \geq 100$$
$$y_3 \geq 70$$
$$y_4 \geq 75$$
$$y_5 \geq 2,5$$
$$y_6 \geq 12$$
$$-y_3 \geq -95$$
$$-y_4 \geq -5000$$
$$-y_5 \geq -30$$
$$x_1 \geq 0$$
$$x_2 \geq 0$$
$$x_3 \geq 0$$
$$x_4 \geq 0$$
$$x_5 \geq 0$$
$$x_6 \geq 0$$
$$x_7 \geq 0$$

2. Aufstellung der Zielfunktion

Die zu maximierende Zielfunktion ist:

$$\gamma(x) = -(4x_1 + 8x_2 + 15x_3 + 20x_4 + 0,7x_5 + 2x_6 + x_7),$$

d.h. die Kosten der Tagesverpflegung sollen minimiert werden.

3. Bestimmung der optimalen Lösung

Das Lösungsverfahren 17.2 und der Eckenfindungs-, Eckenaustausch- und der Positive-Gewinn-Algorithmus sind in WIMAT implementiert. Liest man die linearen Ungleichungen von (*) ein, dann erhält man die Lösung:

$$x = (x_1, x_2, \ldots, x_7) = (0, \tfrac{73364945}{968007572}, 0, 0, \tfrac{1118984945}{484003786}, \tfrac{14053079}{484003786}, \tfrac{923315}{5627951})$$

$$= (0, 0.076, 0, 0, 2.312, 0.029, 0.164).$$

Also ist z.B. die Menge der zu verzehrenden Kartoffeln $x_5 = 2.3$ kg. Die y_i ergeben sich aus der Vektorgleichung $y = T \cdot x$. Dabei entstehen Kosten von ca. DM 2,45.

4. Quintessenz

Optimale Lösungen sind mit Vorsicht zu genießen.

Anhang 1:
Prinzip der vollständigen Induktion

Eines der wichtigsten Beweisprinzipien der Mathematik ist das der vollständigen Induktion. Es ist ein Axiom der Grundlagen der Mathematik. Mit seiner Hilfe wird der Aufbau des Zahlensystems N aller natürlichen Zahlen $n = 1, 2, \ldots$ begründet.

Prinzip der vollständigen Induktion:

Sei $A(n)$ eine Aussage über die natürlichen Zahlen $n \in N$ derart, daß $A(1)$ gilt, und für jede natürliche Zahl $m > 1$ gilt: $A(m-1)$ impliziert $A(m)$. Dann ist die Aussage $A(n)$ für alle natürlichen Zahlen $n = 1, 2, \ldots$ richtig.

Als Muster für einen Induktionsbeweis zeigen wir den folgenden

Satz: Sei $\mathcal{M}$ eine n-elementige Menge ($1 \leq n < \infty$). Sei $\mathcal{P} = \mathcal{P}(\mathcal{M})$ die Menge aller Teilmengen von $\mathcal{M}$.

Behauptung: $\mathcal{P}$ besitzt 2^n Elemente.

Beweis:

Induktionsanfang: $m = 1$.

Hat $\mathcal{M}$ nur ein Element, so hat $\mathcal{M}$ nur die Teilmengen $\emptyset$ und $\mathcal{M}$. Also hat $\mathcal{P}$ genau $2^1 = 2$ Elemente.

Sei $m \in N$, $m \geq 1$.

Induktionsannahme: Jede m-elementige Menge habe genau 2^m verschiedene Teilmengen.

Induktionsbehauptung: Ist $\mathcal{M}$ eine Menge mit $m+1$ Elementen, so besteht $\mathcal{P}(\mathcal{M})$ aus 2^{m+1} Elementen.

Beweis: Sei $\mathcal{M} = \{a_1, \ldots, a_{m+1}\}$. Dann hat $\mathcal{P}(\mathcal{M}')$ für $\mathcal{M}' = \{a_1, \ldots, a_m\}$ nach Induktionsannahme genau 2^m Elemente. Ist $\mathcal{A} \in \mathcal{P}(\mathcal{M})$, dann ist entweder $a_{m+1} \in \mathcal{A}$ oder $a_{m+1} \notin \mathcal{A}$. Im zweiten Fall gehört $\mathcal{A}$ zu $\mathcal{P}(\mathcal{M}')$, und im ersten Fall ist $\mathcal{A}' = \mathcal{A}\setminus\{a_{m+1}\} \in \mathcal{P}(\mathcal{M}')$. Also besitzt $\mathcal{P}(\mathcal{M})$ genau $2^m + 2^m = 2^m(1+1) = 2^{m+1}$ Elemente.

Die Aussage des Satzes folgt jetzt aus dem Prinzip der vollständigen Induktion.

Anhang 2:
Ungleichungen

In diesem Abschnitt werden einige wichtige Rechenregeln für das Rechnen mit Ungleichungen zwischen rationalen bzw. reellen Zahlen zusammengestellt. Mit F wird im folgenden stets einer der Körper $\mathbf{Q}$ oder $\mathbf{R}$ bezeichnet.

Wie man sich durch die Realisierung der reellen und somit auch der rationalen Zahlen auf der Zahlengeraden veranschaulicht,

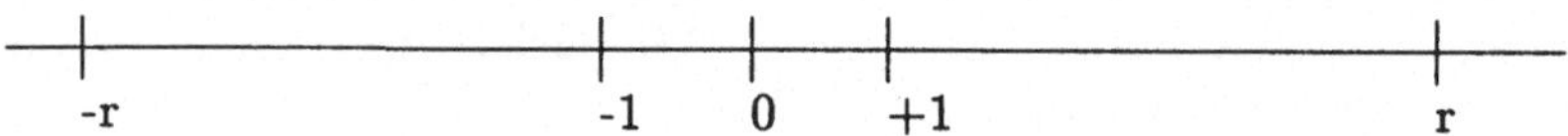

ist der Körper $F \in \{\mathbf{Q}, \mathbf{R}\}$ linear geordnet. Eine Zahl, die rechts von 0 steht, heißt positiv.

Ohne Beweis werden die folgenden Tatsachen über positive Zahlen benutzt.

Satz 1: (a) 0 ist nicht positiv.

(b) Wenn $f \neq 0$, dann ist f positiv oder $-f$ positiv.

(c) Die Summe zweier positiver Zahlen ist positiv.

(d) Das Produkt zweier positiver Zahlen ist positiv.

Definition 1: Der <u>Betrag</u> $|f|$ eines Elementes $f \in F$ ist

$$|f| = \begin{cases} f, & \text{falls } f \text{ positiv ist,} \\ -f, & \text{falls } f \text{ nicht positiv ist.} \end{cases}$$

Insbesondere ist $|f| = 0$ genau dann, wenn $f = 0$. Für alle $f \neq 0$ ist $|f|$ stets eine positive reelle Zahl.

Definition 2: Für alle $a, b \in F$ gilt:
(a) $a > b$ oder auch $b < a$, falls $a - b$ positiv ist.
(b) $a \geq b$ oder auch $b \leq a$, falls $a = b$ oder $a > b$.
(c) a ist <u>negativ</u>, falls $a < 0$ ist.

Hilfssatz 3: Seien a und b in F.
(a) Es ist $a > 0$ genau dann, wenn a positiv ist.
(b) Es ist $a \geq 0$ genau dann, wenn $-a \leq 0$ ist.
(c) Es ist $a > b$ oder $a = b$ oder $a < b$.
(d) 1 ist positiv.

<u>Beweis:</u> (a) Nach Definition 2 ist $a > 0$ genau dann, wenn $a = a - 0$ positiv ist.

(b) Für $a = 0$ ist nichts zu zeigen. Für $a \neq 0$ gilt $a \geq 0$ genau dann, wenn a positiv ist, und $-a \leq 0$ genau dann, wenn $a = 0 - (-a)$ positiv ist.

(c) Wenn weder $a = b$ noch $a > b$, dann ist $0 \neq a - b$ und $a - b$ nicht positiv. Nach Satz 1 ist also $b - a = -(a - b)$ positiv, d. h. $a < b$.

(d) Nach Satz 1 wäre sonst -1 positiv und dann auch $1 = (-1)(-1)$ positiv, ein Widerspruch.

Die Anordnungsrelation $\leq$ besitzt folgende Eigenschaften:

<u>Satz 4:</u> Für alle f_1, f_2, f_3 des Körpers F gilt:
(a) Aus $f_1 \leq f_2$ und $f_2 \leq f_1$ folgt $f_1 = f_2$.
(b) Aus $f_1 < f_2$ und $f_2 < f_3$ folgt $f_1 < f_3$, d. h. die Relation $<$ ist "transitiv".
(c) Aus $f_1 \leq f_2$ und $f_2 \leq f_3$ folgt $f_1 \leq f_3$, d. h. die Relation $\leq$ ist "transitiv".

<u>Beweis:</u> (a) Angenommen, es wäre $f_1 \neq f_2$. Dann sind $f_2 - f_1$ und $f_1 - f_2$ positiv. Nach Satz 1 ist dann auch $(f_2 - f_1) + (f_1 - f_2) = 0$ positiv. Das widerspricht Satz 1.

(b) Nach Voraussetzung sind $f_2 - f_1$ und $f_3 - f_2$ positiv. Nach Satz 1 ist auch $(f_3 - f_2) + (f_2 - f_1) = f_3 - f_1$ positiv, also $f_1 < f_3$.

(c) folgt analog.

Im folgenden Satz werden die wichtigsten Regeln für das Rechnen mit Ungleichungen zusammengestellt.

<u>Satz 5:</u> Seien $a, b, c, d \in F$. Dann gilt
(a) Aus $a > b$ und $c > 0$ folgt $a \cdot c > b \cdot c$.
(b) Aus $a \geq b$ und $c \geq 0$ folgt $a \cdot c \geq b \cdot c$.
(c) Aus $a > b$ und $c < 0$ folgt $a \cdot c < b \cdot c$.
(d) Aus $a < c$ und $b < d$ folgt $a + b < c + d$.
(e) Aus $a \leq c$ und $b \leq d$ folgt $a + b \leq c + d$.
(f) Aus $a > 0$ folgt $a^{-1} > 0$.
(g) Aus $a > b \geq 0$ **folgt für alle** natürlichen Zahlen n, daß $a^n > b^n$.

<u>Beweis:</u> (a) Nach Voraussetzung sind $a - b$ und c positiv. Nach Satz 1 ist auch $(a - b) \cdot c = a \cdot c - b \cdot c$ positiv, also $a \cdot c > b \cdot c$.

(b) Wegen (a) kann $a = b$ oder $c = 0$ angenommen werden. In beiden Fällen folgt $a \cdot c = b \cdot c$ bzw. $a \cdot c = 0 = b \cdot c$. Also gilt allgemein $a \cdot c \geq b \cdot c$.

(c) Nach Voraussetzung sind $a - b$ und $-c = 0 - c$ positiv. Nach Satz 1 ist auch $(a - b) \cdot (-c) = b \cdot c - a \cdot c$ positiv, also $a \cdot c < b \cdot c$.

(d) Nach Voraussetzung sind $c - a$ und $d - b$ positiv. Nach Satz 1 sind auch $(c - a) + (d - b) = (c + d) - (a + b)$ positiv, also $a + b < c + d$.

(e) folgt analog.

(f) Wäre a^{-1} nicht positiv, dann folgt $a^{-1} < 0$ nach Hilfssatz 3 c). Nach Aussage (c) folgt dann $1 = a \cdot a^{-1} < 0 \cdot a^{-1} = 0$, da $a > 0$. Dies widerspricht Hilfssatz 3 (d).

163

(g)   wird mittels vollständiger Induktion nach n gezeigt. Die Behauptung ist trivial für $n = 1$. Durch wiederholte Anwendung von Satz 1 (d) folgt sie auch für $b = 0$. Angenommen, es ist gezeigt, daß $a^{n-1} > b^{n-1}$ ist, dann folgt wegen $b > 0$ nach Aussage (a), daß $a^{n-1} \cdot b > b^{n-1} \cdot b = b^n$.

Wegen $a > b \geq 0$ ist auch $a^{n-1} > 0$. Erneute Anwendung von (b) ergibt $a^n = a^{n-1} \cdot a > a^{n-1} \cdot b$. Nach Satz 4 ist die Relation $>$ transitiv. Also ist $a^n > b^n$.

Bemerkung 6:   (a)   Die Aussage (c) von Satz 5 besagt, daß sich der Sinn einer Ungleichung $a < b$ bei der Multiplikation mit einer negativen Zahl c umdreht, d.h. $a \cdot c > b \cdot c$ folgt. Insbesondere folgt, daß das Produkt zweier negativer Zahlen stets positiv ist. Deshalb ist $a^2 \neq -1$ für alle $a \in F$.

(b)   Die Aussage (d) des Satzes 5 hat kein Analogon für die Multiplikation, d.h. aus $a < c$ und $b < d$ folgt im allgemeinen <u>nicht</u> $a \cdot b < c \cdot d$.

<u>Gegenbeispiel:</u> $a = -1$, $c = 2$, $b = -1$, $d = 0$. Dann gilt: $a = -1 < 2 = c$ und $b = -1 < 0 = d$. Aber $1 = (-1)(-1) = a \cdot b$ und $c \cdot d = 2 \cdot 0 = 0$, woraus $a \cdot b > c \cdot d$ folgt.

(c)   Ungleichungen darf man nicht abziehen!

<u>Gegenbeispiel:</u>   Aus $1 < 2$ und $3 < 5$ folgt nicht $(1 - 3) = -2 < (2 - 5) = -3$, da $-3 < -2$.

Satz 7:   Zu jedem Paar $a, b \in F$ mit $a > 0$ existiert eine Zahl $s \geq 0$ derart, daß $a \cdot s > b$.

Beweis: Ist $b \leq 0$, so wählt man $s = 1$. Sei $b > 0$. Wegen $a > 0$ ist $a^{-1} > 0$ nach Satz 5 (f). Daher gilt für $s = a^{-1} \cdot (b + 1)$ die Behauptung.

Ohne Beweis wird der folgende Satz angegeben:

Satz 8:   Jede reelle Zahl $r \geq 0$ ist ein Quadrat.

Da $x^2 = r$ für jedes $0 < r \in \mathbf{R}$ die beiden Lösungen $x_1 = +\sqrt{r}$ und $x_2 = -\sqrt{r}$ hat, wird mit $\sqrt{r}$ stets die positive Lösung bezeichnet.

Anhang 3:
Ergebnisse und Musterlösungen zu ausgewählten Aufgaben

Aufgabe 1.1:

a)
$$a + b + c = 300$$
$$5a + 5b + 10c = 2000$$
$$8a + 9b + 15c = 3300.$$

b) $a = 0$, $b = 200$, $c = 100$.

Aufgabe 2.3:

$(0, 0, 0, 0, 0)$.

Aufgabe 3.3:

a) $\mathcal{A} \cdot \mathcal{B} = \begin{pmatrix} 4 & 9 & 4 \\ -3 & 2 & 2 \\ 8 & 18 & 8 \end{pmatrix}$, $\mathcal{B} \cdot \mathcal{A} = \begin{pmatrix} 5 & 5 \\ 6 & 9 \end{pmatrix}$

b) $\mathcal{A} \cdot \mathcal{B} \cdot \mathcal{A} = \begin{pmatrix} 27 & 33 \\ 1 & 4 \\ 54 & 66 \end{pmatrix}$, $\mathcal{B} \cdot \mathcal{A} \cdot \mathcal{B} = \begin{pmatrix} 5 & 20 & 10 \\ 3 & 33 & 18 \end{pmatrix}$

c) $\mathcal{B} \cdot \mathcal{A} \cdot \mathcal{B} + \mathcal{B} = \begin{pmatrix} 7 & 21 & 10 \\ 2 & 36 & 20 \end{pmatrix}$, $\mathcal{A} \cdot \mathcal{B} \cdot \mathcal{A} + \mathcal{A} = \begin{pmatrix} 30 & 35 \\ 0 & 5 \\ 60 & 70 \end{pmatrix}$

Die übrigen Kombinationen sind nicht möglich.

Aufgabe 3.4:

$\mathcal{B} = \begin{pmatrix} a & b \\ 0 & a \end{pmatrix}$ mit $a, b \in F$ beliebig.

Aufgabe 3.5:

a) $\mathcal{A} = \begin{pmatrix} 1 & 1,671 & 2,901 & 0,01279 & 0,2735 & 1,137 \\[1ex] \frac{1}{1,725} & 1 & \frac{2,901}{1,725} & \frac{0,01279}{1,725} & \frac{0,2735}{1,725} & \frac{1,137}{1,725} \\[1ex] \frac{1}{3} & \frac{1,671}{3} & 1 & \frac{0,01279}{3} & \frac{0,2735}{3} & \frac{1,137}{3} \\[1ex] \frac{1}{0,013} & \frac{1,671}{0,013} & \frac{2,901}{0,013} & 1 & \frac{0,2735}{0,013} & \frac{1,137}{0,013} \\[1ex] \frac{1}{0,282} & \frac{1,671}{0,282} & \frac{2,901}{0,282} & \frac{0,01279}{0,282} & 1 & \frac{1,137}{0,282} \\[1ex] \frac{1}{1,154} & \frac{1,671}{1,154} & \frac{2,901}{1,154} & \frac{0,01279}{1,154} & \frac{0,2735}{1,154} & 1 \end{pmatrix}.$

b) US\$ 3504,41.

Aufgabe 3.6:

a) $\mathcal{A}^{20} = \begin{pmatrix} 1 & 40 \\ 0 & 1 \end{pmatrix}.$

n) $\mathcal{A}^{n} = \begin{pmatrix} 1 & 2n \\ 0 & 1 \end{pmatrix}.$

Aufgabe 3.8:

a) 14.000.000
b) 30.000

Aufgabe 4.1:

Die Abbildungen unter a) und d) sind lineare Abbildungen, die unter b) und c) nicht.

Aufgabe 4.2:

Ja.

Aufgabe 4.3:

U_1, U_3 und U_4 sind Unterräume von $F[X]$, U_2 jedoch nicht.

Aufgabe 4.4:

u_1 und u_4 sind Linearkombinationen der Vektoren v_1, v_2 und v_3, nicht aber u_2 und u_3.

Aufgabe 5.1:

$dim\ L = 3$.

Aufgabe 5.2:

Die Vektoren $s_1 = (1,2,1)$ und $s_2 = (2,-1,-3)$ bilden eine Basis für $Im(\mathcal{A})$, die Vektoren $v_1 = (-4/5, 2/5, 1, 0)$ und $v_2 = (1/5, -3/5, 0, 1)$ eine Basis für $Ker(\mathcal{A})$.

Aufgabe 5.3:

$x = (1,0,0,0)$, $y = (0,1,0,0)$.

Aufgabe 5.5:

$v = (3,-1,0,0)$, $w = (-5,0,-2,-1)$.

Aufgabe 5.6:

Die Vektoren u_1 und u_2 bilden eine Basis.

Aufgabe 6.1:

a) $\mathcal{A}^{-1} = \begin{pmatrix} 0 & 1 & 0 \\ 0 & 0 & 1 \\ 1 & 0 & 0 \end{pmatrix} = \mathcal{A}^T$.

b) $\mathcal{B}^{-1} = \mathcal{B} = \mathcal{B}^T$.

c) $(\mathcal{A} \cdot \mathcal{D})^{-1} = \begin{pmatrix} 1/4 & -1/5 & -1 \\ -3/8 & 1/5 & 7/2 \\ 1/8 & 0 & -3/2 \end{pmatrix}$, $(\mathcal{A} \cdot \mathcal{D})^T = \begin{pmatrix} 12 & 5 & 1 \\ 12 & 10 & 1 \\ 20 & 20 & 1 \end{pmatrix}$.

Aufgabe 6.2:

a) $rg(\mathcal{A}) = 3$.
b) $rg(\mathcal{B}) = 2$.

Aufgabe 7.1:

a) $\begin{pmatrix} 2 & 5 & 5 \\ -1 & -1 & 5 \\ 0 & 0 & -3 \end{pmatrix}$

b) $\mathcal{A}_\alpha(A,A) = \begin{pmatrix} -11/3 & -20/3 & 70/3 \\ 8/3 & 17/3 & -25/3 \\ 0 & 0 & 2 \end{pmatrix}$, $\mathcal{A}_\alpha(B,B) = \begin{pmatrix} 3 & 0 & 0 \\ 0 & -1 & 0 \\ 0 & 0 & 2 \end{pmatrix}$.

Aufgabe 8.1:

$rg(\mathcal{A}) = 3$.

Aufgabe 8.2:

$$T(\mathcal{A}) \;=\; \begin{pmatrix} 1 & 3 & 4 & 0 & 2 \\ 0 & -1 & -1 & 1 & -4 \\ 0 & 0 & -4 & 5 & -18 \\ 0 & 0 & 0 & 3 & -2 \\ 0 & 0 & 0 & 0 & 0 \end{pmatrix}$$

Aufgabe 8.4:

$$\begin{pmatrix} 1 & 0 & 0 & -5 & 0 \\ 0 & 1 & 0 & 1 & -1 \\ 0 & 0 & 1 & 0 & 0 \\ 0 & 0 & 0 & 0 & 0 \\ 0 & 0 & 0 & 0 & 0 \end{pmatrix}$$

Aufgabe 9.1:

Die folgenden Vektoren bilden eine Basis für die Lösungsgesamtheit:

$$x = (2, -1, 0, 0, 0), \quad y = (14/5, 0, 2/5, -1, 0), \quad z = (13/5, 0, 4/5, 0, -1)$$

Aufgabe 9.2:

Zunächst wird aus dem gegebenen Gleichungssystem (G) die erweiterte Matrix bestimmt und man erhält

$$\hat{\mathcal{A}} \;=\; \begin{pmatrix} 1 & -3 & 4 & -2 & 5 & 1 \\ 3 & -2 & -1 & 5 & -1 & 2 \\ 3 & 6 & -2 & 8 & -7 & 3 \\ 1 & 1 & 2 & 3 & 4 & 4 \end{pmatrix}$$

Auf diese Matrix wendet man nun den Gauß–Jordan–Algorithmus an. Dies ergibt im ersten Schritt

$$\hat{\mathcal{A}} \;\longrightarrow\; \hat{\mathcal{A}}' \;=\; \begin{pmatrix} 1 & -3 & 4 & -2 & 5 & 1 \\ 0 & 7 & -13 & 11 & -16 & -1 \\ 0 & 15 & -14 & 14 & -22 & 0 \\ 0 & 4 & -2 & 5 & -1 & 3 \end{pmatrix}$$

Im zweiten Schritt erhält man

$$\hat{\mathcal{A}}' \;\longrightarrow\; \hat{\mathcal{A}}'' \;=\; \begin{pmatrix} 1 & 0 & -11/7 & 19/7 & -13/7 & 4/7 \\ 0 & 1 & -13/7 & 11/7 & -16/7 & -1/7 \\ 0 & 0 & 97/7 & -67/7 & 86/7 & 15/7 \\ 0 & 0 & 38/7 & -9/7 & 57/7 & 25/7 \end{pmatrix}$$

Der dritte Schritt liefert

$$
\hat{A}'' \longrightarrow \hat{A}''' = \begin{pmatrix} 1 & 0 & 0 & 158/97 & -45/97 & 79/97 \\ 0 & 1 & 0 & 28/97 & -62/97 & 14/97 \\ 0 & 0 & 1 & -67/97 & 86/97 & 15/97 \\ 0 & 0 & 0 & 239/97 & 323/97 & 265/97 \end{pmatrix}
$$

Nach dem vierten Schritt erhält man schließlich die Treppennormalform

$$
\hat{A}''' \longrightarrow \hat{T} = \begin{pmatrix} 1 & 0 & 0 & 0 & -637/239 & -237/239 \\ 0 & 1 & 0 & 0 & -246/239 & -42/239 \\ 0 & 0 & 1 & 0 & 435/239 & 220/239 \\ 0 & 0 & 0 & 1 & 323/239 & 265/239 \end{pmatrix}
$$

Da $\hat{T}$ in der letzten Spalte keine führende Eins hat, besitzt das Gleichungssystem (G) eine Lösung. Nullzeilen müssen in $\hat{T}$ nicht eingefügt werden, da die führenden Einsen bereits auf der Diagonalen stehen. Allerdings muß eine Nullzeile angehängt werden, damit die neue Matrix 5 Zeilen hat. Ersetzt man in dieser Zeile den Eintrag in der fünften Spalte durch -1, so erhält man die Matrix

$$
S = \begin{pmatrix} 1 & 0 & 0 & 0 & -637/239 & -237/239 \\ 0 & 1 & 0 & 0 & -246/239 & -42/239 \\ 0 & 0 & 1 & 0 & 435/239 & 220/239 \\ 0 & 0 & 0 & 1 & 323/239 & 265/239 \\ 0 & 0 & 0 & 0 & -1 & 0 \end{pmatrix}
$$

Nun bildet die letzte Spalte von S eine spezielle Lösung von (G), nämlich

$$
v = (\; -237/239 \;,\; -42/239 \;,\; 220/239 \;,\; 265/239 \;,\; 0 \;)
$$

und die fünfte Spalte ergibt eine Basis für den Lösungsraum des zugehörigen homogenen Systems, da sie als einzige Spalte den Eintrag -1 auf der Diagonalen besitzt, etwa

$$
w = (\; -637/239 \;,\; -246/239 \;,\; 435/239 \;,\; 323/239 \;,\; -1 \;)
$$

Die Lösungsgesamtheit für das Gleichungssystem (G) läßt sich also angeben als

$$
L = \{\; v \;+\; \lambda \cdot w \;:\; \lambda \in F \;\}
$$

Aufgabe 9.3:

$c = 5a - 2b.$

Aufgabe 9.4:

Für jeden der drei Hilfsbetriebe entstehen sowohl Primärkosten durch die eigene Produktion als auch Sekundärkosten für die Lieferungen aus den anderen Hilfsbetrieben. Seien nun p, q und r die Kosten je LE, die die Hilfsbetriebe P, Q und

R für ihre Lieferungen verrechnen. Dann ergibt sich für den Hilfsbetrieb P folgende Gesamtrechnung: Zunächst müssen Primärkosten von 900 DM gedeckt werden. Außerdem ist an den Hilfsbetrieb Q für die Lieferung von 80 LE ein Betrag von $80q$ und an den Hilfsbetrieb R für die Lieferung von 500 LE ein Betrag von $500r$ zu zahlen. Da diese Kosten durch den Verkauf der insgesamt im Betrieb P produzierten Leistungen (16000 LE) gedeckt werden sollen, erhält man folgende Gleichung für den Hilfsbetrieb P:

$$900 \text{ DM} + 80q + 500r \quad = \quad 16000p$$

Analog ergeben sich für die Betriebe Q und R die folgenden Gleichungen

$$1700 \text{ DM} + 2000p + 300r \quad = \quad 300q$$

$$1100 \text{ DM} + 3000p + 10q \quad = \quad 2500r$$

Sortiert man die Gleichungen nach den Unbestimmten, so erhält man folgendes Gleichungssystem

$$(I) \qquad\qquad 16000p - 80q - 500r \quad = \quad 900 \text{ DM}$$

$$(II) \qquad\qquad -2000p + 300q - 300r \quad = \quad 1700 \text{ DM}$$

$$(III) \qquad\qquad -3000p - 10q + 2500r \quad = \quad 1100 \text{ DM}$$

Daraus ergibt sich folgende erweiterte Matrix

$$\hat{A} \quad = \quad \begin{pmatrix} 16000 & -80 & -500 & 900 \\ -2000 & 300 & -300 & 1700 \\ -3000 & -10 & 2500 & 1100 \end{pmatrix}$$

Zweifaches Anwenden des Gauß–Algorithmus liefert

$$\hat{A} \quad \longrightarrow \quad \begin{pmatrix} 16000 & -80 & -500 & 900 \\ 0 & 290 & -725/2 & 3625/2 \\ 0 & -25 & 9625/4 & 5075/4 \end{pmatrix}$$

$$\longrightarrow \quad \hat{A}' \quad = \quad \begin{pmatrix} 16000 & -80 & -500 & 900 \\ 0 & 290 & -725/2 & 3625/2 \\ 0 & 0 & 2375 & 1425 \end{pmatrix}$$

Dabei entspricht die Matrix $\hat{A}'$ dem Gleichungssystem

$$(IV) \qquad\qquad 16000p - 80q - 500r \quad = \quad 900 \text{ DM}$$

$$(V) \qquad\qquad 290q - (725/2)r \quad = \quad 3625/2 \text{ DM}$$

$$(VI) \qquad\qquad 2375r \quad = \quad 1425 \text{ DM}$$

Daraus läßt sich die Lösung problemlos bestimmen und man erhält

$$(VI): \quad r = 1425/2375 \text{ DM} = 3/5 \text{ DM} = 0{,}6 \text{ DM}$$

$$(V): \quad 290q = 3625/2 \text{ DM} + (725/2)r = (3625/2 + (725/2) \cdot (3/5)) \text{ DM}$$

$$= 2030 \text{ DM}$$

$$\Longrightarrow \quad q = 2030/290 \text{ DM} = 7 \text{ DM}$$

$$(IV): \quad 16000p = 900 \text{ DM} + 80q + 500r = (900 + 80 \cdot 7 + 500 \cdot (3/5)) \text{ DM}$$

$$= 1760 \text{ DM}$$

$$\Longrightarrow \quad p = 1760/16000 \text{ DM} = 11/100 \text{ DM} = 0{,}11 \text{ DM}$$

Aufgabe 9.5:

$$\mathcal{A}^{-1} = \begin{pmatrix} 0 & 1/4 & 1/8 & -30 & 3 & 12 \\ 0 & 1/2 & -1/4 & 60 & -6 & -24 \\ -1/3 & 1/4 & -5/24 & 50 & -5 & -20 \\ 0 & 0 & 0 & 8 & -1 & -3 \\ 0 & 0 & 0 & -5 & 1 & 2 \\ 0 & 0 & 0 & 10 & -1 & -4 \end{pmatrix}$$

Aufgabe 9.6:

Die Lösungsgesamtheit ist gegeben durch $\{v \cdot \lambda + w \,|\, \lambda \in F\}$, wobei

$$v = \begin{pmatrix} 491/2969 \\ 297/2969 \\ -2035/2969 \\ -247/2969 \\ -1 \end{pmatrix}, \quad w = \begin{pmatrix} 2976/2969 \\ 2943/2969 \\ 618/2969 \\ 1871/2969 \\ 0 \end{pmatrix}$$

Aufgabe 9.7:

Die einzige beste Näherungslösung ist

$$k = 1/1033(115290, 48680, 69840)$$
$$\approx (111.6, 47.1, 67.6)$$

Nur eine ganzzahlige Lösung ist sinnvoll. Also backt der Bäcker 111 Kuchen der ersten, 47 Kuchen der zweiten und 67 Kuchen der dritten Sorte.

Aufgabe 10.1:

$x_A = 200$

$x_B = 200$

$x_C = 100$

$x_D = 1450$

$x_E = 500$

$x_F = 50$

$x_G = 150$

Aufgabe 10.2:

$x_P = 684.000$

$x_Q = 624.000$

$x_R = 444.000$

Aufgabe 10.3:

Teilebedarf für die Produktion von 30 Stück C, 80 Stück F und 60 Stück G:

$$x_A = 220$$
$$x_B = 2600$$
$$x_D = 340$$
$$x_E = 7320$$
$$x_H = 340$$
$$x_I = 1920$$
$$x_J = 1340$$

Die Stückkosten für C betragen 2020 DM, für F 3480 DM und für G 3660 DM.

Aufgabe 11.1:

$det\ \mathcal{A} = 120$.

Aufgabe 11.2:

$(a - b) \cdot \left[(a + b) \cdot (t \cdot y - u \cdot x) + (v + w) \cdot (c \cdot u - t \cdot d) + (r + s) \cdot (d \cdot x - c \cdot y) \right]$.

Aufgabe 11.4:

$(a - b)^{n-1} \cdot [a + (n - 1) \cdot b]$.

Aufgabe 12.2:

a) $char\ Pol_\mathcal{A}(X) = X^3 - 3X^2 - 9X + 27$.
b) $char\ Pol_\mathcal{A}(-3) = -3^3 - 3 \cdot 3^2 + 9 \cdot 3 + 27 = 0$.
c) $+3$ ist der einzige weitere Eigenwert $\mathcal{A}$.
d) Der Vektor $(-1/2, -1/2, 1)$ erzeugt den Eigenraum zum Eigenwert -3, die Vektoren $(2, 0, 1)$ und $(-1, 1, 0)$ bilden eine Basis für den Eigenraum zum Eigenwert $+3$.

Aufgabe 12.3:

$char\ Pol_{\mathcal{A} \cdot \mathcal{B}}(X) = X^2 - 100X + 1000$, $char\ Pol_{\mathcal{B} \cdot \mathcal{A}}(X) = X^5 - 100X^4 + 1000X^3 = X^3 \cdot char\ Pol_{\mathcal{A} \cdot \mathcal{B}}(X)$.

Aufgabe 13.1:

$$\mathcal{P} = \begin{pmatrix} 1/\sqrt{6} & 2/\sqrt{5} & 1/\sqrt{30} \\ 1/\sqrt{6} & 0 & -5/\sqrt{30} \\ -2/\sqrt{6} & 1/\sqrt{5} & -2/\sqrt{30} \end{pmatrix}.$$

Aufgabe 13.2.

Es gibt $a(x_3)$ Käufer des Topmodells, $a(x_2) - a(x_3)$ Käufer des "Luxus" und $a(x_1) - a(x_2)$ Käufer des "Primitiv". Der Gesamtverkaufserlös ist also

$$
\begin{aligned}
G &= x_3 \cdot a(x_3) + x_2 \cdot [a(x_2) - a(x_3)] + x_1 \cdot [a(x_1) - a(x_2)] \\
&= (1/8) \cdot (80.000 x_3 - x_3^2 + x_2 \cdot x_3 - x_2^2 + x_1 \cdot x_2 - x_1^2)
\end{aligned}
$$

Setzt man

$$
k = \begin{pmatrix} 0 \\ 0 \\ 80000 \end{pmatrix}, x = \begin{pmatrix} x_1 \\ x_2 \\ x_3 \end{pmatrix} \text{ und } \mathcal{S} = \begin{pmatrix} -1 & 1/2 & 0 \\ 1/2 & -1 & 1/2 \\ 0 & 1/2 & -1 \end{pmatrix},
$$

dann läßt sich dies schreiben als

$$
(*) \qquad 8 \cdot G = k^T \cdot x + x^T \cdot \mathcal{S} \cdot x.
$$

Das charakteristische Polynom von $\mathcal{S}$ ist $p(x) = (x+1)(x^2 + 2x + 1/2)$. Wenn $x \geq 0$, dann ist $p(x) > 0$. Also sind alle Eigenwerte von $\mathcal{S}$ negativ. Da $\mathcal{S}$ symmetrisch ist, gibt es eine orthogonale Matrix $\mathcal{P}$ derart, daß

$$
\mathcal{P}^T \cdot \mathcal{S} \cdot \mathcal{P} = \mathcal{D} = \begin{pmatrix} \lambda_1 & 0 & 0 \\ 0 & \lambda_2 & 0 \\ 0 & 0 & \lambda_3 \end{pmatrix}
$$

eine Diagonalmatrix ist. Dabei sind die λ_i's Eigenwerte von $\mathcal{S}$, also $\lambda_i < 0$. Setzt man $y = \mathcal{P}^T \cdot x$ und $h = \mathcal{P}^T \cdot k$, so folgt aus (*), daß

$$
\begin{aligned}
8G &= k^T \cdot \mathcal{P} \cdot \mathcal{P}^T \cdot x + x^T \cdot \mathcal{P} \cdot \mathcal{P}^T \cdot \mathcal{S} \cdot \mathcal{P} \cdot \mathcal{P}^T \cdot x \\
&= h^T \cdot y + y^T \cdot \mathcal{D} \cdot y \\
&= \sum_{i=1}^{3} h_i \cdot y_i + \lambda_i \cdot y_i^2 \\
&= \sum_{i=1}^{3} \lambda_i \cdot (y_i + \frac{h_i}{2\lambda_i})^2 - 1/4 \sum_{i=1}^{3} \frac{h_i^2}{\lambda_i}
\end{aligned}
$$

Da Quadrate nicht-negativ sind und $\lambda_i < 0$, ist dies maximal, falls $y_i + \frac{h_i}{2\lambda_i} = 0$, d. h. $\lambda_i \cdot y_i = -h_i/2$ für $i = 1, \ldots, 3$. Daher ist dann $\mathcal{D} \cdot y = -h/2$, d. h. $\mathcal{P}^T \cdot \mathcal{S} \cdot \mathcal{P} \cdot \mathcal{P}^T \cdot x = -\mathcal{P}^T \cdot k/2$ oder $\mathcal{S} \cdot x = -k/2$. Löst man dieses Gleichungssystem, so findet man $x = 10^4(2, 4, 6)$, d. h. die Preise für die verschiedenen Modelle sollten 20.000,-, 40.000,- bzw. 60.000,- DM betragen. Aus (*) ergibt sich dann

$$
\begin{aligned}
G &= (1/8) \cdot [k^T \cdot x + x^T \cdot (-k/2)] \\
&= (1/16) \cdot k^T \cdot x \\
&= (1/16) \cdot 10^8 \cdot (0, 0, 8) \cdot (2, 4, 6) \\
&= 3 \cdot 10^8 = 300 \text{ Mio.}
\end{aligned}
$$

Übrigens wird die Kenntnis der Eigenwerte

$$(\lambda_1, \lambda_2, \lambda_3) = (-1, -1 + \sqrt{2}/2, -1 - \sqrt{2}/2)$$

und der orthogonalen Matrix

$$\mathcal{P} = 1/2 \begin{pmatrix} \sqrt{2} & 1 & 1 \\ 0 & \sqrt{2} & -\sqrt{2} \\ -\sqrt{2} & 1 & 1 \end{pmatrix}$$

hier nicht benötigt.

Aufgabe 14.1:

2 Einheiten von A und 3 Einheiten von B.

Aufgabe 14.2:

Sei x_1 die Anzahl der produzierten Lastwagen und x_2 die Anzahl der Personenwagen. Aus Werk 1 erhält man die Ungleichung

$$(I) \qquad\qquad 5x_1 + 2x_2 \leq 180$$

und Werk 2 ergibt

$$(II) \qquad\qquad 3x_1 + 3x_2 \leq 135$$

Außerdem gelten noch die Randbedingungen

$$(III) \qquad\qquad x_1 \geq 0$$
$$(IV) \qquad\qquad x_2 \geq 0$$

Diese Ungleichungen lassen sich durch geeignete Umformungen in folgendes Ungleichungssystem der Form $\mathcal{A}x \geq b$ überführen:

$$(I') \qquad\qquad -5x_1 - 2x_2 \geq -180$$
$$(II') \qquad\qquad -3x_1 - 3x_2 \geq -135$$
$$(III) \qquad\qquad x_1 \geq 0$$
$$(IV) \qquad\qquad x_2 \geq 0$$

Daraus erhält man

$$\mathcal{A} = \begin{pmatrix} -5 & -2 \\ -3 & -3 \\ 1 & 0 \\ 0 & 1 \end{pmatrix}, \qquad b = (-180, -135, 0, 0)$$

Betrachte nun zunächst nur die beiden ersten Zeilen des Ungleichungssystems und das dazugehörige Gleichungssystem

$$(G) \qquad\qquad \begin{aligned} -5x_1 - 2x_2 &= -180 \\ -3x_1 - 3x_2 &= -135 \end{aligned}$$

Dieses besitzt genau eine Lösung, und zwar

$$x_1 = 30 , \quad x_2 = 15$$

Diese Lösung erfüllt offensichtlich alle Ungleichungen des Systems $Ax \geq b$. Außerdem bilden die Zeilen $z_1 = (-5, -2)$ und $z_2 = (-3, -3)$ eine Basis des Zeilenraums von A, da dieser als Unterraum des F^2 maximal die Dimension 2 besitzen kann, die Vektoren z_1 und z_2 aber bereits linear unabhängig sind, also schon einen 2–dimensionalen Raum erzeugen. Somit sind nahezu alle Bedingungen des Satzes 13.10 erfüllt. Es muß nur noch die Zielfunktion betrachtet werden. Für den Gesamtgewinn gilt

$$\gamma(x_1, x_2) = 300x_1 + 200x_2$$

und man erhält den Koeffizientenvektor $g = (300, 200)$. Gesucht sind nun Zahlen $h_1, h_2 \leq 0$ mit $g = z_1 h_1 + z_2 h_2 = (-5, -2) \cdot h_1 + (-3, -3) \cdot h_2$, also

$$300 = -5h_1 - 3h_2$$
$$200 = -2h_1 - 3h_2$$

Die einzige Lösung für dieses System ergibt sich als $h_1 = -100/3$, $h_2 = -400/9$. Da beide Zahlen negativ sind, sind alle Bedingungen von Satz 13.10 erfüllt, also ist $x = (30, 15)$ eine optimale Lösung des Ungleichungssystems und der damit erzielte Gewinn beträgt $\gamma(30, 15) = $ DM $300 \cdot 30 + $ DM $200 \cdot 15 = $ DM 12000.

Aufgabe 15.1:

b) $\mathcal{B} = \begin{pmatrix} 1 & 0 & -2 & 4 \\ 3 & 2 & -1 & 2 \\ 0 & 1 & 0 & 5 \\ -8 & -7 & 1 & 0 \\ 0 & 0 & 1 & 0 \end{pmatrix}$.

c) $T - \{1, 3, 4\}$.

d) $x = (89/15, -4, 82/15)$.

Aufgabe 15.2:

Löse zunächst das durch die ersten drei Gleichungen gegebene Gleichungssystem. Subtraktion der ersten beiden Gleichungen liefert

$$4x_1 + 3x_2 + 2x_4 + x_5 = 26$$

und eine weitere Subtraktion dieser Gleichung von der dritten führt schließlich zu

$$x_1 - x_4 + x_5 = 5,$$

also

$$x_1 = 5 + x_4 - x_5$$

Einsetzen in die dritte Gleichung ergibt

$$3x_2 = 31 - 5x_1 - x_4 - 2x_5 = 6 - 6x_4 + 3x_5,$$

also

$$x_2 = 2 - 2x_4 + x_5$$

und die erste Gleichung liefert dann

$$x_3 = 15 - x_1 - 3x_2 = 4 + 5x_4 - 2x_5$$

Damit ergeben sich folgende fünf Ungleichungen:

$$\begin{aligned} x_4 - x_5 &\geq -5 \\ -2x_4 + x_5 &\geq -2 \\ 5x_4 - 2x_5 &\geq -4 \\ x_4 &\geq 0 \\ x_5 &\geq 0 \end{aligned}$$

Eine triviale Lösung für dieses System ist offensichtlich $x_4 = x_5 = 0$. Die Zielfunktion läßt sich ebenfalls umschreiben und man erhält

$$\gamma(x) = x_1 + 2x_2 = 9 - 3x_4 + x_5,$$

insbesondere also $\gamma(0,0) = 9$. Damit erhält man für den Eckenfindungs–Algorithmus die folgende Ausgangsmatrix:

$$\mathcal{B} = \begin{pmatrix} 1 & -1 & 5 \\ -2 & 1 & 2 \\ 5 & -2 & 4 \\ 1 & 0 & 0 \\ 0 & 1 & 0 \\ -3 & 1 & 9 \end{pmatrix}$$

Eine Zeilenpivotierung an der Stelle (4,1) ändert nichts an dieser Matrix, die zweite Pivotierung an der Stelle (3,2) ergibt

$$\mathcal{B}^* = \begin{pmatrix} -3/2 & 1/2 & 3 \\ 1/2 & -1/2 & 4 \\ 0 & 1 & 0 \\ 1 & 0 & 0 \\ 5/2 & -1/2 & 2 \\ -1/2 & -1/2 & 11 \end{pmatrix}$$

und diese Matrix beendet den Eckenfindungs–Algorithmus. Da die Gewinnzeile negativ ist, liefert diese eine optimale Lösung. Die Eckmenge von $\mathcal{B}^*$ ist $T = \{3,4\}$, eine Lösung für die zugehörigen Gleichungen ist gegeben durch $x_4 = 0, x_5 = 2$. Daraus lassen sich sofort die restlichen Komponenten dieser optimalen Lösung bestimmen als

$$\begin{aligned} x_1 &= 5 - x_5 = 3 \\ x_2 &= 2 + x_5 = 4 \\ x_3 &= 4 - 2x_5 = 0 \end{aligned}$$

Eine optimale Lösung des Systems ist also gegeben durch $x = (3, 4, 0, 0, 2)$ mit $\gamma(x) = 11$.

Aufgabe 16.1:

$u_1 = 0$, $u_2 = 40$, $v_1 = 0$, $v_2 = 30$, $w_1 = 25$, $w_2 = 35$. Minimum für γ ist 43.850.

Aufgabe 16.2:

Aus dem Gozinto–Graphen lassen sich die folgenden Gleichungen ablesen:

$$(I) \qquad x_A = (10/7)x_R$$
$$(II) \qquad x_B = x_S + x_U$$
$$(III) \qquad x_R = (1/2)x_V + (3/10)x_W$$
$$(IV) \qquad x_S = (1/2)x_V + (7/10)x_W$$

Zusätzlich gilt noch, daß

$$(V) \qquad x_X = (3/10)x_A$$

Außerdem sind folgende Beschränkungen zu beachten:

$$x_A \leq 90.000$$
$$x_B \leq 150.000$$
$$x_V \leq 80.000$$
$$x_W \leq 105.000$$
$$x_U + x_X \leq 110.000$$

Wegen (III) und (IV) lassen sich die Gleichungen (I) und (II) umschreiben zu

$$(I') \qquad x_A = (5/7)x_V + (3/7)x_W$$
$$(II') \qquad x_B = x_U + (1/2)x_V + (7/10)x_W$$

und für (V) erhält man

$$(V') \qquad x_X = (3/14)x_V + (9/70)x_W$$

Mit Hilfe dieser Gleichungen lassen sich die Variablen x_A, x_B und x_X aus den Ungleichungen eliminieren und man erhält folgendes System:

$$(5/7)x_V + (3/7)x_W \leq 90.000$$
$$x_U + (1/2)x_V + (7/10)x_W \leq 150.000$$
$$x_V \leq 80.000$$
$$x_W \leq 105.000$$
$$x_U + (3/14)x_V + (9/70)x_W \leq 110.000$$

Außerdem gilt natürlich $x_U, x_V, x_W \geq 0$. Damit ist auch gewährleistet, daß die übrigen Variablen ebenfalls nicht–negativ sind. Insgesamt ergibt sich daraus eine Ungleichungssystem $\mathcal{A}x \geq b$ mit Koeffizientenmatrix

$$\mathcal{A} = \begin{pmatrix} 0 & -5/7 & -3/7 \\ -1 & -1/2 & -7/10 \\ 0 & -1 & 0 \\ 0 & 0 & -1 \\ -1 & -3/14 & -9/70 \\ 1 & 0 & 0 \\ 0 & 1 & 0 \\ 0 & 0 & 1 \end{pmatrix}$$

und absolutem Spaltenvektor

$$b = (-90.000, -150.000, -80.000, -105.000, -110.000, 0, 0, 0)$$

Für die Zielfunktion gilt nun

$$\begin{aligned}
\gamma(x) &= 150x_U + 180x_V + 170x_W + 150x_X - 190x_A - 140x_B \\
&= 150x_U + 180x_V + 170x_W + 150 \cdot \big((3/14)x_V + (9/70)x_W\big) \\
&\quad - 190 \cdot \big((5/7)x_V + (3/7)x_W\big) - 140 \cdot \big(x_U + (1/2)x_V + (7/10)x_W\big) \\
&= (150 - 140)x_U + \big(180 + 150 \cdot (3/14) - 190 \cdot (5/7) - 140 \cdot (1/2)\big)x_V \\
&\quad + \big(170 + 150 \cdot (9/70) - 190 \cdot (3/7) - 140 \cdot (7/10)\big)x_W \\
&= 10x_U + (45/7)x_V + (69/7)x_W
\end{aligned}$$

Offensichtlich ist $x_U = x_V = x_W = 0$ eine Lösung von $\mathcal{A}x \geq b$ und man erhält die folgende Ausgangsmatrix für den Eckenfindungs–Algorithmus:

$$\mathcal{B} = \begin{pmatrix} 0 & -5/7 & -3/7 & 90.000 \\ -1 & -1/2 & -7/10 & 150.000 \\ 0 & -1 & 0 & 80.000 \\ 0 & 0 & -1 & 105.000 \\ -1 & -3/14 & -9/70 & 110.000 \\ 1 & 0 & 0 & 0 \\ 0 & 1 & 0 & 0 \\ 0 & 0 & 1 & 0 \\ 10 & 45/7 & 69/7 & 0 \end{pmatrix}$$

Zunächst wird nun die erste Spalte ausgewählt und dort die fünfte Zeile und nach der zugehörigen Pivotierung an der Stelle (5,1) erhält man

$$\mathcal{B}' = \begin{pmatrix} 0 & -5/7 & -3/7 & 90.000 \\ 1 & -2/7 & -4/7 & 40.000 \\ 0 & -1 & 0 & 80.000 \\ 0 & 0 & -1 & 105.000 \\ 1 & 0 & 0 & 0 \\ -1 & -3/14 & -9/70 & 110.000 \\ 0 & 1 & 0 & 0 \\ 0 & 0 & 1 & 0 \\ -10 & 30/7 & 60/7 & 1.100.000 \end{pmatrix}$$

Eine weitere Spaltenpivotierung an der Stelle (2,3) mit anschließender Vertauschung
der Spalten 2 und 3 führt zu

$$
\mathcal{B}^* = \begin{pmatrix}
-3/4 & 3/4 & -1/2 & 60.000 \\
0 & 1 & 0 & 0 \\
0 & 0 & -1 & 80.000 \\
-7/4 & 7/4 & 1/2 & 35.000 \\
1 & 0 & 0 & 0 \\
-49/90 & 9/40 & -3/20 & 101.000 \\
0 & 0 & 1 & 0 \\
7/4 & -7/4 & -1/2 & 70.000 \\
5 & -15 & 0 & 1.700.000
\end{pmatrix}
$$

Eine letzte Pivotierung an der Stelle (7,3) ändert nichts mehr an dieser Matrix und
der Eckenfindungs–Algorithmus endet hier. Da die Gewinnzeile aber einen positiven
Wert enthält, ist nun noch das Eckenaustausch–Verfahren anzuwenden. Dabei wird
wiederum die erste Spalte ausgewählt und an der Stelle (4,1) pivotiert. Man erhält:

$$
\mathcal{B}^{*\prime} = \begin{pmatrix}
3/7 & 0 & -5/7 & 45.000 \\
0 & 1 & 0 & 0 \\
0 & 0 & -1 & 80.000 \\
1 & 0 & 0 & 0 \\
-4/7 & 1 & 2/7 & 20.000 \\
7/10 & -1 & -1/2 & 76.500 \\
0 & 0 & 1 & 0 \\
-1 & 0 & 0 & 105.000 \\
-20/7 & -10 & 10/7 & 1.800.000
\end{pmatrix}
$$

Eine letzte Pivotierung an der Stelle (1,3) beendet schließlich die Berechnung mit
der Matrix

$$
\tilde{\mathcal{B}}^* = \begin{pmatrix}
0 & 0 & 1 & 0 \\
0 & 1 & 0 & 0 \\
-3/5 & 0 & 7/5 & 17.000 \\
1 & 0 & 0 & 0 \\
-2/5 & 1 & -2/5 & 38.000 \\
2/5 & -1 & 7/10 & 45.000 \\
3/5 & 0 & -7/5 & 63.000 \\
-1 & 0 & 0 & 105.000 \\
-2 & -10 & -2 & 1.890.000
\end{pmatrix},
$$

da die Gewinnzeile von $\tilde{\mathcal{B}}^*$ nur noch negative Werte aufweist. Die zugehörige Eckmenge ist $T = \{1, 2, 4\}$, also erhält man eine optimale Lösung als Lösung des Gleichungssystems

$$
\begin{aligned}
-(5/7)x_V - (3/7)x_W &= -90.000 \\
-x_U - (1/2)x_V - (7/10)x_W &= -150.000 \\
-x_W &= -105.000
\end{aligned}
$$

und zwar $x_W = 105.000, x_V = 63.000, x_U = 45.000$. Daraus lassen sich sofort die erforderlichen Mengen der übrigen Produkte bestimmen und man erhält

$$
\begin{aligned}
x_R &= (1/2)x_V + (3/10)x_W = 31.500 + 31.500 = 63.000 \\
x_S &= (1/2)x_V + (7/10)x_W = 31.500 + 73.500 = 105.000 \\
x_A &= (10/7)x_R = 90.000 \\
x_B &= x_S + x_U = 105.000 + 45.000 = 150.000 \\
x_X &= (3/10)x_A = 27.000
\end{aligned}
$$

und der Gesamtgewinn berechnet sich zu

$$
\begin{aligned}
\gamma(x) &= 150 \cdot 45.000 + 180 \cdot 63.000 + 170 \cdot 105.000 + 150 \cdot 27.000 \\
&\quad - 190 \cdot 90.000 - 140 \cdot 150.000 \\
&= 1.890.000
\end{aligned}
$$

Aufgabe 16.3:

Folgender Zuschnittplan liefert eine optimale Lösung: Es werden 2000 Rundeisen in jeweils 2 Stücke der Länge $9m$ mit je $2m$ Abfall geschnitten. Außerdem schneidet man 1750 Rundeisen in jeweils 2 Stücke der Länge $8m$ mit jeweils $4m$ Abfall, sowie 1500 Rundeisen in je 1 Stück der Länge $8m$ und 2 Stücke der Länge $6m$, wobei kein Abfall anfällt. Der gesamte Abfall bei diesem Zuschnittplan beträgt $11.000m$.

Aufgabe 17.2:

Es ist

$$
\mathcal{A} = \begin{pmatrix} -1 & 7 & 3 \\ -2 & -1 & 1 \\ 2 & -4 & -1 \\ 1 & -2 & -3 \\ 3 & 1 & 0 \end{pmatrix}, \qquad b = \begin{pmatrix} 209 \\ 78 \\ -23 \\ -269 \\ 44 \end{pmatrix}
$$

Berechne nun zunächst eine Lösung von $\mathcal{A} \cdot x \geq b$. Nach Einfügen einer zusätzlichen Unbestimmten x_4 erhält man die veränderte Koeffizientenmatrix

$$
\tilde{\mathcal{A}} = \begin{pmatrix} -1 & 7 & 3 & -1 \\ -2 & -1 & 1 & -1 \\ 2 & -4 & -1 & -1 \\ 1 & -2 & -3 & -1 \\ 3 & 1 & 0 & -1 \end{pmatrix}
$$

Gesucht wird nun eine Lösung $\tilde{u} = (\tilde{u}_1, \tilde{u}_2, \tilde{u}_3, \tilde{u}_4)$ des neuen Ungleichungssystems $\tilde{\mathcal{A}} \cdot \tilde{x} \geq b$, so daß die letzte Komponente dieser Lösung nicht negativ ist, also $\tilde{u}_4 \geq 0$. Benutze dazu den Positiven–Gewinn–Algorithmus für das System $\tilde{\mathcal{A}} \cdot \tilde{x} \geq b$ bzgl. der Gewinnfunktion $\pi(\tilde{x}) = x_4$. Eine erste Lösung für das System ist gegeben durch $\tilde{u} = (0, 0, 0, -209)$ und die zugehörige Kontrollspalte hat die Gestalt

$$
\tilde{\mathcal{A}} \cdot \tilde{u} - b = (0, 131, 232, 478, 165) \geq 0
$$

Damit ergibt sich die folgende Ausgangsmatrix für den Positiven–Gewinn–Algorithmus

$$\tilde{B} = \begin{pmatrix} -1 & 7 & 3 & -1 & 0 \\ -2 & -1 & 1 & -1 & 131 \\ 2 & -4 & -1 & -1 & 232 \\ 1 & -2 & -3 & -1 & 478 \\ 3 & 1 & 0 & -1 & 165 \\ 0 & 0 & 0 & 1 & -209 \end{pmatrix}$$

Sukzessives Pivotieren an den Stellen (1,4), (2,2), (3,4) und (5,4), sowie eventuelles Vertauschen von Spalten liefert zunächst die Matrix

$$\tilde{B}^* = \begin{pmatrix} 1 & 0 & 0 & 0 & 0 \\ 0 & 1 & 0 & 0 & 0 \\ 0 & 0 & 1 & 0 & 0 \\ -13 & 15 & -21 & 20 & 85 \\ 0 & 0 & 0 & 1 & 0 \\ 3 & -4 & 5 & -5 & -20 \end{pmatrix}$$

und ein weiteres Pivotieren an der Stelle (4,3) führt schließlich zur Matrix

$$\tilde{B}' = \begin{pmatrix} 1 & 0 & 0 & 0 & 0 \\ 0 & 1 & 0 & 0 & 0 \\ -13/21 & 5/7 & -1/21 & 20/21 & 85/21 \\ 0 & 0 & 1 & 0 & 0 \\ 0 & 0 & 0 & 1 & 0 \\ -2/21 & -3/7 & -5/21 & -5/21 & 5/21 \end{pmatrix}$$

Da hier der Gewinn mit $5/21$ positiv ist, ist eine Lösung für $\tilde{A} \cdot \tilde{x} \geq b$ gefunden. Dazu werden die Ungleichungen (I), (II), (IV) und (V) als Gleichungen betrachtet und man erhält

$$\tilde{x} = (\tilde{x}_1, \tilde{x}_2, \tilde{x}_3, \tilde{x}_4) = (131/7, -250/21, 2179/21, 5/21)$$

Daher ist $x = (131/7, -250/21, 2179/21)$ eine Lösung des ursprünglichen Systems $\mathcal{A} \cdot x \geq b$.

Berechne nun mit Hilfe dieser Lösung eine optimale Lösung von $\mathcal{A} \cdot x \geq b$ bzgl. der Gewinnfunktion $\gamma(x) = 2x_1 - x_2 + x_3 - 2$. Für die Kontrollspalte der Ausgangsmatrix gilt

$$\mathcal{A} \cdot x - b = \begin{pmatrix} 5/21 \\ 5/21 \\ 30/7 \\ 5/21 \\ 5/21 \end{pmatrix}$$

Der Gewinn für die Ausgangslösung beträgt

$$\gamma(x) = 2 \cdot 131/7 + 250/21 + 2179/21 - 2 = 3173/21$$

und man erhält die folgende Ausgangsmatrix

$$
\mathcal{B} \;=\; \begin{pmatrix}
-1 & 7 & 3 & 5/21 \\
-2 & -1 & 1 & 5/21 \\
2 & -4 & -1 & 30/7 \\
1 & -2 & -3 & 5/21 \\
3 & 1 & 0 & 5/21 \\
2 & -1 & 1 & 3173/21
\end{pmatrix}
$$

Pivotieren an den Stellen (2,1), (1,2) und (4,3) ergibt schließlich die Matrix

$$
\mathcal{B}^* \;=\; \begin{pmatrix}
0 & 1 & 0 & 0 \\
1 & 0 & 0 & 0 \\
-1 & -1 & -1 & 5 \\
0 & 0 & 1 & 0 \\
-9/5 & -2/5 & -1 & 1 \\
-7/5 & -4/5 & -8/5 & 152
\end{pmatrix}
$$

Damit ist eine optimale Eckmenge gefunden und die Ungleichungen (I), (II) und (IV) des Systems $\mathcal{A} \cdot x \geq b$ ergeben, als Gleichungen gelesen, eine optimale Lösung, nämlich

$$
x' \;=\; (19, -12, 104)
$$

Der maximale Gewinn beträgt

$$
\gamma(x') \;=\; 2 \cdot 19 + 12 + 104 - 2 \;=\; 152
$$

Aufgabe 17.3:

$x = (2/3, 6, 8/3), \quad \gamma(x) = -28.$

Anhang 4:
Hinweise zur Installation und Benutzung
<u>von WIMAT</u>

Die dem Buch beigefügte Diskette enthält das Programm WIMAT und eine Installationsroutine. Zur Installation lege man die Diskette in das 5 1/4-Zoll Floppylaufwerk (normalerweise a oder b) und gebe

(Laufwerk):install

ein. Danach folge man den Installationsanweisungen.

Es werden neue Verzeichnisse

(Ziellaufwerk):\ WIMAT

und

(Ziellaufwerk):\ WIMAT\ DATA

angelegt. In letzterem werden alle Daten über abgespeicherte Matrizen und Vektoren abgelegt. Man startet nun das Programm WIMAT, indem man

(Ziellaufwerk):\ wimat\ wimat

eingibt.

WIMAT rechnet mit drei verschiedenen Objekt-Typen, nämlich mit Matrizen, Vektoren und Skalaren. Matrizen und Vektoren erhalten vom Benutzer einen Namen und können unter diesem Namen abgespeichert und wieder aufgerufen werden. Die Namen bestehen aus bis zu acht Zeichen, ausgenommen einige Sonderzeichen. Matrizennamen werden vom Programm in Großbuchstaben, z. B. *"MATRIX"*, und Vektornamen in Kleinbuchstaben, z. B. *"vektor"*, ausgegeben, unabhängig von der Eingabe. Unter diesen Namen mit der **Erweiterung** *".MAT"* bzw. *".VEK"* werden die Objekte ggf. auch als Datei unter

\ WIMAT\ DATA

abgelegt; z. B. steht die Matrix *A* in der Datei

\ WIMAT\ DATA\ A.MAT

falls sie abgespeichert wird.

Das Programm WIMAT ist menügesteuert und selbsterklärend, d. h. dem Benutzer wird an jeder Stelle gesagt, welche Eingaben zu machen sind. Daher erübrigt sich hier die Beschreibung der einzelnen Untermenüs. WIMAT startet mit folgendem Hauptmenü:

```
            ********
            * WIMAT *
            ********


Verfuegbarer Speicherplatz: 423560 Bytes

Bitte waehlen!

a = Rechnen mit Matrizen und Vektoren
b = Manuelle Manipulationen einer Matrix
c = Treppenform und Treppennormalform
d = Loesungsmengen und Naeherungsloesungen eines linearen Gleichungssystems
e = Lineare Optimierung
f = Einlesen und Loeschen von Vektoren und Matrizen
g = Vorhandene Vektoren und Matrizen
h = Demonstration von Algorithmen und Loesungsverfahren
q = ENDE
```

Von diesem Menü aus erreicht man alle Untermenüs. Für die einzelnen Rechenoperationen wird i.a. die Eingabe von Matrizen bzw. Vektoren verlangt. Der Benutzer muß dann einen Namen eingeben. Falls im Verzeichnis $\backslash WIMAT \backslash DATA$ eine Datei dieses Namens mit der ''richtigen Erweiterung'' (''.MAT'' bzw. ''.VEK'') existiert, so wird diese eingelesen. Dabei wird für eine Datei mit Namenserweiterung ''.MAT'' vorausgesetzt, daß die ersten beiden Einträge die Spalten- bzw. Zeilenlänge m bzw. n der Matrix sind und daß die folgenden $m \cdot n$ Einträge raionale Zahlen sind (s. u.). Entsprechendes gilt für Dateien mit der Namenserweiterung ''.VEK''.

Wenn keine Datei des angegebenen Namens existiert, muß der Benutzer jetzt zunächst das Format, also bei Matrizen die Spalten- bzw. Zeilenlänge und bei Vektoren die Vektorlänge, und anschließend die Einträge eingeben. Danach wird über die Frage ''o.k. ?'' die Möglichkeit gegeben, Einträge abzuändern, um z. B. Eingabefehler zu korrigieren. Name und Format liegen dabei jedoch fest. Die so definierten Objekte können schließlich abgespeichert werden.

Reicht der Speicherplatz nicht aus, eine Matrix oder einen Vektor des angegebenen Formates einzulesen, so erfolgt eine Fehlermeldeung, und das Programm wird beendet. Dieselbe Fehlermeldung (*''Es ist nicht mehr genügend Speicherplatz vorhanden!''*) tritt auch dann auf, wenn bei internen Rechnungen der verfügbare Speicherplatz überschritten wird.

WIMAT rechnet rational, also mit gekürzten Brüchen. Diese können eingegeben werden in der Standardform (z. B. -2/5) oder ungekürzt (z. B. -6/15), oder auch als Dezimalbruch (z. B. -0.4 oder einfach -.4). Ganze Zahlen können natürlich auch als solche eingegeben werden, z. B. sind 3, 3.00, 3., 3/1 und 6/2 alles Möglichkeiten, die Zahl 3 einzugeben. Die Größen von Zähler und Nenner eines Bruches sind beschränkt durch $2^{160} - 1$, also kann WIMAT die Zahl 10...0/10...0 nicht interpretieren, wenn ''...'' für 47 Nullen steht. Man erhält dann die Meldung *''Arithmetischer Fehler''* und das Programm ist beendet. Diese Fehlermeldung tritt auch dann auf, wenn in einer Rechnung der Zähler oder Nenner eines Bruches zu groß wird.

Verzeichnis der verwendeten Symbole

$m \in M$	Element m gehört zur Menge M
$M \setminus \{m\}$	Menge M ohne das Element $m \in M$
$M_1 \cap M_2$	Schnitt der Mengen M_1 und M_2
ϕ	leere Menge
$\{a_1, \ldots, a_n\}$	Menge mit den Elementen $a_1, \ldots, a_n$
$(a_1, \ldots, a_n)$	n-Tupel der Elemente $a_1, \ldots, a_n$
$Max\{a_1, \ldots, a_n\}$	Maximum der Elemente $a_1, \ldots, a_n$
$Min\{a_1, \ldots, a_n\}$	Minimum der Elemente $a_1, \ldots, a_n$
$\mathbf{Q}$	Körper der rationalen Zahlen
$\mathbf{R}$	Körper der reellen Zahlen
$-a$	Negatives des Vektors a , 11
$a = b$	Vektoren a und b sind gleich, 8
$a \leq b$	Ungleichung zwischen reellen Zahlen, 162, oder Vektoren, 114
$a + b$	Summe zweier Vektoren, 9
$a \cdot b$	Skalarprodukt zweier Vektoren, 15
$a \cdot \lambda$ oder $\lambda \cdot a$	Produkt eines Vektors mit einem Skalar, 9
$\mathcal{A}_{ij}$	Matrix, die durch Streichen der i-ten Zeile und j-ten Spalte aus der Matrix $\mathcal{A}$ entsteht, 87
$\mathcal{A}^{-1}$	Inverse der Matrix $\mathcal{A}$, 16
$\mathcal{A}^T$	zu $\mathcal{A}$ transponierte Matrix
$\hat{\mathcal{A}}$	erweiterte Matrix eines linearen Gleichungssystems, 69
$(\mathcal{A}, \mathcal{E})$	mit der Einheitsmatrix erweiterte Matrix, 75
$\mathcal{A}^n$	die n-te Potenz einer Matrix, 30
$\mathcal{A} + \mathcal{B}$	Summe zweier Matrizen, 20
$\mathcal{A} \cdot \mathcal{B}$	Produkt zweier Matrizen, 24
$\mathcal{A} \cdot \lambda$	Produkt einer Matrix mit einem Skalar, 20
$\mathcal{A} \cdot v$	Produkt einer Matrix mit einem Vektor, 21
$\mathcal{A}_\alpha(A, B)$	Matrix der linearen Abbildung α bezüglich der Basen A und B, 49
$char\ Pol_\mathcal{A}(X)$	charakteristisches Polynom der Matrix $\mathcal{A}$, 97
$det\ \mathcal{A}$	Determinante der Matrix $\mathcal{A}$, 87
$dim\ U$ oder $dim_f U$	Dimension des Vektorraumes U, 39
e_i	i-ter Einheitsvektor, 8
$\mathcal{E}$	Einheitsmatrix, 20
$< v_1, \ldots, v_n >$	Erzeugnis der Vektoren $v_1, \ldots, v_n$, 34
F^n	Vektorraum aller n-Tupel von Elementen des Körpers F, 8

$F[X]$	Polynomring über dem Körper F, 10
$Im(\alpha)$	Bild der linearen Abbildung α , 32
$Im(\mathcal{A})$	Bild der Matrix $\mathcal{A}$, 34
$Ker(\alpha)$	Kern der linearen Abbildung α, 32
$Ker(\mathcal{A})$	Kern der Matrix $\mathcal{A}$, 34
$a + Ker(\mathcal{A})$	Lösungsgesamtheit eines linearen Gleichungssystems, 35
0 oder $\mathcal{O}$	Nullvektor, 11
$p(X)$	Polynom, 10
$p'(X)$	Ableitung eines Polynoms, 54
$P_i \xrightarrow[g_{ij}]{} P_j$	Kante eines gerichteten Graphen, 81
$v \to \mathcal{A} \cdot v$	lineare Abbildung unter der v auf $\mathcal{A} \cdot v$ geht, 34
$U \leq V$	U ist Unterraum des Vektorraumes V, 32
$rg(\mathcal{A})$	Rang der Matrix $\mathcal{A}$, 46
$\sum_{i=1}^{n} a_i$	Summe der Elemente a_i, 15
$T(\mathcal{A})$	Treppenform der Matrix $\mathcal{A}$, 59

Literaturverzeichnis

A. Lineare Algebra

[1] <u>I.N. Herstein, D.J. Winter:</u>   Matrix Theory and Linear Algebra. Macmillan, New York (1988).
[2] <u>B. Huppert:</u>   Angewandte Lineare Algebra. W. de Gruyter, Berlin (1990).
[3] <u>H.J. Kowalsky:</u>   Lineare Algebra. W. de Gruyter, Berlin (1979).
[4] <u>S. Lipschutz:</u>   Lineare Algebra. Schaum's Outline Series, McGraw-Hill, New York (1968).

B. Lineare Algebra für Wirtschaftswissenschaftler

[5] <u>A. Jaeger, G. Wäscher:</u>   Mathematische Propädeutik für Wirtschaftswissenschaftler. R.-Oldenbourg-Verlag, München (1987).
[6] <u>P. Kall:</u>   Lineare Algebra für Ökonomen. Teubner, Stuttgart (1984).
[7] <u>J.G. Kemeny, A. Schleifer, J.L. Snell, G.L. Thompson:</u>   Mathematik für die Wirtschaftspraxis. Walter de Gruyter, Berlin (1972).
[8] <u>H. Körth, C. Otto, W. Runge, M. Schoch:</u> Lehrbuch der Mathematik für Wirtschaftswissenschaften. Westdeutscher Verlag, Opladen (1972).
[9] <u>H. Müller-Merbach:</u>   Mathematik für Wirtschaftswissenschaftler. Band 1: Lineare Algebra, Analysis. Verlag Franz Vahlen, München (1974).
[10] <u>S.R. Scarle, W.H. Hausman:</u>   Matrix Algebra for Business and Economics. Wiley- Interscience, New York (1970).
[11] <u>N.D. Vohra:</u> Quantitative Techniques in Management. Tata McGraw-Hill Publ. Co. Ltd., Neu-Delhi (1990).

C. Computeralgebra

[12] <u>S. Wolfram:</u>   MATHEMATICA — A System for Doing Mathematics by Computer. Addison-Wesley Publ. Co. Inc., Reading (1988).
[13] MAPLE, Symbolic Computation Group, University of Waterloo, Waterloo, Ontario (1988).

D. Lineare Programmierung

[14] <u>M.S. Bazaraa, J.J. Jarvis, H.D. Sherali:</u>   Linear Programming and Network Flows. J. Wiley & Sons, New York (1990).
[15] <u>L. Collatz, W. Wetterling:</u>   Optimierungsaufgaben. Heidelberger Taschenbücher, Springer, Heidelberg (1966).
[16] <u>W. Knödel:</u>   Lineare Programme und Transportaufgaben. Zeitschr. für moderne Rechentechnik und Automation $\underline{7}$ (1960), 63-68.

Stichwortverzeichnis

Algorithmen und Berechenbarkeit

Eine Einführung in die Algorithmentheorie der Softwaretechnik
für Studenten der Informatik

von Manfred Bretz

1992. VI, 173 Seiten. Kartoniert.
ISBN 3-528-05233-3

Dieses Buch ist eine leicht verständliche Einführung in die Algorithmen- und Berechenbarkeitstheorie. Ziel des Buches ist es, den Begriff des Algorithmus zu formalisieren, die von einem Algorithmus berechnete Funktion zu definieren und algorithmisch nicht lösbare Aufgabenstellungen zu erörtern. Die didaktisch gut gegliederte Darstellung wird abgerundet durch Übungen und Lösungen sowie die Betrachtung praxisrelevanter Fragen.

Das Buch ist wie folgt gegliedert:

- In den Kapiteln 2, 5 und 6 werden für die Formalisierung des Algorithmusbegriffes die Algorithmenmodelle Programme und Maschinen, μ-rekursive Funktionen sowie Turingmaschinen besprochen.
- In den Kapiteln 3 und 4 werden Probleme aus der Theorie der Programmierung vorgestellt, die algorithmisch nicht lösbar sind.
- Kapitel 7 beschäftigt sich abschließend mit der Frage, mit welchem Aufwand eine algorithmische Aufgabe gelöst werden kann.

Verlag Vieweg · Postfach 58 29 · D-6200 Wiesbaden

Softwareentwicklung nach Maß

Schätzen – Messen – Bewerten

von Reiner Dumke

1992. XVIII, 243 Seiten. Gebunden.
ISBN 3-528-05232-5

„Software-Metrie" ist eine junge Disziplin der Informatik, die sich mit der Messung, Bewertung und Qualitätssicherung bei der Entwicklung und Produktion von Software befaßt. Das Buch macht mit den anwendungsrelevanten Grundlagen vertraut und stellt die Verfahren, Metriken und Tools vor. Gegenstand des vorliegenden Werkes ist es, die Produktion von Software mit geeigneten Software-Maßen zu unterstützen. Dabei ist die Darstellung so gehalten, daß Studenten, Praktiker und Entscheidungsträger gleichermaßen einen gezielten Ein- und Überblick erhalten können. Ein Informatikbuch, das nicht zuletzt auch für den Wirtschaftsinformatiker von Interesse ist.

Verlag Vieweg · Postfach 58 29 · D-6200 Wiesbaden

Sicherheit in netzgeschützten Informationssystemen

von Lippold / Schmitz

1992. XXVI, 550 Seiten. Gebunden.
ISBN 3-528-05262-7

Die immer stärkere Verbreitung rechnergestützter Informationsverarbeitung in Gesellschaft, Unternehmen und Behörden zieht die Gefährdung sensitiver Informationen, eine mögliche (oder tatsächliche) Betroffenheit des Menschen sowie die Abhängigkeit ganzer Organisationen von „sicheren" Systemen nach sich. Ziel des seit 1990 zum dritten mal durchgeführten BIFOA-Kongresses ist es, Sicherheitsprobleme und -lösungen netzgeschützter Informationssysteme unter organisatorischen, technischen, personellen, wirtschaftlichen und rechtlichen Gesichtspunkten umfassend zu diskutieren.

Verlag Vieweg · Postfach 58 29 · D-6200 Wiesbaden